21世纪高职高专规划教材 电气、自动化、应用电子技术系列

电工电子技术基础

（第3版）

王　浩　王艳芬 主编

孔云龙　施　宇 副主编

清华大学出版社

北京

内 容 简 介

本书内容包括直流电路、正弦交流电路、磁路与变压器、电动机及其控制、常用半导体、三极管放大电路和稳压电源、集成运算放大器、数字电子技术。每章都是以"问题的提出"进行引入,并以"任务目标"的形式为读者提出要求。对于难度较大的知识点都有"动手做"的实践训练,有的还融入了"边学边做"一体化训练的内容之中。

本书适合作为高职高专院校电类、机类等相关专业电工电子技术课程的教材,也可供相关技术人员参考。

图书在版编目(CIP)数据

电工电子技术基础/王浩,王艳芬主编. —3 版. —北京:清华大学出版社,2019(2023.8重印)
(21 世纪高职高专规划教材.电气、自动化、应用电子技术系列)
ISBN 978-7-302-51457-2

Ⅰ. ①电…　Ⅱ. ①王…　②王…　Ⅲ. ①电工技术—高等职业教育—教材 ②电子技术—高等职业教育—教材　Ⅳ. ①TM ②TN

中国版本图书馆 CIP 数据核字(2018)第 243437 号

责任编辑:张　弛
封面设计:傅瑞学
责任校对:袁　芳
责任印制:曹婉颖

出版发行:清华大学出版社
　　　网　　址:http://www.tup.com.cn,http://www.wqbook.com
　　　地　　址:北京清华大学学研大厦 A 座　　　　邮　　编:100084
　　　社 总 机:010-83470000　　　　　　　　　　邮　　购:010-62786544
　　　投稿与读者服务:010-62776969,c-service@tup.tsinghua.edu.cn
　　　质量反馈:010-62772015,zhiliang@tup.tsinghua.edu.cn
印 装 者:三河市铭诚印务有限公司
经　　销:全国新华书店
开　　本:185mm×260mm　　　　印　　张:15.75　　　　字　　数:354 千字
版　　次:2009 年 7 月第 1 版　　2019 年 7 月第 3 版　　印　　次:2023 年 8 月第 6 次印刷
定　　价:49.00 元

产品编号:079779-01

第3版前言

　　本书是高职高专自动化、机械、电子类专业的专业基础课教材。随着高等职业教育的快速发展,高等职业教育逐步摸索出一条区别于本科教育的培养方式。高等职业教育在教学过程中特别注重学生职业岗位能力的培养、职业技能的训练,注重学生解决问题的能力和自学能力的培养和训练。电工电子技术的任务是使学生掌握专业必备的电工基础知识、电子基础知识和安全用电常识;熟悉常用仪表的使用以及基本的分析问题、解决问题的方法和基本的实验方法。本书力图通过简单配电线路的规划与实施,为学生从事机电设备电气维修培养调试技能和传授维修方法,为解决实际生产问题奠定基础。

　　本书结合高等职业教育理念,基础知识以"够用"为原则,以实际应用为主旨,做到了浅显好学、精简好用、重点突出、通俗易懂。本书是以项目进行知识的引入,并以任务的形式向读者提出要求。每个较难项目都有"动手做"的实践训练,部分项目还融入了"边学边做"一体化训练的内容。编者根据教学需要和使用该教材院校的反馈意见,更新了书中的部分图片、公式,也修改了书中的疏漏之处。

　　本书由广东机电职业技术学院王浩和广东工贸职业技术学院王艳芬担任主编,王浩编写了第3章以及第6～8章中的"动手做"部分,王艳芬编写了第4章;由漯河职业技术学院孔云龙和广东商业职业技术学校施宇担任副主编,分别编写了第6、7章和第1、5章;第2章由漯河职业技术学院陈相志编写;第8章由漯河职业技术学院张超凡编写。本书由广州白云蓝天电子科技有限公司总工程师樊英杰担任主审,他提出了许多宝贵的修改和补充意见,在此表示感谢。

　　由于编者的水平有限,书中难免存在错误和不妥之处,恳请读者批评、指正。

编　者

2019年5月

第 2 版前言

　　本书是高职高专机电类国家规划教材。随着高等职业教育的快速发展,高等职业教育逐步摸索出一条区别于本科教育的培养方式。高等职业教育在教学过程中特别注重学生职业岗位能力的培养、职业技能的训练,注重学生解决问题的能力和自学能力的培养和训练。电工电子技术是机电类专业的专业基础课,其任务是使学生掌握专业必备的电工基础知识、电子基础知识和安全用电常识;熟悉常用仪表的使用以及基本的分析问题、解决问题的方法和基本的实验方法。

　　本书结合高等职业教育理念,基础知识以"够用"为原则,以实际应用为主旨,做到了浅显好学、精简好用、重点突出、通俗易懂。本书是以"问题的提出"进行知识的引入,并以任务目标的形式向读者提出要求。每个较难项目都有"动手做"的实践训练,部分项目还融入了"边学边做"一体化训练的内容。

　　根据教学需要和使用该教材院校的反馈意见,对第 2 章"单一参数的电流、电压及功率关系"内容进行了补充,同时改正了第 1 版中的疏漏之处,并免费提供各章部分习题答案。

　　本书由广东机电职业技术学院王浩老师担任主编,广东机电职业技术学院施振金老师和广州工商职业技术学院易亚军老师担任副主编。王浩老师编写了第 1 章以及第 6～8 章中的"动手做"部分,施振金老师编写了第 3、4 章,易亚军老师编写了第 5 章,第 2 章由漯河职业技术学院陈相志编写,第 6、7 章由漯河职业技术学院孔云龙编写,第 8 章由漯河职业技术学院张超凡编写。本书由广州白云蓝天电子科技有限公司总工程师樊英杰担任主审,他提出了许多宝贵的修改和补充意见,在此表示感谢。

　　由于编者的水平有限,书中难免存在不妥之处,恳请读者批评、指正。

编　者

2013 年 4 月

前　言

　　随着高等职业教育的快速发展,高等职业教育逐步摸索出一条区别于本科教育的培养方式。高等职业教育在教学过程中特别注重学生职业岗位能力的培养、职业技能的训练,注重学生解决问题的能力和自学能力的培养和训练。电工电子技术课程是机电类专业的专业基础课,其任务是使学生掌握专业必备的电工基础知识、电子基础知识和安全用电常识;熟悉常用仪表的使用以及基本问题的分析、解决方法和基本实训方法。

　　本书结合高等职业教育理念,基础知识以"够用"为原则,以实际应用为主旨,做到了浅显好学、精简好用、重点突出、通俗易懂。本书是以"问题的提出"进行知识的引入,并以"任务目标"的形式向读者提出要求。对于难度较大的知识点都有"动手做"的实践训练,部分知识点还融入了"边学边做"一体化训练的内容。

　　本书由广东机电职业技术学院王浩老师担任主编,并编写了第1章以及第6~8章中的"动手做"部分;广东机电职业技术学院施振金老师担任副主编,并编写了第3~5章;第2章由漯河职业技术学院陈相志编写;第6、7章由漯河职业技术学院孔云龙编写;第8章由漯河职业技术学院张超凡编写。本书由广州白云蓝天电子科技有限公司总工程师樊英杰担任主审,他提出了许多宝贵的修改和补充意见,在此表示感谢。

　　由于编者的水平有限,书中难免存在不妥之处,恳请读者批评、指正。

编　者

2009 年 3 月

目　录

第 1 章　直流电路 …………………………………………………………………… 1

  1.1　电路的认识 ………………………………………………………………… 1

    1.1.1　电路及其组成 ……………………………………………………… 1

    1.1.2　电路的基本物理量 ………………………………………………… 2

    1.1.3　电阻元件及其伏安特性 …………………………………………… 5

    1.1.4　电压源和电流源 …………………………………………………… 7

    1.1.5　动手做　万用表的使用 …………………………………………… 10

    1.1.6　电路的工作状态 …………………………………………………… 13

  1.2　直流电路的分析 …………………………………………………………… 16

    1.2.1　电路等效电阻的计算方法 ………………………………………… 16

    1.2.2　基尔霍夫定律 ……………………………………………………… 19

    1.2.3　支路电流法 ………………………………………………………… 22

    1.2.4　叠加定理 …………………………………………………………… 23

    1.2.5　戴维南定理和诺顿定理 …………………………………………… 25

    1.2.6　动手做　电路中电流、电压、电位的计算 ……………………… 27

  习题 1 ………………………………………………………………………… 29

第 2 章　正弦交流电路 …………………………………………………………… 33

  2.1　正弦交流电 ………………………………………………………………… 33

    2.1.1　正弦交流电的三要素 ……………………………………………… 33

    2.1.2　正弦交流电的相量表示法 ………………………………………… 36

  2.2　分析正弦交流电路 ………………………………………………………… 39

    2.2.1　单一参数的电流、电压及功率关系 ……………………………… 39

    2.2.2　RLC 电路的电流、电压及功率关系 …………………………… 47

    2.2.3　动手做　日光灯的装接及功率因数的提高 ……………………… 53

  2.3　三相正弦交流电路 ………………………………………………………… 56

    2.3.1　三相交流电源的产生和连接形式 ………………………………… 56

    2.3.2　三相交流电源的特性 ……………………………………………… 57

    2.3.3　三相负载的连接 …………………………………………………… 58

　　　2.3.4　三相电路的功率 ………………………………………… 62

　　　2.3.5　动手做　三相交流电路电流、电压及功率的测量 ………… 65

　2.4　学习安全用电技术 ……………………………………………… 68

　习题 2 ………………………………………………………………… 70

第 3 章　磁路与变压器 ………………………………………………… 74

　3.1　磁路 ……………………………………………………………… 74

　　　3.1.1　磁路及其基本定律 …………………………………………… 74

　　　3.1.2　交流铁芯线圈电路的电磁关系 …………………………… 78

　3.2　变压器 …………………………………………………………… 79

　　　3.2.1　常用变压器 ……………………………………………… 79

　　　3.2.2　特殊变压器 ……………………………………………… 83

　习题 3 ………………………………………………………………… 85

第 4 章　电动机及其控制 ……………………………………………… 88

　4.1　三相异步电动机 ………………………………………………… 88

　　　4.1.1　三相异步电动机的结构 …………………………………… 88

　　　4.1.2　三相异步电动机的工作原理 ……………………………… 91

　　　4.1.3　三相异步电动机的电磁转矩和机械特性 ………………… 94

　　　4.1.4　三相异步电动机的铭牌及其选择 ………………………… 96

　4.2　三相异步电动机的启动控制 …………………………………… 100

　　　4.2.1　几个常用低压电器 ……………………………………… 101

　　　4.2.2　边学边做 1　三相异步电动机的全电压启动 ………… 105

　　　4.2.3　边学边做 2　三相异步电动机的降压启动 …………… 108

　4.3　边学边做 3　三相异步电动机的正反转控制 ………………… 113

　4.4　三相异步电动机的变速控制 …………………………………… 116

　4.5　三相异步电动机的制动 ………………………………………… 117

　　　4.5.1　学习三相异步电动机的制动 …………………………… 118

　　　4.5.2　三相异步电动机的保护环节 …………………………… 121

　习题 4 ………………………………………………………………… 122

第 5 章　常用半导体 …………………………………………………… 124

　5.1　晶体二极管 ……………………………………………………… 124

　　　5.1.1　晶体二极管的结构和特性 ……………………………… 124

　　　5.1.2　几种特殊的二极管 ……………………………………… 128

　5.2　晶体三极管 ……………………………………………………… 131

　　　5.2.1　三极管的结构和特性 …………………………………… 131

　　　5.2.2　动手做 1　晶体管的简单测试 ………………………… 135

　　　5.2.3　动手做 2　常用电子仪器的使用 ………………………… 138

　5.3　其他半导体 …………………………………………………………… 143

　　　5.3.1　场效应管的结构和特性 …………………………………… 143

　　　5.3.2　晶闸管的结构和特性 ……………………………………… 145

　习题 5 ……………………………………………………………………… 148

第 6 章　三极管放大电路和稳压电源 …………………………………… 150

　6.1　三极管放大电路基础 ………………………………………………… 150

　　　6.1.1　单管放大电路 ………………………………………………… 151

　　　6.1.2　放大电路的主要性能指标 ………………………………… 154

　　　6.1.3　放大电路的图解分析法 …………………………………… 155

　　　6.1.4　微变等效电路分析法 ……………………………………… 158

　　　6.1.5　动手做　单管交流放大电路 …………………………… 161

　　　6.1.6　多级放大电路 ………………………………………………… 164

　6.2　稳压电源 ……………………………………………………………… 166

　　　6.2.1　整流电路 ……………………………………………………… 167

　　　6.2.2　滤波电路 ……………………………………………………… 168

　　　6.2.3　动手做　整流滤波电路 ………………………………… 170

　　　6.2.4　稳压电路 ……………………………………………………… 172

　　　6.2.5　具有放大环节的串联调整型稳压电路 ………………… 174

　　　6.2.6　学习集成稳压电路 ………………………………………… 175

　习题 6 ……………………………………………………………………… 178

第 7 章　集成运算放大器 ………………………………………………… 180

　7.1　集成运算放大器基础 ………………………………………………… 181

　7.2　放大器基本线性运算电路 …………………………………………… 183

　7.3　放大器的非线性应用电路 …………………………………………… 189

　7.4　动手做　用运算放大器实现电压比较的电路 …………………… 192

　习题 7 ……………………………………………………………………… 195

第 8 章　数字电子技术 …………………………………………………… 198

　8.1　门电路和组合逻辑电路 ……………………………………………… 198

　　　8.1.1　基本门电路 …………………………………………………… 199

　　　8.1.2　数制和逻辑代数运算 ……………………………………… 204

　　　8.1.3　组合逻辑电路 ………………………………………………… 206

　　　8.1.4　组合逻辑电路设计 ………………………………………… 211

　　　8.1.5　动手做　用译码器驱动数码显示器 ………………… 214

　8.2　触发器和时序逻辑电路的认识及应用 …………………………… 215

8.2.1　常用触发器 ……………………………………………… 215

8.2.2　寄存器和锁存器 …………………………………………… 221

8.2.3　计数器 ……………………………………………………… 222

8.2.4　集成 555 定时器 …………………………………………… 225

8.2.5　动手做　555 定时器的应用 ……………………………… 229

习题 8 ……………………………………………………………… 232

参考文献 ………………………………………………………… 237

第 1 章

直 流 电 路

电路是电工技术的主要研究对象,是电工技术和电子技术的基础。直流电路是交流电路、电子电路的基础。本章主要介绍电路的基本知识、基本定理、基本定律以及应用这些定理定律分析和计算直流电路的方法。这些方法不仅适用于直流电路的分析计算,原则上也适用于其他电路的分析计算。因此,本章是学习电工电子技术非常重要的基础。

1.1 电路的认识

问题的提出

若使一个小灯泡点亮,需要用哪些电气元件?如图 1-1 所示电路,各电气元件的作用是什么?举出生活中常用的电路实例,归纳出电路的组成。如何测量图中小灯泡上的电压和流过的电流?电压和电流有着怎样的关系?

任务目标

(1) 理解电路的组成和各部分的作用,重点是电源的应用。

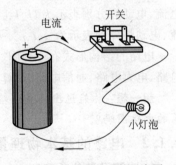

图 1-1 电路实物连接示意图

(2) 理解电路分析中的重要物理量(电流、电压、电动势)及参考方向,掌握电功率的计算。

(3) 会应用欧姆定律分析计算通路、断路、短路三种电路状态。

(4) 会用万用表测量电路的电压、电流及元件的阻值。

1.1.1 电路及其组成

电路是电流通过的路径,是各种电气设备或元件按一定方式连接起来的统称。图 1-1 所示为一个简单的实际电路,由干电池(电源)、小灯泡(负载)、开关及导线组成。

在一定条件下,为突出电路的主要电磁性能,忽略次要因素,往往将实际电路元件理想化(模型化)。例如,用电阻 R 这个理想电路元件代替灯泡、电阻器、电阻炉等消耗电能的实际元件;用内阻 R_i 和理想电压源 U_s 相串联的理想元件组合来代替实际的直流电源等。所谓电路图,就是用理想电路元件及其组合来代替实际电路元件而构成的图形,简称电路,是由电源、负载和中间环节三大部分构成。图 1-2 所示为图 1-1 实物连接图所对应的电路图。

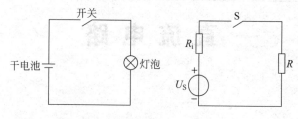

图 1-2　电路模型示意图

(1) 电源:提供电能(或信号)的装置,将非电能转换成电能。例如蓄电池、发电机和信号源等。

(2) 负载:吸收或转换电能的部分,将电能转换成非电能。例如电动机、照明灯和电炉等。

(3) 中间环节:用来连接电源和负载,起传递和控制作用,包括连接导线和控制开关。最简单的中间环节可以是两根连接导线,而复杂的中间环节可以是一个庞大的控制系统。

从电源看,电源本身的电流通路称为内电路,电源以外的电流通路称为外电路。当电路中的电流是不随时间变化的直流电流时,称电路为直流电路;当电路中的电流是随时间变化的交流电流时,称电路为交流电路。直流电路的物理量用大写的字母表示,电压、电流、电动势分别表示为 U、I、U_S(或 E)。交流电路的物理量用小写的字母表示,电压、电流、电动势分别表示为 u、i、e。

电路的结构形式有原理图、接线图、制版图等多种。其功能也各不相同,如电器照明电路、电力电路、通信电路、计算机电路等。

想一想:你能说出构成电路的三个部分吗? 每个部分的作用是什么? 你能画出手电筒的电路图吗?

1.1.2　电路的基本物理量

1. 电流及其参考方向

电荷的定向运动形成电流。电流的大小用电流强度来描述,即单位时间(t)内通过导体横截面的电荷[量](q),简称为电流。定义式为

$$i = \frac{\mathrm{d}q}{\mathrm{d}t} \tag{1-1}$$

直流电流也称为恒定电流,用 I 表示。在国际单位制(SI)中,电流的单位为安[培](A),1 安=1 库/秒($1A=1C/s$)。

(1) 电流的实际方向:正电荷运动的方向。

(2) 电流的参考方向:电路分析计算时,人为规定的电流方向。可用带箭头的直线表示,如图 1-3 所示;也可用双下标表示,如 i_{ab} 表示电流的参考方向由 a 指向 b。

（3）实际方向与参考方向的关系：根据参考方向分析计算电流时，若所得结果为正（$I>0$），说明电流的实际方向与参考方向相同；若所得结果为负（$I<0$），说明电流的实际方向与参考方向相反。

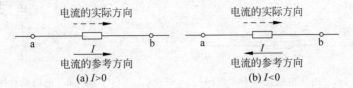

图 1-3　电流的参考方向与实际方向的关系

注意：在分析电路过程中，一旦选定参考方向，就不能再更改。

2. 电压

在电路中，电场使电荷移动产生电流的同时，也将电能转化为其他形式的能量。电场对电荷的做功能力用电压来衡量。电路中任意两点 a、b 间的电压为电场中单位电荷从 a 点移动到 b 点电场力所做的功。定义式为

$$u = \frac{\mathrm{d}w}{\mathrm{d}q} \tag{1-2}$$

直流电压用 U 表示。在国际单位制（SI）中，电压的单位为伏［特］（V），1 伏＝1 焦/库（1V＝1J/C）。

（1）电压的实际方向：正电荷在电场中受电场力作用（电场力做正功时）移动的方向。

（2）电压的参考方向：与电流参考方向类似，即人为指定某一段电路或某一元件上电压的参考方向。可用＋、－极性（也称参考极性）表示，如图 1-4 所示；也可用双下标表示，如 U_{ab} 表示电压的参考方向由 a 指向 b。

（3）实际方向与参考方向的关系：与电流的参考方向选择相似，若根据参考方向分析计算电压的结果为正（$U>0$），说明电压的实际方向与参考方向相同；若所得结果为负（$U<0$），说明电压的实际方向与参考方向相反。

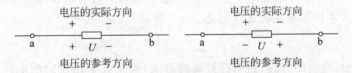

图 1-4　电压的标记方向

关联参考方向：一段电路或一个元件上电压参考方向的选择是任意的，与电流的参考方向选择无关。为了分析计算方便，在外电路中，常将电流和电压的参考方向选择为一致，这种方式的参考方向称为关联参考方向，如图 1-5 所示。

3. 电位

在电路中任选一点为参考点，称为零电位点，则电路中某点到参考点的电压即为该点（相对于参考点）的电位。电路中参考点用符号 ⊥ 表示，如图 1-6 所示。

电工电子技术基础(第 3 版)

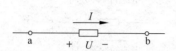

图 1-5　电压电流关联参考方向

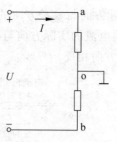

图 1-6　电位示意图

电位用符号 V 表示,其单位与电压相同,即为伏[特](V)。

例如,选择 o 点为参考点时,则 a 点的电位 $V_a = U_{ao}$,b 点的电位 $V_b = U_{bo}$,a、b 两点的电压为

$$U_{ab} = U_{ao} + U_{ob} = U_{ao} - U_{bo} = V_a - V_b = -U_{ba}$$

上式说明,两点间的电压等于该两点电位之差,电压的实际方向是由高电位点指向低电位点。因此,常称电压为电压降。

电子线路中的参考点一般选择元件汇集处(通常是电源的一个极);工程技术中则选择大地或机壳等。

电路有一种习惯画法,即电源不再用符号表示,而是改为标其电位的极性和数值。如图 1-7(a)所示,如果选定 b 点为参考点,则图 1-7(a)可改为图 1-7(b)的画法。

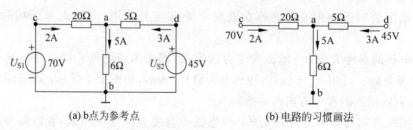

(a) b点为参考点　　　　　　　(b) 电路的习惯画法

图 1-7　电路转换

注意:一个电路中只能选择一个参考点,电路中各点的电位值与参考点的选择有关,而电压的大小与电位参考点的选择无关。

4. 电动势

在外电路中,电流的方向(正电荷移动的方向)是从高电位流向低电位。为了维持电路中的电流,必须有一种外力源源不断地把正电荷从低电位移到高电位。提供这种外力的装置是电源,反映这种外力大小的参数即为电源的电动势。其定义为:电源内部,外力将单位正电荷由负极移到正极所做的功,用 U_S 或 E 表示,如图 1-8 所示。

电动势的单位与电压相同,即为伏[特](V)。

注意:

(1) 电源电动势的实际方向是从低电位(负极)指向高电位(正极),与电源电压的实际方向相反。

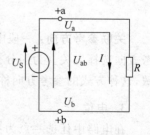

图 1-8　电源电动势

（2）在电源内部，电流从低电位流向高电位，与电源外部的电流流向相反。

5. 电功率

单位时间（t）内，电路或元件上吸收（或释放）的能量叫作电功率，简称功率，用 p 表示。即

$$p = \frac{\mathrm{d}W}{\mathrm{d}t} \tag{1-3}$$

也可表示为

$$p = ui \tag{1-4}$$

在直流电路中，表示为

$$P = UI \tag{1-5}$$

在国际单位制（SI）中，电功率的单位为瓦［特］（W），1 瓦＝1 焦/秒（1W＝1J/s）。其常用的单位还有千瓦（kW）、毫瓦（mW）、微瓦（μW）。它们之间的换算关系为

$$1\mathrm{W} = 10^3\,\mathrm{mW} = 10^6\,\mu\mathrm{W} = 10^{-3}\,\mathrm{kW}$$

电能的基本单位是焦耳（J），常用千瓦·小时（kW·h）来表示。1 千瓦·小时俗称 1 度电（"度"为非法定单位）。

若元件上的电压、电流实际方向一致，则该元件吸收功率，是负载；若元件上的电压电流实际方向相反，则该元件产生功率，是电源。或者，我们取 U、I 为关联参考方向，若 $P=UI>0$，则元件吸收功率；若 $P=UI<0$，则元件发出功率。

想一想：计算电路的电压或电流时，若事先没有标出参考方向，所得结果的正、负有无意义？

1.1.3　电阻元件及其伏安特性

1. 电阻元件

导体对电流呈现的阻碍作用称为电阻，用符号 R 表示。

在国际单位制（SI）中，电阻的单位为欧［姆］（Ω），1 欧＝1 伏/安（1Ω＝1V/A）。其常用的单位还有千欧（kΩ）、兆欧（MΩ）。它们之间的换算关系为

$$1\mathrm{M}\Omega = 10^3\,\mathrm{k}\Omega = 10^6\,\Omega$$

电阻元件有线性电阻和非线性电阻之分，线性电阻的阻值 R 是一个常数。

2. 欧姆定律

在线性电阻中，不管通过它的电流是按何种规律变化，在任一瞬间其两端的电压与通过它的电流的关系总是满足欧姆定律。即

$$u = iR \quad 或 \quad i = \frac{u}{R} \tag{1-6}$$

直流电路中，如图 1-9（a）所示，若取关联方向，欧姆定律则可表示为

$$U = IR \quad 或 \quad I = \frac{U}{R} \tag{1-7}$$

若取非关联方向（电阻元件上的电压与电流的参考方向相反），式（1-7）中等号右边应加负号"—"。

若令 $G = \frac{1}{R}$，则 G 称为电阻元件的电导，电导的单位为西［门子］（S）。

对于含有电源的电路(全电路),如图 1-9(b)所示,欧姆定律可表示为

$$I = \frac{U_S}{R_i + R} \tag{1-8}$$

上述全电路欧姆定律表达式说明,在全电路中,电流与电源的电动势成正比,与电路的其他所有电阻成反比。

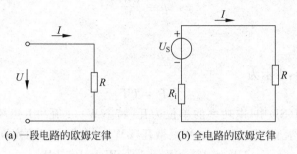

(a) 一段电路的欧姆定律   (b) 全电路的欧姆定律

图 1-9　欧姆定律

3. 电阻元件的伏安特性

电阻的伏安特性表示电压与电流的关系。

线性电阻元件的伏安特性是一条过原点的直线,如图 1-10(a)所示。

非线性电阻元件的电压与电流不符合欧姆定律的关系,因此其伏安特性不是一条直线,如图 1-10(b)所示。

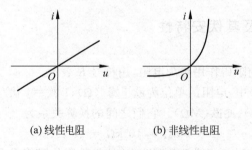

(a) 线性电阻   (b) 非线性电阻

图 1-10　电阻元件的伏安特性曲线

4. 电阻元件的功率

直流电路中,电阻元件在时间 t 内消耗的电能为

$$W = UQ = UIt = I^2Rt = \frac{U^2 t}{R} \tag{1-9}$$

电阻元件消耗的电功率为

$$P = \frac{W}{t} = UI = I^2R = \frac{U^2}{R} \tag{1-10}$$

由式(1-10)可知,无论取关联参考方向还是非关联参考方向,电功率始终为正($P \geqslant 0$),因此电阻元件为消耗元件。电阻元件消耗了能量并将其转换成热能、光能等其他形式的能量。受元件的绝缘、耐热、散热等条件的限制,实际的电路元件组成的电气设备,其电压、电流及功率等都有一个额定值(正常工作规定的数值),分别用 U_N、I_N 及 P_N 符号表

示。如一盏电灯的 $U_N=220V$，$P_N=100W$，即是其额定值。

【例 1-1】 额定值为 220V、100W 的电灯，试求其电流和灯丝电阻。若每天用 4 小时，每月（30 天）用电多少？

解：

$$R = \frac{U^2}{P} = \frac{220^2}{100} = 484(\Omega)$$

$$W = Pt = 0.1 \times (4 \times 30) = 12(kW \cdot h)$$

【例 1-2】 标称值为 5000Ω、0.5W 的电阻，额定电流为多少？在使用时电压不得超过多少？

解：

$$I_N = \sqrt{\frac{P}{R}} = \sqrt{\frac{0.5}{5000}} = 0.01(A)$$

使用时电压不得超过

$$U_N = I_N R = 0.01 \times 5000 = 50(V)$$

注意： 如果外加电压高于设备的额定电压，会造成设备烧毁或人身事故，而电压低于设备的额定电压，设备就不能正常工作，也会造成设备损坏。

想一想： 额定值分别为 110V、60W 和 110V、40W 的两个灯泡，能否将它们串联起来接在 220V 的电源上？为什么？

1.1.4　电压源和电流源

电源有两种形式：一种是以输出电压为主要作用的电压源；另一种是以输出电流为主要作用的电流源。

1. 电压源

电路中的实际电源，如电池、直流稳压电源、发电机等，在分析和计算时，常将其等效为图 1-11(a) 所示点画线框中的两个理想元件的串联。此模型中，一个是内阻 R_i，另一个是数值上等于 a、b 端的开路电压 U_S。U_S 称为理想电压源，其值为常数，简称恒压源。

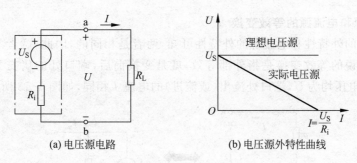

(a) 电压源电路　　　　(b) 电压源外特性曲线

图 1-11　电压源

电压源对外电路输出的电压与电流的关系（伏安特性或实际电压的外特性关系）式为

$$U = U_S - IR_i \tag{1-11}$$

当负载开路时，$I=0$，$U=U_s$；当负载短路时，$U=0$，$I=\dfrac{U_s}{R_i}$。图 1-11(b)所示为电压源的外特性曲线。

若内阻 R_i 远小于负载电阻 R_L 时，可以将电压源视为理想电压源。

2. 电流源

实际电源除了可用两个理想元件的串联来等效外，还可以用两个理想元件的并联来表示，如图 1-12(a)点画线框中所示。此模型中，一个是内阻 R_i，另一个是数值上等于 a、b 端的短路电流 I_s。I_s 称为理想电流源，其值为常数，简称恒流源。

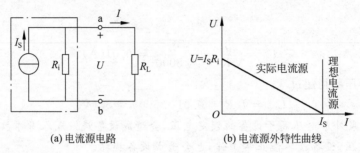

(a) 电流源电路   (b) 电流源外特性曲线

图 1-12   电流源

电流源的伏安特性(外特性)关系式为

$$I = I_s - \frac{U}{R_i} \tag{1-12}$$

或

$$U = I_s R_i - I R_i \tag{1-13}$$

当负载短路时，$I=I_s$，$U=0$；当负载开路时，$I=0$，$U=U_s=I_s R_i$。图 1-12(b)所示为电流源的外特性曲线。

在实际使用的电源中，电流源并不多见。光电池和晶体管这类器件工作时的特性类似于电流源。

3. 电压源和电流源的等效变换

从电压源的外特性和电流源的外特性可知，两者是相同的，因此，两者之间可以等效变换。这里所说的等效变换是指外部等效，就是变换前后，端口处的伏安关系不变。即 a、b 端口间的电压均为 U，端口处流出(或流进)的电流 I 相同，如图 1-13 所示。

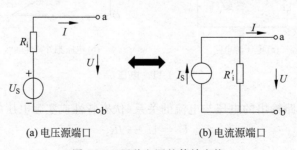

(a) 电压源端口   (b) 电流源端口

图 1-13   两种电源的等效变换

电压源输出的电流为

$$I = \frac{U_{\text{S}} - U}{R_{\text{i}}} = \frac{U_{\text{S}}}{R_{\text{i}}} - \frac{U}{R_{\text{i}}} \tag{1-14}$$

电流源输出的电流为

$$I = I_{\text{S}} - \frac{U}{R_{\text{i}}'} \tag{1-15}$$

根据等效的要求,式(1-14)与式(1-15)中对应项应相等,即

$$I_{\text{S}} = \frac{U_{\text{S}}}{R_{\text{i}}} \tag{1-16}$$

$$R_{\text{i}}' = R_{\text{i}} \tag{1-17}$$

式(1-16)与式(1-17)即为两种电路模型的等效变换条件。

注意:变换中如果 a 点是电压源的参考正极性,变换后电流源的电流参考方向应指向 a。

【例 1-3】　在图 1-14(a)所示的电路中,已知 $U_{\text{S1}} = 12\text{V}$,$U_{\text{S2}} = 6\text{V}$,$R_1 = 6\Omega$,$R_2 = 3\Omega$,$R_3 = 1\Omega$,求 I?

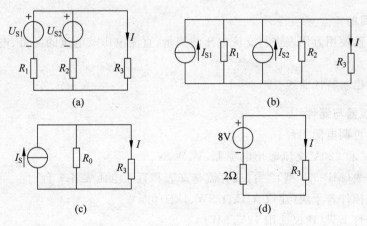

图 1-14　例 1-3 的电路

解:先将两个并联的电压源转换为电流源,如图 1-14(b)所示,其中

$$I_{\text{S1}} = \frac{U_{\text{S1}}}{R_1} = 2(\text{A})$$

$$I_{\text{S2}} = \frac{U_{\text{S2}}}{R_2} = 2(\text{A})$$

然后,将两个恒流源合并为一个如图 1-14(c)所示的恒流源。其中

$$I_{\text{S}} = 2 + 2 = 4(\text{A})$$

$$R_0 = R_1 // R_2 = 2(\Omega)$$

可以从图 1-14(c)中利用分流关系求得 I,也可以将电流源转换为电压源[见图 1-14(d)]进行计算。

$$I = \frac{I_{\text{S}} R_0}{R_0 + R_3} = \frac{8}{1+2} = \frac{8}{3}(\text{A})$$

注意：与恒压源并联的元件对外电路不起作用，与恒流源串联的元件对外电路不起作用，在计算外电路时可将它们去掉(但计算电源内部的各物理量时不能去掉)。

想一想：恒压源和恒流源能否进行变换？为什么？

练一练：图 1-15(a)所示有源线性二端网络的等效电压源电路如图 1-15(b)所示。已知图 1-15(b)中的 $R_0 = 3$，那么图 1-15(a)中的 R 值是多少？

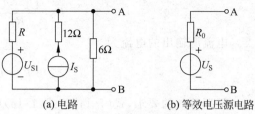

(a) 电路　　　　(b) 等效电压源电路

图 1-15　练一练电路图

1.1.5　动手做　万用表的使用

预习要求

(1) 通过阅读说明书，了解万用表(或电压表、电流表)的使用方法及注意事项。

(2) 回顾电阻的伏安特性。

(3) 了解一些半导体二极管的相关知识。

1. 实训目的

(1) 能正确使用万用表进行交流电压的测量、直流电压及电流的测量、电气元件阻值的测量。

(2) 学会绘制特性曲线。

2. 实训仪器与器件

(1) 连续可调电源 1 台。

(2) 380V 和 220V 交流输出电源 U、V、W、N。

(3) 万用表(MP-500 型)2 台(或直流毫安表和直流电压表各 1 台)。

(4) 电阻插件若干块(建议含 1kΩ/2W、1kΩ/0.5W)。

(5) 白炽灯 1 只(建议选用 12V/3W)。

(6) 半导体二极管 1 只(建议选用 1N4007)。

3. 实训仪器设备使用方法

1) 交流电压的测量

将红、黑试笔分别插入标有"＋""－"号插孔中，将旋钮旋至"$\underline{V}$"的四挡范围内，如果不能确定被测电压的大小数值时，应先将旋钮旋至最大量程上，根据指示的大约数值，再选择合适的"$\underline{V}$"位置使指针摆到最大的偏转度。例如，被测电压为 220V，在没有确定数值之前可以将旋钮旋至 500V 位置，知道它的大概数值后可将挡位旋至 250V 挡即能测出准确的电压值。因为仪表的误差是按满刻度值的百分数计算的，因此，指针越接近满刻度值，误差越小。测量 10V 以下交流电压时，用第三条"10"专用刻度数，10V 以上交流电压用第二条刻度数。

2) 直流电压的测量

测量方法与交流电压相似，只需将范围开关旋至"$\underline{V}$"，红表笔接高位端，黑表笔接低位端，按第二条刻度数读取即可。

3）直流电流测量

将旋钮旋至"mA"挡范围内,测量时将万用表笔串接在被测电路中。电流从红表笔流入,从黑表笔流出。注意测电流时,切勿将表笔并接在直流电压的两端,否则电表就会因过载而烧坏。

4）电阻的测量

将旋钮旋至"Ω"挡范围内,并将表笔两端短接,使指针向满刻度值偏转,如果指针不指零位,调节"Ω"的调节旋钮使指针指到零位,分开表笔,进行未知电阻数值的测量。为了提高准确度,指针所指的数值希望在刻度的中间一段上,即全刻度的 20%～80% 范围内。表内附有 1.5V 干电池供电阻挡使用,若短接表笔指针不指零位时,表示电池电压不足,应更换新电池。

5）使用万用表注意事项

(1) 每次测量前,应预先选好待测的量限挡级。

(2) 测量直流电压时,应把红表笔接高电位,黑表笔接低电位。

(3) 测直流电流时,应把表笔串入待测支路,预先把待测支路断开,如没断开支路就把表笔接到支路两端时,实际上是用电流表去测电压,电表即被烧毁。

(4) 测电阻时,每换一个量限均要调零,读数时尽量使指针在刻度中间一段范围内,绝不允许带电测电阻,否则会烧毁电表。

(5) 为了防止误用"Ω"挡和"mA"挡测电压,测量完毕后应将转换开关旋至"500"挡位上或空挡上。

4. 实训原理

任何一个二端元件的特性可用该元件上的端电压 U 与通过该元件的电流 I 之间的函数关系 $I = f(U)$ 表示,即用 I—U 平面上的一条曲线表示,这条曲线称为该元件的伏安特性曲线。

(1) 线性电阻的伏安特性曲线是一条通过坐标原点的直线,如图 1-16 中的线 1 所示,该直线的斜率等于该电阻器的电导值。

(2) 一般的白炽灯在工作时灯丝处于高温状态,其灯丝电阻随着温度的升高而增大。通过白炽灯的电流越大,其温度越高,阻值也越大。一般的,白炽灯灯丝的"冷电阻"与"热电阻"的阻值可相差几倍至几十倍,其伏安特性如图 1-16 中的线 2 所示。

(3) 一般的半导体二极管是一个非线性器件,其伏安特性如图 1-16 中的线 3 所示。二极管的正向电压很小(一

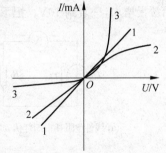

图 1-16　二端元件的伏安特性

般锗管为 0.2～0.3V,硅管为 0.6～0.7V),正向电流随着正向电压的升高而上升;而反向电压增加时,其反向电流增加很小,粗略地可视为零。所以,二极管具有单向导电性。但其反向电压不能加得过高;否则,超过管子的极限值时,会使管子击穿而损坏。

5. 实训内容

1）交流电压的测量

(1) 合上实训台上的漏电保护电源总开关。

（2）将万用表转换开关旋至交流电压挡("Ⅴ"挡），量程旋至交流"500V"挡位，将两表笔插入实训台 U-V、V-W、W-U 红色接线柱上测量电源相电压，填入表 1-1 中。

（3）将万用表转换开关仍保留在"Ⅴ"挡，量程选用"250V"挡位，将万用表两表笔插入 U-N、V-N、W-N（红与黑）接线上，测量电源相电压，填入表 1-1 中。

表 1-1　交流电压测量数据记录表

	$U_{\text{U-V}}$	$U_{\text{V-W}}$	$U_{\text{W-U}}$	$U_{\text{U-N}}$	$U_{\text{V-N}}$	$U_{\text{W-N}}$
电压/V						

2）电阻测量

（1）将电阻插件插入台面上任两个孔中固定好。

（2）将万用表转换开关旋至"Ω"挡，选好量程，将两表笔短接进行"调零"。看指针是否指向 0 位置，若不在 0 位置需调整"调零"旋钮使指针指到 0 位置。

（3）将两表笔与待测电阻相接（测电阻插件两端电阻），若指针偏近"∞"，换大量程，再进行"调零"，再测量；若指针偏近"0"位，换小量程，进行"调零"，再测量。选择量程应使指针指向刻度中段较准确（注意：每次换挡均要调零）。

（4）将测量结果填入表 1-2 中。

表 1-2　电阻测量数据记录表

电阻标称值/Ω	$R_1 =$	$R_2 =$	$R_3 =$
测量值/Ω			

3）直流电压及电流的测量

（1）测定线性电阻器的伏安特性。

① 按图 1-17(a) 所示接好线路（建议 $R_L = 1\text{k}\Omega/2\text{W}$），调节稳压电源的输出 U，从 0V 开始缓慢增加，一直到 10V。记下相应的电压表和电流表的读数。将测试结果填入表 1-3 中。

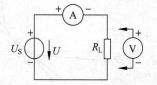
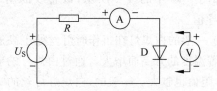

(a) 线性电阻和白炽灯伏安特性测试电路　　　　(b) 半导体二极管伏安特性测试电路

图 1-17　伏安特性测试电路

表 1-3　线性电阻和白炽灯实训数据记录

	U/V	0	1	2	4	6	8	10
线性电阻	I/mA							
白炽灯	I/mA							

② 测电压时，将万用表（或电压表）转换开关旋至"Ⅴ"挡，10V 量程（注意电源极性，红笔应接高电位端，黑笔接低电位端）；测电流时，将万用表（或电流表）转换开关旋至

"A"挡,选择适当的量程(注意电流极性,电流应从红表笔流入,从黑表笔流出)。

(2) 测定非线性元件白炽灯的伏安特性。

将图 1-17(a)所示电路中的 R_L 换成一只白炽灯(建议 12V/3W),重复(1)的步骤。将测试结果填入表 1-3 中。

(3) 测定半导体二极管的伏安特性。

按图 1-17(b)所示电路接好线路,其中 R(建议 $R=1k\Omega/0.5W$)为限流电阻。先测定二极管 D 的正向特性,其正向电流不得超过 25mA,正向电压可在 0～0.75V 之间取值。特别在 0.5～0.75V 之间应多取几个测量点。将图 1-17(b)所示电路中的二极管 D 反接,再测定其反向特性。反向电压可加到 15V 左右。将测试结果填入表 1-4 中。

表 1-4　半导体二极管实训数据记录

二极管	正向	U/V	0								0.8
		I/mA									
	反向	U/V	0								−30
		I/mA									

6. 注意事项

(1) 不可带电测电阻。

(2) 在测量不同的电量时,应首先估算电压和电流值,以选择合适的仪表量程。且应注意仪表的极性不能接错,切不可用"mA"挡或"Ω"挡测量电压;每次测量完毕,将转换开关旋至空挡或交流电压挡最大量程。

(3) 测量二极管的正向特性时,稳压电源输出应由小到大逐步增加,时刻注意电流表读数不能超过所选二极管的最大电流。测量二极管的反向特性时,所加反向电压不能超过所选二极管的最大反向工作电压。

7. 实训报告要求

(1) 根据各实训结果,分别在方格纸上绘出各元件的伏安特性曲线(其中,二极管的正向、反向特性曲线要求画在同一张图中,正、反向电压可取不同的比例尺)。

(2) 根据实训结果,总结、归纳各被测元器件的特性。

(3) 进行必要的误差分析。

1.1.6　电路的工作状态

在不同的工作条件下,电源的外电路会处于不同的状态,具有不同的特点。

1. 有载工作状态

电路如图 1-18 所示,开关 S 闭合时,接通电源和负载,电路中有电流流动,此时电路状态称为通路,即为有载状态。

此时电路有下列特征。

(1) 电路中的电流为

$$I = \frac{U_S}{R_i + R_L} \qquad (1\text{-}18)$$

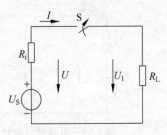

图 1-18　电路的有载状态

(2) 电源的端电压(即负载两端的电压)为

$$U = U_S - IR_i \tag{1-19}$$

由于电源内阻的存在,电源端电压 U 总小于电源的恒压源 U_S。通常电源内阻 R_i 很小,所以当正常工作时,电流变动引起的电压下降很小。若忽略电源内阻上的电压降,则负载两端的电压 U_1 等于电源的端电压 U,即

$$U_1 = U \tag{1-20}$$

(3) 电源的输出功率为

$$P = UI = (U_S - IR_i)I = U_S I - I^2 R_i \tag{1-21}$$

即

$$P = P_E - \Delta P \tag{1-22}$$

式(1-22)表明,电源产生的功率 P_E 减去电压源内阻上的消耗 ΔP,才是供给负载的功率 P。因此,负载所消耗(吸收)的功率为

$$P_1 = U_1 I = UI = P \tag{1-23}$$

根据电压和电流的实际方向可确定某一电路元件是电源还是负载。电压 U 和电流 I 的实际方向相同,电流从"+"端流入,消耗功率、吸收功率,该元件为负载;电压 U 和电流 I 的实际方向相反,电流从"+"端流出,发出功率,该元件是电源。

式(1-22)称为功率平衡方程式,即电路产生的总功率等于电路消耗的总功率。

2. 空载运行状态

如图 1-19 所示,开关 S 断开时,电路处于开路或断路状态,即空载运行状态,外电路所呈现的电阻对电源来说是无穷大,此时

(1) 电路中的电流为零,即 $I=0$。

(2) 电源的端电压(开路电压)等于电压源的恒定电压,即

$$U_o = U_S - IR_i = U_S \tag{1-24}$$

(3) 电源的输出功率 P 和负载所吸收的功率 P_1 均为零,即 $P=P_1=0$。

3. 短路状态

当某一部分的电路两端用电阻可以忽略不计的导线和开关连接起来,使得该部分电路中的电流全部被导线和开关旁路,则这部分电路所处的状态称为短路。如图 1-20 所示,电源被短路。此时,外电路所呈现的电阻可视为零,电路的特征如下。

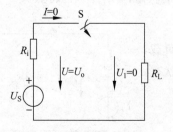

图 1-19　电路的空载状态

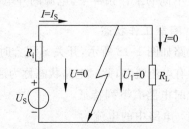

图 1-20　电路的短路状态

（1）电路中的电流为

$$I = I_s = \frac{U_s}{R_i} \tag{1-25}$$

此时的电流为短路电流。因为电源内的电阻很小，所以，短路电流 I_s 很大。

（2）由于负载被短路，电源的端电压和负载电压，即

$$U = U_s - I_s R_i = 0$$
$$U_1 = 0$$

电源的恒定电压与电源的内阻电压相等，方向相反，因而无输出电压。

（3）电源向负载输出的功率 P 和负载吸收的功率 P_1 均为零，即 $P = P_1 = 0$。

此时电源所产生的能量全部被内阻消耗，超过额定电流若干倍的短路电流可以使供电系统中的设备烧毁或引起火灾。电源短路通常是一种严重的事故，应尽量避免。通常在电路中接入熔断器等短路保护装置，以便在发生短路故障时，能迅速将电源与短路部分断开。但有时由于某种需要，可以将电路中的某一段短接，进行某种短路实训。

【例 1-4】 某直流电源的额定功率 $P_N = 100W$，额定电压 $U_N = 200V$，内阻 $R_i = 2\Omega$，负载电阻 R 可以调节，如图 1-21 所示，试求：

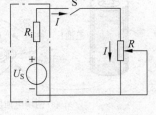

图 1-21　例 1-4 电路

（1）额定状态下的电流 I_N 及负载电阻 R_N。

（2）空载状态下的电压 U_o。

（3）短路状态下的电流 I_s。

解：（1）额定电流：

$$I_N = \frac{P_N}{U_N} = \frac{100}{200} = 0.5(A)$$

负载电阻：

$$R_N = \frac{U_N}{I_N} = \frac{200}{0.5} = 400(\Omega)$$

（2）空载电压：

$$U_o = U_s = I_N(R_i + R_N) = 0.5 \times (2 + 400) = 201(V)$$

（3）短路电流：

$$I_s = \frac{U_s}{R_i} = \frac{201}{2} = 100.5(A)$$

短路电流 I_s 远远大于额定电流 I_N（约为 200 倍）。可见，若没有短路保护，发生短路后，电源将会烧毁。

想一想：为什么在用电高峰期会出现电压不足的现象？

填空：在有载状态下，电源产生的功率为（　　）与（　　）的乘积，电路中消耗功率为（　　）和（　　）消耗功率之和。

练一练：有一电源，其开路电压 $U_o = 24V$，其短路电流 $I_s = 30A$，求该电源的电动势（即恒压源 U_s）和内阻 R_i。

问题的解决

电路是由电源、负载及中间环节等组成。图 1-1 所示小灯泡若要点亮，则必须有电源

及导线。电源提供电能;导线用来连接电源和负载,起传递和控制作用。

在"动手做"中,学会了用万用表测量电路中电压、电流的方法,从而得知小灯泡的电压、电流符合伏安特性关系。

1.2   直流电路的分析

问题的提出

如图 1-22(a)所示,用两块电池为小灯泡供电。小灯泡中的电流是每个电池单独供给小灯泡的电流之和吗? 如果保持小灯泡两端的电压和电流不变,可以用一个什么样的电源来代替这两块电池? 将其中一个电池反接,上述情况又如何? 图 1-22(b)为图 1-22(a)的等效直流电路模型(图中去掉了开关1和开关2)。

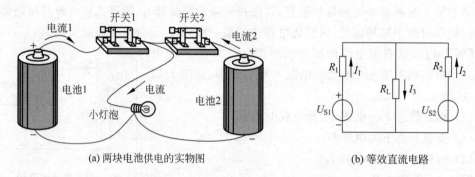

(a) 两块电池供电的实物图   (b) 等效直流电路

图 1-22   两个电源供电的直流电路

任务目标

(1) 会用电阻的分压、分流原理,分析万用表各挡位的测量原理。

(2) 会使用基尔霍夫定理,分析和计算一般的直流电路。

(3) 会用叠加定理,分析和计算两个及以上电源作用时电路的电压及电流值。

(4) 理解二端网络,会用戴维南定理对电路进行分析和计算。

(5) 能计算电路中某电路元件的电功率。

1.2.1   电路等效电阻的计算方法

在实际电路中,电阻的连接方式多种多样,最基本和最常用的连接方式是串联和并联。

1. 电阻的串联

将若干个电阻无分支地依次相连,如图 1-23 所示,这种连接方式称为电阻的串联。

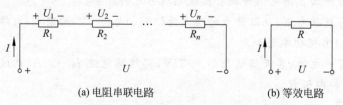

(a) 电阻串联电路   (b) 等效电路

图 1-23   电阻串联及其等效电路

串联电阻电路具有以下特点。

（1）通过各个电阻的电流相同，即
$$I = I_1 = I_2 = \cdots = I_n \ (I_n \text{ 表示流过第 } n \text{ 个电阻的电流})$$ 　　　(1-26)

（2）串联电阻两端的总电压 U 等于各电阻上电压的代数和，即
$$U = \sum_{i=1}^{n} U_i = U_1 + U_2 + \cdots + U_n$$ 　　　(1-27)

（3）串联电阻电路的总电阻（等效电阻）R 等于各电阻阻值 R_i 之和，即如图 1-23(b) 所示。
$$R = \sum_{i=1}^{n} R_i = R_1 + R_2 + \cdots + R_n$$ 　　　(1-28)

（4）各串联电阻电压与其阻值成正比，即
$$U_1 = IR_1 = \frac{UR_1}{R}$$

$$U_2 = IR_2 = \frac{UR_2}{R}$$

$$\vdots$$

$$U_n = IR_n = \frac{UR_n}{R}$$ 　　　(1-29)

串联电阻电路的这一特性称为分压特性。

（5）串联电阻电路消耗的总功率 P 等于各串联电阻消耗的功率之和，即
$$P = \sum_{i=1}^{n} P_i = P_1 + P_2 + \cdots + P_n$$ 　　　(1-30)

【例 1-5】 图 1-24 所示为一分压器电路，要求通过分压器把输入电压衰减到原来的 1/10 和 1/100。设输入电压 U_i 为 100V，则要求转换开关 S 在位置 1、2 时输出电压 U_o 分别为 10V 和 1V。若 R_1、R_2、R_3 串联的等效电阻 $R = 5\text{k}\Omega$，求各电阻的阻值。

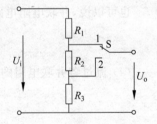

图 1-24　例 1-5 电路图

解：当转换开关 S 在位置 2 时，由分压公式可知
$$U_{o2} = \frac{U_i R_3}{R}$$

于是
$$R_3 = \frac{U_{o2}}{U_i} R = \frac{1}{100} \times 5000 = 50(\Omega)$$

当转换开关 S 在位置 1 时，由于
$$U_{o1} = \frac{U_i (R_2 + R_3)}{R}$$

所以
$$R_2 + R_3 = \frac{U_{o1}}{U_i} R = \frac{10}{100} \times 5000 = 500(\Omega)$$
$$R_2 = 500 - R_3 = 500 - 50 = 450(\Omega)$$

因此
$$R_1 = R - (R_2 + R_3) = 4500(\Omega)$$

2. 电阻的并联

将若干个电阻首尾端分别连接在两个公共节点之间,如图 1-25 所示,这种连接方式称为电阻的并联。

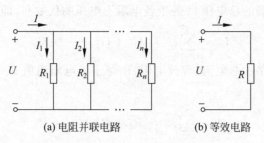

(a) 电阻并联电路　　　　　　(b) 等效电路

图 1-25　电阻并联及其等效电路

并联电阻电路具有以下特点。

(1) 各并联电阻的端电压相同,即

$$U = U_1 = U_2 = \cdots = U_n(U_n \text{ 表示流过第 } n \text{ 个电阻的端电压}) \tag{1-31}$$

(2) 流过并联电阻电路的总电流 I 等于各支路电流的代数和,即

$$I = \sum_{i=1}^{n} I_i = I_1 + I_2 + \cdots + I_n \tag{1-32}$$

(3) 并联电阻电路的总电阻(等效电阻)R 的倒数等于各并联电阻倒数之和,如图 1-25(b) 所示。

$$\frac{1}{R} = \sum_{i=1}^{n} \frac{1}{R_i} = \frac{1}{R_1} + \frac{1}{R_2} + \cdots + \frac{1}{R_n} \tag{1-33}$$

也可以说,并联电阻电路的总电导 G 等于各并联电阻电导之和,即

$$G = \sum_{i=1}^{n} G_i = G_1 + G_2 + \cdots + G_n \tag{1-34}$$

(4) 流过各并联电阻的电流与其阻值成反比,即

$$I_1 = \frac{U}{R_1} = \frac{IR}{R_1}$$

$$I_2 = \frac{U}{R_2} = \frac{IR}{R_2}$$

$$\vdots$$

$$I_n = \frac{U}{R_n} = \frac{IR}{R_n} \tag{1-35}$$

并联电阻电路的这一特性称为分流特性。

对于两个电阻并联的电路,如图 1-26 所示,其等效电阻为

$$R = \frac{R_1 R_2}{R_1 + R_2} \tag{1-36}$$

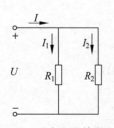

图 1-26　两个电阻并联电路

两个并联电阻上的电流分别为

$$I_1 = \frac{IR_2}{R_1 + R_2} \tag{1-37}$$

$$I_2 = \frac{IR_1}{R_1 + R_2} \tag{1-38}$$

（5）并联电阻电路消耗的总功率 P 等于各并联电阻消耗的功率之和，即

$$P = \sum_{i=1}^{n} P_i = P_1 + P_2 + \cdots + P_n = \frac{U^2}{R_1} + \frac{U^2}{R_2} + \cdots + \frac{U^2}{R_n} \tag{1-39}$$

由式(1-39)可知，各并联电阻消耗的功率与其阻值成反比。

在实际电路中，负载一般是并联使用的，它们处于同一电压之下。并联的负载越多，总的负载电阻就越小，负载消耗的总功率和电路中的总电流就越大。

注意：在电力电路中，发电厂所能提供的总功率是有限的，为保证电网安全、正常运行，必须控制负载总量，以避免电网过载而引发事故。另外，总电流的增大，也会使线路电压降增加，造成供电电压的下降，这在实际工作与生活中必须引起注意。

3. 电阻的混联

电阻的混联是电阻串联和并联相结合的连接方式。对于能用串、并联方法逐步化简的电路，无论其结构如何，一般仍称为简单电路。

想一想：

（1）扩展电压表的量程是串接电阻还是并接电阻？利用了电阻的什么特性？扩展电流表的量程呢？

（2）日常生活中，负载电流大即为平常所说的"负载重"。此时的负载电阻小还是大？

练一练：

（1）一万用表采用满刻度电流 $50\mu A$、内阻为 $R_i = 3k\Omega$ 的表头，现要求测量直流电压分别为 $1V$、$5V$、$25V$、$100V$、$500V$ 五挡，如图 1-27(a)所示。试求串联电阻 R_1、R_2、R_3、R_4、R_5 的电阻值。

（2）一万用表采用满刻度电流 $50\mu A$、内阻为 $R_i = 3k\Omega$ 的表头，现要求测量直流电流分别为 $500mA$、$50mA$、$5mA$、$0.5mA$ 四挡，如图 1-27(b)所示。试求电阻 R_1、R_2、R_3、R_4 的电阻值。

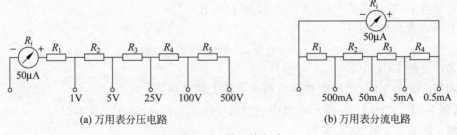

(a) 万用表分压电路   (b) 万用表分流电路

图 1-27　练一练电路

1.2.2　基尔霍夫定律

基尔霍夫定律是电路中节点上的电流和回路中的电压所满足的普遍规律，也称为电流定律与电压定律。

在讨论基尔霍夫定律之前,首先要掌握电路中几个常用的名词。

(1) 支路:电路中的每一分支称为支路。一条支路流过一个电流,称为支路电流。

(2) 节点:三条或三条以上支路汇集的点称为节点。

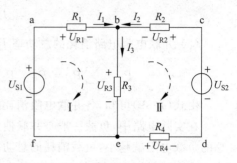

(3) 回路:电路中任一闭合路径称为回路。回路中无支路时称网孔。

如图 1-28 所示电路,有三条支路(U_{S1}-R_1;R_4-U_{S2}-R_2;R_3),两个节点(b 和 e),三个回路(b-e-f-a-b,b-c-d-e-b,b-c-d-e-f-a-b),两个网孔(b-c-d-e-b,b-e-f-a-b)。

图 1-28　电路的支路和节点

1. 基尔霍夫电流定律(KCL)

基尔霍夫电流定律也称为基尔霍夫第一定律。其具体内容是:任一瞬间,流入任一节点的电流的总和必等于流出该节点电流的总和。或者说,在任一瞬间,任一节点上的电流的代数和恒等于零,即

$$\sum I = 0 \tag{1-40}$$

如果规定流入节点的电流为正,则流出节点的电流就取负。图 1-28 中节点 b 的 KCL 方程为

$$I_1 + I_2 = I_3$$

或

$$I_1 + I_2 - I_3 = 0$$

节点 e 的 KCL 方程为

$$-I_1 - I_2 + I_3 = 0$$

由此可见,两个节点 KCL 方程不独立。可以证明,在含有 n 个节点的电路中,只能列出 $n-1$ 个独立的 KCL 方程。

KCL 还可以推广应用到电路中任意假设的封闭面。即在任一瞬间,通过任一封闭面的电流的代数和恒等于零。如图 1-29 所示的封闭面有三个节点,可列出三个 KCL 方程。

对节点 a:　　　　　　　$I_a = I_{ab} - I_{ca}$

对节点 b:　　　　　　　$I_b = I_{bc} - I_{ab}$

对节点 c:　　　　　　　$I_c = I_{ca} - I_{bc}$

上列三式相加,得

$$I_a + I_b + I_c = 0$$

即满足广义的 KCL。

利用广义的 KCL 可给电路的分析带来很大的方便。

【例 1-6】　在图 1-30 所示电路中,已知:$I_1 = 4A$,$I_3 = -8A$。求 I_2、I_4?

解:对节点 a 列 KCL 方程

$$I_1 + I_3 - I_4 = 0$$
$$I_4 = -4(A)$$

对虚线中的封闭面列 KCL 方程

$$I_1 + I_2 = 0$$

$$I_2 = -I_1 = -4(\text{A})$$

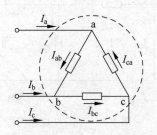

图 1-29 基尔霍夫电流定律的推广

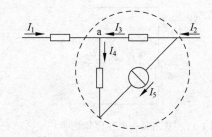

图 1-30 例 1-6 电路图

推广：究其本质，基尔霍夫电流定律是电流连续性的具体体现，是"电荷守恒"的一种反映，因为任一节点的电荷既不会产生又不会消失，也不可能积累，所以流入节点的电荷必等于流出该节点的电荷。不管电路是线性的还是非线性的，不管电流是直流还是交流，也不管电路中接有何种元件，基尔霍夫电流定律普遍适用。

2. 基尔霍夫电压定律（KVL）

基尔霍夫电压定律也称为基尔霍夫第二定律。其具体内容是：任一瞬间，沿任一闭合回路绕行一周，各部分电压的代数和恒等于零；或者说，任一瞬间，任一回路中电位降（电压）的代数和等于电位升（电动势）的代数和。

$$\sum U = 0 \tag{1-41}$$

应用式（1-41）列 KVL 电压方程时，应首先标出各段电压的参考方向，选定一个回路绕行方向，然后根据各段电压的参考方向是否与回路绕行方向一致确定其正、负号。若规定各段电压的参考方向与回路绕行方向一致就取正，与回路绕行方向相反则取负。如图 1-28 所示中，回路 I（回路 a-b-e-f-a）的 KVL 方程为

$$U_{R1} + U_{R3} - U_{S1} = 0$$

回路 II（回路 b-c-d-e-b）的 KVL 方程为

$$-U_{R2} + U_{S2} - U_{R4} - U_{R3} = 0$$

注意：回路绕行方向和电流的参考方向可以视方便与否任意假定。

在图 1-28 中，回路电阻元件两端的电压与电流的方向一致（取关联方向）；也可以根据电流的参考方向和回路的绕行方向是否一致决定该电压的正负（一致为正，否则为负）。

KVL 也适用于各种电路。KVL 还可以推广应用到电路中任一不闭合的假想回路，但要将开口处的电压列入方程。如图 1-31 所示电路，其 KVL 方程为

$$U + IR_i - U_S = 0 \tag{1-42}$$

利用广义的 KVL 也可给电路的分析带来很大的方便。

【例 1-7】 如图 1-32 所示，已知：$U_{S1} = 20\text{V}$，$U_{S2} = 30\text{V}$，$U_{S3} = 15\text{V}$，$R_1 = R_2 = 2\Omega$。求 U?

解：对回路 I（左边网孔）列 KVL 方程得

$$I_1 R_1 + I_2 R_2 - U_{S1} = 0$$

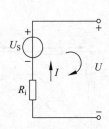

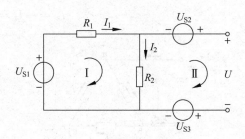

图 1-31　基尔霍夫电压定律的推广　　　　　图 1-32　例 1-7 电路图

因为回路 Ⅱ(右边网孔)为开路状态,故 $I_1 = I_2$。对于上式代入数据,得

$$I_1 = I_2 = 5\text{A}$$

对回路 Ⅱ 列 KVL 方程得

$$U + U_{S3} - I_2 R_2 - U_{S2} = 0$$

代入数据,得

$$U = 25(\text{V})$$

1.2.3　支路电流法

支路电流法是以支路电流为求解对象,根据电路的基本定律列出所需方程联立求解,计算出各支路电流。

设电路参数为已知,且有 n 个节点,b 条支路。

利用支路电流法分析电路的步骤如下:

(1) 标出各支路电流参考方向。

(2) 列出 $n-1$ 个 KCL 方程(n 个节点,只有 $n-1$ 个独立的 KCL 方程)。

(3) 列出 $b-(n-1)$ 个 KVL 方程(为了保证各方程独立,列网孔电压方程)。

(4) 联立上述方程,且为 b 元一次方程组。求解该方程组,即得出各支路电流。

在图 1-33 电路中,$n=2$,$b=3$,各支路电流方向如图 1-33 所示。根据上述步骤可得

KCL 方程:　　　　　　　　$I_1 + I_2 = I_3$

KVL 方程:　　　　　　　　$I_1 R_1 + I_3 R_3 = U_{S1}$

　　　　　　　　　　　　　$I_3 R_3 + I_2 R_2 = U_{S2}$

解此方程组,得 I_1、I_2、I_3。根据 I_1、I_2、I_3 可进一步求出 R_1、R_2、R_3 上的电压 U_1、U_2、U_3。

【例 1-8】　电路如图 1-34 所示,已知:$U_S = 10\text{V}$,$I_S = 6\text{A}$,$R_1 = 2\Omega$,$R_2 = 1\Omega$,$R_3 = 4\Omega$。用支路电流法计算各支路电流并求 R_1 上的电压 U_1。

解:选定各支路电流的参考方向和回路绕行方向如图 1-34 所示,且设电阻 R_1 上的电压为关联参考方向。图 1-34 中有 3 条支路,且恒流源支路的电流为已知($I_2 = I_S = 6\text{A}$),所以,只需列 2 个独立方程即可求解。

先列节点 a 的 KCL 方程,再列回路 Ⅰ(左网孔)的 KVL 方程,得

$$I_1 - I_3 + 6 = 0$$

$$2I_1 + 4I_3 = 10$$

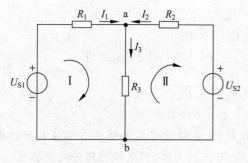

图 1-33　支路电流法

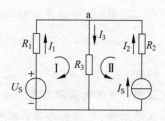

图 1-34　例 1-8 电路图

联立求解,得

$$I_1 = -\frac{7}{3}(\mathrm{A}), \quad I_3 = \frac{11}{3}(\mathrm{A})$$

则 R_1 上的电压 $U_1 = I_1 R_1 = -\frac{14}{3}(\mathrm{V})$。

1.2.4　叠加定理

叠加定理是线性电路的基本定理。其基本内容是:在多个电源共同作用的线性电路中,各支路的电流(或电压)是各电源单独作用时在该支路产生的电流(或电压)的代数和。即在线性电路中,如果有两个或两个以上的独立电源(电压源或电流源)共同作用,则任意支路的电流或电压,等于电路中各个独立电源单独作用时,在该支路上产生的电压或电流的代数和。所谓各独立电源单独作用,是指电路中仅一个独立电源作用而其他电源都取零值(电压源短路、电流源开路)。

叠加定理的正确性可用下例说明。

如图 1-35(a)所示电路中,用支路电流法可求得支路电流:

$$I_1 + I_2 - I_3 = 0$$
$$I_1 R_1 + I_3 R_3 = U_{S1}$$
$$I_3 R_3 + I_2 R_2 = U_{S2}$$

图 1-35　叠加定理

解得:

$$I_1 = \frac{R_2 + R_3}{R_1 R_2 + R_2 R_3 + R_1 R_3} \cdot U_{S1} - \frac{R_3}{R_1 R_2 + R_2 R_3 + R_1 R_3} \cdot U_{S2}$$

其中,前一项是 U_{S1} 单独作用时[见图 1-35(b)]在 R_1 支路产生的电流,即

$$I'_1 = \frac{R_2 + R_3}{R_1 R_2 + R_2 R_3 + R_1 R_3} \cdot U_{S1}$$

后一项是 U_{S2} 单独作用时[见图 1-35(c)]在 R_1 支路产生的电流，即

$$I''_1 = \frac{-R_3}{R_1 R_2 + R_2 R_3 + R_1 R_3} \cdot U_{S2}$$

同理 $$I_2 = I'_2 + I''_2, \quad I_3 = I'_3 + I''_3$$

注意：所谓电路中只有一个电源单独作用，就是假设将其余电源作零值处理。即理想电压源短路，电动势为零；理想电流源开路，电流值为零，但电源内阻一定要保留。

应用叠加定理求解电路的步骤如下：

(1) 在原电路中标出所求量(总量)的参考方向。

(2) 画出各电源单独作用时的电路，并标明各分量的参考方向。

(3) 分别计算各分量。

(4) 将各分量叠加，若分量与总量参考方向一致取正；否则取负，计算结果。

叠加定理不局限于将独立电源逐个地单独作用后再叠加，也可将电路中的独立电源分成几组，然后按组分别计算、叠加，这样有可能使计算简化。

【例 1-9】 已知 $I_S = 10A$，$U_S = 12V$，$R_1 = R_2 = R_3 = R_4 = 1\Omega$，用叠加定理计算图 1-36 (a)所示电路中的电压 U。

解：利用叠加定理将图 1-36(a)所示电路分解为图 1-36(b)和图 1-36(c)所示电路。

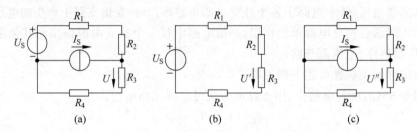

(a)　　　　　　　　(b)　　　　　　　　(c)

图 1-36　例 1-9 电路图

则

$$U' = \frac{R_3}{R_1 + R_2 + R_3 + R_4} \cdot U_S = \frac{1}{4} \times 12 = 3(V)$$

$$U'' = \frac{I_S}{2} \times R_3 = \frac{10}{2} \times 1 = 5(V)$$

$$U = U' + U'' = 3 + 5 = 8(V)$$

叠加定理作为电路的一种分析方法，在电路中电源个数多、结构复杂时，计算起来烦琐费时。但作为处理线性电路的一个普遍适用的规律，叠加定理是很重要的。它有助于对线性电路性质的理解，可以用来推导其他定理，简化处理更复杂的电路，是以后经常使用的一个定理。

想一想：

(1) 叠加定理适用于非线性电路吗？

(2) 叠加定理适用于电压、电流的计算，能用来直接计算功率吗？

1.2.5　戴维南定理和诺顿定理

对于一个复杂的电路,有时只需要计算其中某一条支路的电流(或电压),如用前面介绍的方法可能会有不必要的麻烦。为简化计算,常使用戴维南定理或称有源二端网络定理解决。

1. 二端网络

凡具有两个接线端的电路,称为二端网络,如图 1-37(a)所示。二端网络的一对端钮也称为一个端口,因此,二端网络又称为单口网络。当网络内部含有独立电源时,称为有源二端网络,如图 1-37(a)所示的 cd 端;网络内部不含有独立电源时,称为无源二端网络,如图 1-37(a)所示的 ef 端。

一个无源二端网络通常可以等效为一个电阻 R,如图 1-37(b)所示的 ef 端。而有源二端网络不仅产生电能,本身还消耗电能,在对外部等效的条件下(即保持它们的输出电压和输出电流不变的条件下),它们产生电能的作用可以用一个总的理想电源元件 U_S 来表示,消耗电能的作用可以用一个总的理想电阻元件 R_i 来表示,如图 1-37(b)所示的 cd端,这就是等效电源定理。等效电源定理包括戴维南定理和诺顿定理。

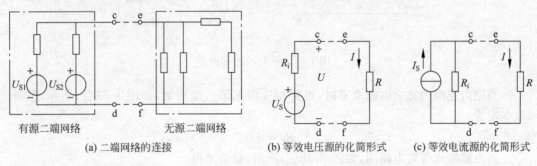

有源二端网络　　　　无源二端网络

(a) 二端网络的连接　　　　(b) 等效电压源的化简形式　　　(c) 等效电流源的化简形式

图 1-37　二端网络

2. 戴维南定理

戴维南定理指出:任一线性有源二端网络,对外电路来说,都可以用一个等效的恒压源 U_S 和内阻 R_i 相串联的电路模型来替代,如图 1-37(b)所示的 cd 端。

恒压源 U_S 为有源二端网络的开路电压 $U_。$,R_i 为该有源二端网络中所有电源不作用(恒压源短路,恒流源开路)时的等效电阻。

使用戴维南定理求解电路的步骤如下:

(1) 首先确定好待求量的参考方向,并把电路分成待求支路和该支路以外的有源二端网络(内电路)两部分。

(2) 求有源二端网络的开路电压 $U_。$,即等效电路的恒压源 U_S(注意二端网络开路电压的方向)。

(3) 求有源二端网络的除源等效内阻 R_i。

(4) 画出有源二端网络的戴维南等效电路,使有源二端网络电源的 $U_S = U_。$、内阻为 R_i。

(5) 接上原来断开的支路(待求支路),用欧姆定律计算待求量。

【例1-10】 用戴维南定理求图1-38(a)所示电路中电阻R上的电流。

解：将待求支路作为外电路,其余电路作为有源二端网络(内电路),在图1-38(b)中求开路电压U_o。

$$I_1 = 3 - 2 = 1(A)$$

$$I_2 = 3A$$

$$U_o = 1 \times 4 + 3 \times 2 + 6 = 16(V)$$

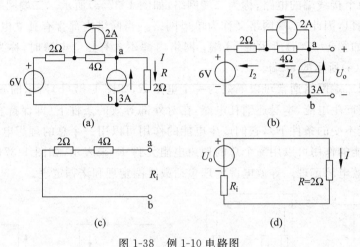

图1-38　例1-10电路图

当把内电路的独立电源取零时,得到相应的无源二端网络,如图1-37(c)所示,其等效电阻为

$$R_i = 6\Omega$$

画出戴维南等效电路图,如图1-38(d)所示,最后求得

$$I = \frac{U_o}{R_i + R} = \frac{16}{6 + 2} = 2(A)$$

3. 诺顿定理

诺顿定理指出：对外电路来说,一个有源二端网络可以等效为一个恒流源I_S与内电阻R_i并联的电流源模型,如图1-37(c)所示的cd端。这就是有源二端网络的诺顿等效电路。

恒流源I_S为有源二端网络的短路电流,R_i的意义与计算方法与戴维南定理中相同。

注意：在电流源的等效电路中,应注意电流源I_S的方向。

由以上两个定理可知：一个线性有源二端网络既可用戴维南定理等效化简为电压源与电阻串联,也可用诺顿定理等效化简为电流源与电阻并联,两者对外电路的作用是等效的,它们的互换关系是

$$U_S = I_S \cdot R_i \quad 或 \quad I_S = \frac{U_S}{R_i} \tag{1-43}$$

4. 最大功率传输定理

在测量、电子和信息系统中,常常会遇到接在电源输出端或接在有源二端网络上的负载如何获得最大功率的问题。根据戴维南定理,有源二端网络可以简化为电压源与电阻

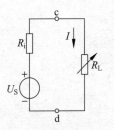

图 1-39　负载获得最大
功率的条件

的串联电路来等效,因此,在研究负载如何获得最大功率的问题
时,可以考察如图 1-39 所示的简单电路。图中负载 R_L 获得的功
率为

$$P_L = I^2 R_L = \left(\frac{U_S}{R_i + R_L}\right)^2 R_L \tag{1-44}$$

令 $\dfrac{\mathrm{d}P_L}{\mathrm{d}R_L} = 0$,可解得

$$R_L = R_i \tag{1-45}$$

式(1-45)称为最大功率传输条件,此时负载获得的功率最
大,为

$$P_{Lmax} = \frac{U_S^2}{4R_i} \tag{1-46}$$

负载获得最大功率的条件称为最大功率传输定理。工程上将电路满足最大功率传输
条件($R_L = R_i$)称为阻抗匹配。

在信号传输过程中,如果负载电阻与信号源内阻相差较大,往往在负载与信号源之间接
入阻抗变换器,如变压器、射极输出器等,以实现阻抗匹配,使负载从信号源获得最大功率。

在阻抗匹配时,负载获得的功率达到最大,但电源内阻上的消耗功率也很大,即为

$$P_i = I^2 R_i = I^2 R_L = P_{Lmax} \tag{1-47}$$

想一想:在电力系统中,通常要求负载电阻必须远大于电源内阻,即尽可能减少电源内
阻上的功率损耗。那么可以用最大功率传输定理进行传输吗? 这个定律适合于什么情况?

1.2.6　动手做　电路中电流、电压、电位的计算

【例 1-11】　如图 1-40 所示电路中,已知
$R_1 = 10\Omega$,$R_2 = 20\Omega$,$I_1 = 3A$,$I_2 = 1A$。试确定
电路元件 3 中的电流 I_3 和其两端电压 U_3,并说
明其是电源还是负载。验算整个电路各个功率
是否平衡。

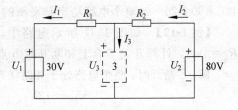

图 1-40　例 1-11 电路图

解:若判断电路元件 3 所起的作用(是电源
还是负载),只要求出元件 3 中的电压即可判定。

根据 KCL 有

$$-I_1 + I_2 - I_3 = 0$$

得

$$I_3 = -I_1 + I_2 = -3 + 1 = -2\text{(A)}$$

根据 KVL 有

$$U_3 = 10I_1 + U_1 = 10 \times 3 + 30 = 60\text{(V)}$$

判定元件 3 是电源还是负载。

(1) 从电压和电流的实际方向判别。

电路元件 3,电流 I_3 从"+"端流出,故为电源。

80V 元件,电流 I_2 从"+"端流出,故为电源。

30V 元件,电流 I_1 从"+"端流入,故为负载。

(2) 从功率的正负判别。

电路元件 3,U_3 和 I_3 为关联参考方向,则

$$P_3 = U_3 I_3 = 60 \times (-2) = -120(\text{W})(\text{负值})$$

故为电源。

80V 元件,U_2 和 I_2 为非关联参考方向,则

$$P_2 = -U_2 I_2 = -80 \times 1 = -80(\text{W})(\text{负值})$$

故为电源。

30V 元件,U_1 和 I_1 的正方向相反,则

$$P_1 = U_1 I_1 = 30 \times 3 = 90(\text{W})(\text{正值})$$

故为负载。

R_1 元件,电压与电流为关联参考方向,则

$$P_{R1} = I_1^2 R_1 = 3^2 \times 10 = 90(\text{W})(\text{正值})$$

故为负载。

R_2 元件,电压与电流为关联参考方向,则

$$P_{R2} = I_2^2 R_2 = 1^2 \times 20 = 20(\text{W})(\text{正值})$$

故为负载。

电路吸收的功率 $P_{吸} = P_1 + P_{R1} + P_{R2} = 90 + 90 + 20 = 200(\text{W})$

电路释放的功率 $P_{释} = P_2 + P_3 = 80 + 120 = 200(\text{W})$

$$P_{吸} = P_{释}$$

则整个电路功率是平衡的。或者电路中功率 $P = P_1 + P_2 + P_3 + P_{R1} + P_{R2} = 90 - 80 - 120 + 90 + 20 = 0$,整个电路功率是平衡的。

【例 1-12】 如图 1-41 所示电路中,已知 $R_1 = R_2 = 2\text{k}\Omega$,$R_3 = 4\text{k}\Omega$。计算开关 S 合上和断开时 b 点的电位。

解:S 断开时:整个电路处于开路状态,电阻上无电流,所以

$$V_b = 12\text{V}$$

S 闭合时:R_3 电阻上无电流通过,b、a 两点等电位,即

$$V_a = V_b = \frac{12 \times 2}{2 + 2} = 6(\text{V})$$

【例 1-13】 如图 1-42 所示电路中,已知 $R_1 = 3\text{k}\Omega$,$R_2 = $ $R_3 = 1\text{k}\Omega$。试求:①开关 S 断开时 a 点的电位;②开关 S 闭合时 a 点的电位;③开关 S 闭合时 a、b 两点电压 U_{ab}。

解:① 开关 S 断开时,f-a-c-d-f 回路的电流为

$$I = \frac{7 + 8}{R_1 + R_2 + R_3} = \frac{15}{5 \times 10^3} = 3(\text{mA})$$

所以,a 点的电位

$$V_a = U_{ao} = 8 - IR_3 = 8 - 3 \times 1 = 5(\text{V})$$

或

$$V_a = U_{ab} + U_{bo} = IR_2 + IR_1 - 7 = 3 + 9 - 7 = 5(\text{V})$$

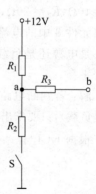

图 1-41　例 1-12 电路图

② S 闭合后，+6V 为理想电压源。根据 KVL 列 e-b-a-f-o 的回路方程，循行方向如图 1-42(b)所示。则

$$U_{bo} + I_3(R_2 + R_3) = 8$$

$$I_3 = \frac{8 - U_{bo}}{R_2 + R_3} = \frac{8 - 6}{1 + 1} = 1(\text{mA})$$

所以，可得

$$V_a = V_b + I_3 R_2 = 6 + 1 \times 10^{-3} \times 1 \times 10^3 = 7(\text{V})$$

$$V_a = U_{ao} = 8 - I_3 R_3 = 8 - 1 \times 10^{-3} \times 1 \times 10^3 = 7(\text{V})$$

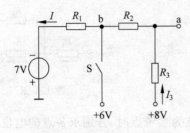 

(a) 例1-13电路习惯画法　　　　　(b) 例1-13电路转换图

图 1-42　例 1-13 电路图

③ S 闭合后，ab 间端电压就是电阻 R_2 上的压降，其为

$$U_{ab} = I_3 R_2 = 1 \times 10^{-3} \times 1 \times 10^3 = 1(\text{V})$$

问题的解决

根据叠加原理可知，图 1-22(a)所示电路中流过小灯泡的电流是每个电池单独供给小灯泡的电流之和。根据戴维南定理可知，如果保持小灯泡两端的电压和电流不变，可以用一个恒压源与一个内阻串联的电压源来等效这两块电池的作用。如果将其中一个电池反接，只要在计算时注意电源的方向即可。

习题 1

1.1　填空。

(1) 电源内部，电流从_____电位流向_____电位；电源外部，电流从_____电位流向_____电位。

(2) 电动势的实际方向是从_____指向_____，电压的实际方向是从_____指向_____。

(3) 电路中的电位与_____的选择有关，与_____无关；当电位参考点发生变化时，电位_____，电压_____。

(4) 电路的基本元件有_____，其中_____为耗能元件，_____为储能元件。

1.2　如题 1.2 图所示，已知 $U_{S1} = 100\text{V}$，$U_{S2} = 40\text{V}$，根据以下各种情况，判断 ac 两点电位的高低。

(1) 用导线连接 b、c。

(2) 用导线连接 a、c。

（3）用导线连接 a、d。

（4）b、d 两点接地。

（5）两电路不相连。

1.3　如题 1.3 图所示,已知 $U_1=-10V,U_2=-15V$,求 U_{ab}。

1.4　已知 $I_1=-2A,I_2=1A,I_3=3A$,其参考方向如题 1.4 图所示,且 $R_1=R_2=R_3=10\Omega$,求 $U_{ab}、U_{bc}、U_{ca}$。

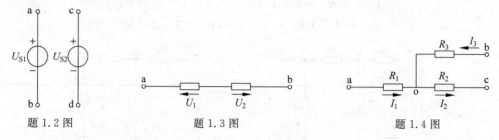

题 1.2 图　　　　　　　　题 1.3 图　　　　　　　　题 1.4 图

1.5　在题 1.4 图中,若分别选择 o 点和 a 点为参考点时,分别求各点的电位。

1.6　如题 1.6 图所示,a 点的电位 V_a 为(　　)。

1.7　计算如题 1.7 图所示电路吸收或释放的功率。

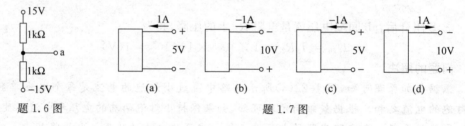

题 1.6 图　　　　　　　　　　　题 1.7 图

1.8　某车间有 60W、220V 的电烙铁 20 只,平均每天使用 5 小时,计算每月消耗多少电能(一个月按 30 天计算)?

1.9　假设一个标明 60W、220V 的灯泡的电阻是线性的,如果接在 110V 的电源上,其消耗的功率是 60W 吗? 若不是,实际消耗功率是多少?

1.10　如题 1.10 图所示,$U_S=20V,R_i=2\Omega,R_L=6\Omega$,求 $U、I、P_{U_S}、P_{R_L}$ 和电源内阻损耗功率 ΔP_i。

1.11　在题 1.10 中(如题 1.10 图所示),若 ab 段和 cd 段导线的电阻均为 $R_1=R_2=1\Omega$,求 $U、U_L、I、P_{U_S}、P_{R_L}$ 以及电源内阻损耗功率 ΔP_i 和线路上的功率损耗 ΔP。

1.12　如题 1.12 图所示,已知 $U_S=20V,R_i=2\Omega,R_1=6\Omega$,试分别求 ab 两点在有载 ($R_L=6\Omega$)、开路及短路情况下的 $I、U、U_1$ 和 U_2。

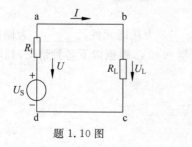 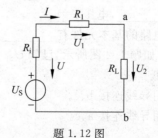

题 1.10 图　　　　　　　　　　　　题 1.12 图

1.13　如题 1.13 图所示,已知 $R_1 = R_2 = 100\Omega, R = 10\Omega$,利用电源等效变换,求 R 中的电流 I。

1.14　如题 1.14 图所示,已知 $R_1 = 5\Omega, R_2 = 3\Omega, R_3 = 20\Omega, R_4 = 2\Omega, R = 2\Omega$,利用电源等效变换,求 R 中的电流 I。

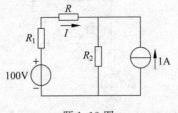

题 1.13 图

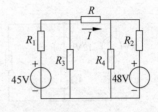

题 1.14 图

1.15　如题 1.15 图所示,已知 $R_1 = 5\Omega, R_2 = 3\Omega, R_3 = 20\Omega$,试把(a)图、(b)图简化并变换为一个等效电压源;把(c)图简化并变换为一个等效电流源。

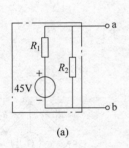

(a)

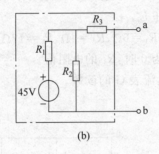

(b)

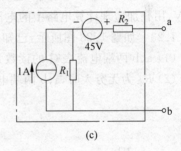

(c)

题 1.15 图

1.16　电阻 R_1、R_2 串联后接在电压为 36V 的电源上,电流为 4A;并联后接在同一电源上,电流为 18A。试求:

(1) 电阻 R_1 和 R_2 的阻值。

(2) 并联时,每个电阻吸收的功率为串联时的几倍?

1.17　列出题 1.17 图电路中所有节点的 KCL 方程和 KVL 方程。

1.18　如题 1.18 图所示,已知 $R_1 = R_2 = R_3 = 2\Omega$,用支路电流法求解电路中的各支路电流及电源电压 U。

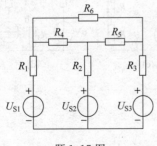

题 1.17 图

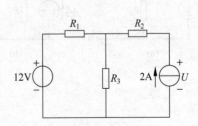

题 1.18 图

1.19　用支路电流法求解题 1.19 图所示电路中的各支路电流。

1.20　如题 1.20 图所示,已知 $R_1=1\Omega,R_2=2\Omega,R_3=4\Omega$,求开关 S 断开及闭合时 a 点的电位。

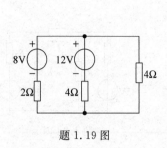

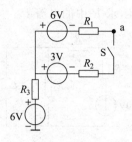

题 1.19 图　　　　　　　　　　　题 1.20 图

1.21　用叠加定理计算题 1.21 图所示电路中的 I。

1.22　如题 1.22 图所示,已知 $R_1=40\Omega,R_2=30\Omega,R_3=R_4=60\Omega,U_{S1}=3V,U_{S2}=3.6V$,用叠加定理计算电路中的电压 U。

1.23　如题 1.23 图所示,已知 $R_1=6\Omega,R_2=4\Omega,R_3=12\Omega$。求:

(1) a、b 两端电流表 G 的读数为 0 时,R_4 的电阻值。

(2) R_4 为无穷大时,a、b 两端电流表 G 的读数。

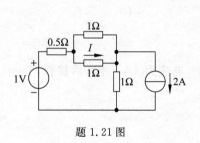

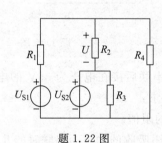

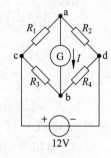

题 1.21 图　　　　　　题 1.22 图　　　　　　题 1.23 图

1.24　求题 1.24 图所示电路 ab 端口的戴维南等效电路。

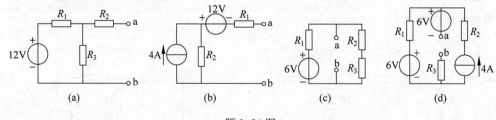

(a)　　　　　　(b)　　　　　　(c)　　　　　　(d)

题 1.24 图

第 2 章

正弦交流电路

直流电路中的电压和电流,其大小和方向都是不变的,但生产和生活中应用最多的是一种大小和方向按正弦规律变化的交流电。本章介绍单相交流电路、三相交流电路及安全用电技术的基本知识,主要包括正弦交流电路的基本概念、基本规律及正弦交流电路的基本分析方法,重点是对单相、三相交流电路的电压、电流和功率的分析和计算。通过动手操作,掌握交流电路中电压、电流及功率的测量方法,了解交流电路功率因数的意义。

2.1 正弦交流电

问题的提出

你家中的照明灯、电风扇、电饭锅等都是用什么电源? 这种电与前面学过的直流电有什么不同? 它有哪些特点? 这种电信号如何表达? 又怎样测量?

任务目标

(1) 会用正弦交流电的三要素表达一个交流电信号,也会用相量图进行表达。

(2) 能用两个信号的相位差理解同相、反相、正交及超前、滞后的意义。

(3) 理解正弦交流电有效值的概念,掌握其与最大值之间的关系。

2.1.1 正弦交流电的三要素

随时间按正弦规律作周期性变化的信号为正弦量(常用小写字母表示),其波形如图 2-1(a)所示,其大小和方向都按正弦规律作周期性变化。图 2-1(b)和图 2-1(c)所示分别为电流信号正、负半周时流过电阻的电流情况。图中实线箭头为参考方向,虚线箭头为实际电流方向。

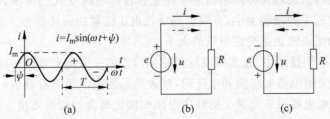

图 2-1 正弦交流电

正弦量可以用时间 t 的正弦函数来表示，以电流为例，其数学表达式为

$$i = I_m \sin(\omega t + \psi) \tag{2-1}$$

式中：I_m 称为正弦电流的最大值；ω 称为正弦量的角频率；ψ 称为正弦量的初相位。它们是确定一个正弦量的三个要素，分别用来表示正弦量大小、变化的快慢及初始值。

1. 周期与频率

正弦量变化一次所需的时间称为周期 T，单位是秒（s）；每秒钟变化的次数称为频率 f，单位是赫［兹］（Hz）。周期和频率互为倒数，即

$$T = \frac{1}{f} \tag{2-2}$$

我国电力系统的供电频率为 50Hz，通常称为"工频"。

角频率 ω 是正弦量每秒钟变化的弧度数，单位是弧度/秒（rad/s）。其大小为

$$\omega = 2\pi f = \frac{2\pi}{T} \tag{2-3}$$

式中：ω、T、f 都是反映正弦量变化快慢的量。

2. 幅值（最大值）与有效值

正弦量任一瞬间的值称为瞬时值，用小写字母表示，如用 i、u、e 分别表示电流、电压和电动势的瞬时值。瞬时值中最大的值是幅值，或称为峰值或最大值，用 I_m、U_m、E_m 表示。

有效值是用电流的热效应观点来定义的。即一个交流电流 i 通过一个电阻时，在一个周期内产生的热量，与一个直流电流 I 通过这个电阻时，在同样的时间内产生的热量相等，则把直流电流的数值 I 称为交流电流的有效值。

当周期电流为正弦量 $i = I_m \sin \omega t$ 时，则

$$I = \sqrt{\frac{1}{T} \int_0^T I_m^2 \sin^2 \omega t \, dt} = \frac{I_m}{\sqrt{2}} \tag{2-4}$$

周期量的有效值等于它的瞬时值的平方在一个周期内的平均值再取平方根，又称方均根值。

对于正弦电压和电动势，也有类似的结论，即

$$U = \frac{U_m}{\sqrt{2}}, \quad E = \frac{E_m}{\sqrt{2}}$$

有效值用大写字母表示，即 I、U、E 分别表示电流、电压、电动势的有效值。通常，我们所说的交流电压为 220V，指的是有效值，其最大值应为 311V。

正弦量的瞬时值表达式可以精确地描述正弦量随时间变化的情况，正弦量的最大值可表征其振荡过程中振幅的大小，有效值则反映出正弦量的做功能力。显然，最大值和有效值可从不同角度说明正弦交流电量的大小。

（1）在电工电子技术中，通常所说的正弦量的数值一般指有效值。

（2）在测量交流电路的电流和电压时，仪表指示的数值是其有效值。

（3）各种交流电器设备铭牌上的额定电压和额定电流均指有效值。

想一想：正弦交流电的有效值和最大值之间有什么关系？你能举出一些用有效值表

示交流电量的例子吗？

3. 初相位

正弦量的解析表达式中，随时间而变化的角度 $\omega t+\psi$ 称为相位角，简称相位。正弦量在每一瞬间都有相位。当 $t=0$ 时的相位 ψ 叫作初相位或初相角，它反映了正弦量计时起点初始值的大小。若变化起点在时间起点的左边，则 ψ 为正，如图 2-2 中的 i，其 $\psi_i=\dfrac{\pi}{3}$。若变化起点在时间起点的右边，则 ψ 为负，如图 2-2 中的 u，其 $\psi_u=-\dfrac{\pi}{6}$。若变化起点和时间起点重合，则 ψ 为零。通常，选择 $|\psi|\leqslant\pi$。初相位决定了 $t=0$ 时正弦量的大小和正负。通常，称初相位为零的正弦量为参考正弦量。

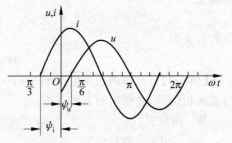

图 2-2　正弦量的初相位

两个同频率正弦量的相位之差称为相位差，用 φ 表示，即

$$\varphi=\psi_1-\psi_2 \tag{2-5}$$

如图 2-2 中的 i、u，其 $\varphi=\dfrac{\pi}{2}$。

相位差用来描述两个同频率正弦量的超前、滞后关系，即到达最大值的先后及相差的电角度。

如图 2-2 中，$\varphi=\psi_i-\psi_u=\dfrac{\pi}{2}$，则 i 超前 u $\dfrac{\pi}{2}$，或 u 滞后 i $\dfrac{\pi}{2}$。

两同频率正弦量 i_1、i_2，若

(1) $\varphi=\psi_1-\psi_2>0$，称 i_1 超前 i_2，或 i_2 滞后 i_1，如图 2-3(a)所示。

(2) $\varphi=\psi_1-\psi_2=0$，称 i_1 与 i_2 同相位，如图 2-3(b)所示。

(3) $\varphi=\psi_1-\psi_2=\pm\pi$，称 i_1 与 i_2 反相位，如图 2-3(c)所示。

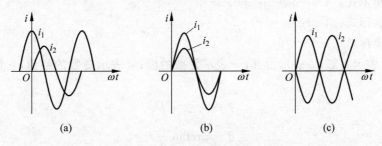

| (a) | (b) | (c) |

图 2-3　正弦量的相位差

想一想：什么是正弦交流电？什么是正弦交流电的三要素？它们的含义是什么？正弦交流电的相位、初相角及相位差之间有什么区别和联系？

练一练：写出正弦交流电压的表达式：电压的最大值为 $220\sqrt{2}\,\text{V}$，频率为 $50\,\text{Hz}$，初相角为 $-\dfrac{\pi}{3}$。

【例 2-1】 已知某一正弦交流电压,最大值为 311V,初相角为 30°,频率为 50Hz,写出其解析式。

解:设该正弦交流电压的解析式为

$$u = U_{m}\sin(\omega t + \psi)$$

由题知

$$\omega = 2\pi f = 2 \times 3.14 \times 50 = 314(\text{rad/s}), \quad U_{m} = 311\text{V}, \quad \psi = 30°$$

故解析式为

$$u = 311\sin(314t + 30°)$$

【例 2-2】 已知两正弦电压 $u_1 = 141\sin(314t - 90°)$(V),$u_2 = 311\sin(314t + 150°)$(V),求两者的相位差,并指出两者的关系。

解:相位差 $\qquad \varphi_{12} = \psi_1 - \psi_2 = -90° - 150° = -240°$

$|\varphi_{12}| > 180°$,故取 $\qquad \varphi_{12} = -240° + 360° = 120°$

所以,u_1 比 u_2 超前 120°。

当两个同频率正弦量的计时起点改变时,它们的初相角跟着改变,初始值也改变,但是两者的相位差保持不变,即相位差与计时起点的选择无关。

2.1.2 正弦交流电的相量表示法

解析式和波形图均可以完整地表示正弦量,但若用来分析、计算正弦交流电路时,计算量大而且烦琐,为方便正弦交流电路的分析和计算,引入正弦交流电的另一种表示方法——相量表示法。由于相量表示法涉及复数的运算,下面先简单回顾复数方面的知识。

1. 复数及其运算

在数学中常用 $A = a + ib$ 表示算数,其中 i 表示虚单位,在电工技术中,为了区别于电流的符号,虚单位用 j 表示。

1) 复数的四种表示形式

(1) 代数形式:$A = a + jb$。

(2) 三角形式:$A = r\cos\theta + jr\sin\theta$。

(3) 指数形式:$A = re^{j\theta}$。

(4) 极坐标形式:$A = r\underline{/\theta}$。

其中,a 表示实部;b 表示虚部;r 表示复数的模;θ 表示复数的幅角,它们之间的关系如下:

$$r = \sqrt{a^2 + b^2}$$

$$\theta = \arctan\frac{b}{a}$$

$$a = r\cos\theta$$

$$b = r\sin\theta$$

2) 复数的运算

设 $A_1 = a_1 + jb_1 = r_1\underline{/\theta_1}$,$A_2 = a_2 + jb_2 = r_2\underline{/\theta_2}$,则

(1) 复数的加法运算

$$A_1 \pm A_2 = (a_1 \pm a_2) + j(b_1 \pm b_2)$$

（2）复数的乘除运算

$$A_1 \times A_2 = r_1 \times r_2 \underline{/\theta_1 + \theta_2}, \quad \frac{A_1}{A_2} = \frac{r_1}{r_2} \underline{/\theta_1 - \theta_2}$$

2. 相量表示法

设正弦电流

$$i = I_m \sin(\omega t + \psi) = \sqrt{2} I \sin(\omega t + \psi)$$

如图 2-4 所示，在复平面上作矢量 $\dot{I}_m$，其长度等于 i 的最大值 I_m，其幅角等于 i 的初相角 ψ，矢量 $\dot{I}$ 以角速度 ω 绕原点逆时针方向旋转，矢量 $\dot{I}_m$ 初始时在虚轴上的投影 $Oa = I_m \sin\psi$，等于电流 i 在 $t = 0$ 时刻的值；经过时间 t_1，投影 $Ob = I_m \sin(\omega t_1 + \psi)$，等于电流 i 在 t_1 时刻的值。不难看出，旋转矢量 $\dot{I}_m$ 任一时刻在虚轴上的投影都与正弦量在该时刻的瞬时值一一对应，故可以用旋转矢量来表示正弦量。

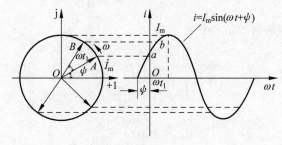

图 2-4　旋转矢量图

相量表示法是用模值等于正弦量的最大值（或有效值），幅角等于正弦量的初相角的复数表示相应的正弦量，这样的复数称为正弦量的相量。相量用在大写字母上面打"·"的方式表示，如最大值相量用 $\dot{U}_m$ 或 $\dot{I}_m$ 表示；有效值相量用 $\dot{U}$ 或 $\dot{I}$ 表示。

图 2-4 中矢量 $\dot{I}_m$ 对应的复数为

$$\dot{I}_m = I_m e^{j\psi}$$

设正弦交流电流 i 和正弦交流电压 u 的瞬时值表达式分别为

$$i = I_m \sin(\omega t + \psi_i) = \sqrt{2} I \sin(\omega t + \psi_i)$$

$$u = U_m \sin(\omega t + \psi_u) = \sqrt{2} U \sin(\omega t + \psi_u)$$

则其有效值相量可表示为

$$\left. \begin{aligned} \dot{I} &= I \underline{/\psi_i} \\ \dot{U} &= U \underline{/\psi_u} \end{aligned} \right\} \tag{2-6}$$

在进行加减运算时，常用到其三角形式

$$\dot{I} = I\cos\psi_i + jI\sin\psi_i$$

$$\dot{U} = U\cos\psi_u + jU\sin\psi_u$$

将同频率正弦量的相量画在复平面上所得的图叫作相量图。不同频率的正弦量的相量画在同一复平面是没有意义的。

注意：

(1) 相量特指表示正弦量的复数,不是所有的复数都能称为相量。

(2) 相量用来表示正弦量,而不等于正弦量,所以两者不能画等号。

(3) 相量仅包含正弦量的两个要素,即最大值(或有效值)和初相角,而角频率均与电源频率相同。

(4) 只有同频率的正弦量的相量才能画在同一相量图中。

【例 2-3】 试写出下列正弦量的相量,并作出相量图。

$$u = 50\sqrt{2}\sin\left(100\pi t + \frac{\pi}{6}\right)(\text{V})$$

$$i_1 = 100\sqrt{2}\sin\left(100\pi t + \frac{\pi}{3}\right)(\text{A})$$

$$i_2 = 100\sqrt{2}\sin\left(100\pi t - \frac{2\pi}{3}\right)(\text{A})$$

解：各电压、电流的有效值相量分别为

$$\dot{U} = 50\underline{/\frac{\pi}{6}}$$

$$\dot{I}_1 = 100\underline{/\frac{\pi}{3}}$$

$$\dot{I}_2 = 100\underline{/-\frac{2\pi}{3}}$$

相量图如图 2-5 所示。

【例 2-4】 已知 $i_1 = 3\sqrt{2}\sin(\omega t + 20°)(\text{A})$,$i_2 = 5\sqrt{2}\sin(\omega t - 70°)(\text{A})$,若 $i = i_1 + i_2$,求电流 i 的有效值相量和瞬时值表达式。

解：方法 1   用相量计算,$\dot{I}_1 = 3\underline{/20°}\,\text{A}$,$\dot{I}_2 = 5\underline{/-70°}\,\text{A}$

$$\dot{I} = \dot{I}_1 + \dot{I}_2 = 3\underline{/20°} + 5\underline{/-70°}$$
$$= 3\cos20° + \text{j}3\sin20° + 5\cos(-70°) + \text{j}5\sin(-70°)$$
$$= 4.529 - \text{j}3.672$$
$$= 5.83\underline{/-39.03°}(\text{A})$$

则电流的瞬时值表达式为

$$i(t) = 5.83\sqrt{2}\sin(\omega t - 39.03°)(\text{A})$$

方法 2   用相量图法求解,如图 2-6 所示。由勾股定理得

$$I = \sqrt{I_1^2 + I_2^2} = \sqrt{3_1^2 + 5_2^2} = 5.83(\text{A})$$

$$\psi_i = 20° - \arctan\frac{5}{3} = -39.03°$$

则电流 i 有效值相量为

$$\dot{I} = 5.83\underline{/-39.03°}(\text{A})$$

瞬时值表达式为

$$i(t) = 5.83\sqrt{2}\sin(\omega t - 39.03°)(\text{A})$$

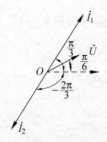

图 2-5　例 2-3 图

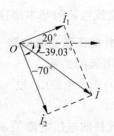

图 2-6　例 2-4 图

想一想：相量有哪些表达形式？分别适用于哪种情况下的分析计算？相量与正弦量能画等号吗？为什么？

问题的解决

日常生活中的照明灯、电风扇、电饭锅等大都使用单相交流电源。与直流电不同，交流电流或电压的大小和方向是随着时间的变化而变化的，具有使用方便、成本低等优点。交流信号可用瞬时值、相量值、极坐标及复数形式等表达；对于工频为 50Hz 的交流电，可用交流电流表或交流电压表测量，其测量值为有效值。对于其他频率的交流信号，则要采用后面将学习的毫伏表进行测量。

2.2　分析正弦交流电路

问题的提出

（1）你家里的照明灯具用的是白炽灯还是日光灯？图 2-7 所示为日光灯电路实物连接示意图。你会安装与接线吗？启辉器和镇流器的作用是什么？

（2）日光灯电路是一个由电阻 R、电感 L 和电容 C 元件组成的多参数电路，是较为复杂的正弦交流电路。如何分析、计算和测量电路的电压、电流及功率呢？

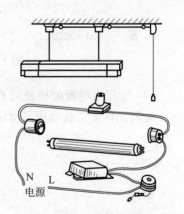

图 2-7　日光灯电路实物连接示意图

任务目标

（1）能用 R、L、C 在正弦交流电路中的基本性质和基尔霍夫定理分析由 RLC 串联或并联所构成的实际电路（如电动机绕组、日光灯电路等）中的电压和电流关系；理解什么是电抗。

（2）理解有功功率和无功功率的实际意义。

（3）通过日光灯线路的装接，进一步了解日光灯电路中各部分的作用，并能用 RLC 串、并联理论去分析电路的工作原理，掌握功率因数的意义和提高办法。

（4）会用交流电压表、交流电流表及功率表测量交流电压、电流及功率。

2.2.1　单一参数的电流、电压及功率关系

最简单的交流电路是由电阻、电感、电容单个电路元件组成的，这些电路元件仅由 R、L、C 三个参数中的一个来表征其特性，故称这种电路为单一参数元件的交流电路。只有

掌握单一参数交流电路的基本规律,才能对复杂交流电路进行研究分析。

1. 电阻元件的正弦交流电路

1) 电压和电流的关系

在图 2-8(a)所示电路中,设

$$i = I_m \sin\omega t$$

根据电阻元件的电压电流关系 $u = iR$,得

$$u = RI_m \sin\omega t = U_m \sin\omega t \qquad (2\text{-}7)$$

由此可见,电阻元件的电压与电流为同频率正弦量。

(1) 电压与电流的相位关系。

因为 u、i 初相位相等,所以电阻元件上电压电流同相位,波形图如图 2-8(b)所示。

(2) 电压与电流的大小关系。

$$U = IR, \quad U_m = I_m R \qquad (2\text{-}8)$$

即电阻元件上正弦量的有效值和最大值都满足欧姆定律。

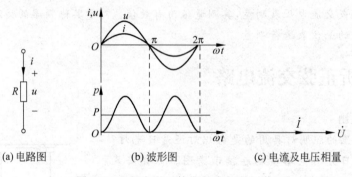

图 2-8　理想电阻元件的正弦交流电路

(3) 电压与电流的相量关系。

电阻元件上正弦电压与电流的相量图如图 2-8(c)所示。其相量式为

$$\dot{I} = I\angle 0°$$

$$\dot{U} = U\angle 0° = RI\angle 0°$$

所以　　　　　　　　　　$$\dot{U} = R\dot{I} \qquad (2\text{-}9)$$

电阻元件上正弦电压与电流的相量关系也满足欧姆定律。

2) 功率

(1) 瞬时功率。

任何元件上的瞬时功率都可表示为瞬时电压和瞬时电流的乘积,即

$$p = ui \qquad (2\text{-}10)$$

电阻元件的瞬时功率为

$$p = ui = U_m \sin\omega t I_m \sin\omega t = U_m I_m \sin^2\omega t$$

$$= \frac{U_m I_m}{2}(1 - \cos 2\omega t) = UI - UI\cos 2\omega t$$

瞬时功率的曲线如图 2-8(b)所示,它包含一个恒定分量和一个两倍于电源频率的周期量。在任意时刻,瞬时功率都大于等于零。这表示电阻始终消耗电能。

（2）平均功率。

平均功率是电路在一个周期内消耗电能的平均功率,即瞬时功率在一个周期内的平均值,用大写字母 P 表示。电阻元件上的平均功率为

$$P = \frac{1}{T}\int_0^T p\mathrm{d}t = \frac{1}{T}\int_0^T (UI - UI\cos 2\omega t)\mathrm{d}t = UI \tag{2-11}$$

电阻上的平均功率是电阻元件上电压与电流有效值的乘积,根据电阻元件上电压和电流有效值的关系,也可表示为

$$P = I^2 R = \frac{U^2}{R}$$

平均功率也称为有功功率。有功功率的单位为瓦（W）或千瓦（kW）。

2. 电感元件的正弦交流电路

线圈或有铁芯线圈通电后会产生自感或互感,无论是自感或是互感,都统称为电感（L）,图 2-9 所示为几种常见的电感线圈及符号。在交流电路中,由于电流的变化,使得电感有储磁作用。如同用力压弹簧而又反弹的道理一样,电感总是反抗电流的变化,电感值为磁链与电流变化的比值,即 $L = \varphi/I$,单位为亨（H）或毫亨（mH）。

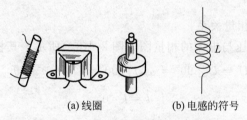

(a) 线圈　　　　　　(b) 电感的符号

图 2-9　几种常见的电感线圈及符号

1）电压和电流的关系

在图 2-10(a)所示电路中,设

$$i = I_\mathrm{m}\sin\omega t$$

根据电感元件上的电压电流关系 $u = L\dfrac{\mathrm{d}i}{\mathrm{d}t}$,得

$$u = L\frac{\mathrm{d}(I_\mathrm{m}\sin\omega t)}{\mathrm{d}t} = \omega L I_\mathrm{m}\cos\omega t = \omega L I_\mathrm{m}\sin(\omega t + 90°) \tag{2-12}$$

由此可见,电感元件上的电压和电流为同频率正弦量。

（1）电压和电流的相位关系。

由上述可知,电流的初相位为 0°,电压的初相位为 90°。所以,电感元件上电压超前电流 90°,或称电流滞后电压 90°。电压与电流的波形图如图 2-10(b)所示。

（2）电压和电流的大小关系。

$$\frac{U_\mathrm{m}}{I_\mathrm{m}} = \frac{U}{I} = \omega L = X_\mathrm{L} \tag{2-13}$$

其中
$$X_L = \omega L = 2\pi f L \tag{2-14}$$

电感上交流电压的有效值(幅值)与电流的有效值(幅值)之比为 X_L。X_L 称为感抗，单位为欧姆(Ω)或千欧(kΩ)，与频率成正比。它和电阻一样，具有阻碍电流通过的能力。频率越高，感抗越大；频率越低，感抗越小。可见，电感元件具有阻高频电流、通低频电流的作用。在直流电路中，$X_L = 0$，即电感对直流视为短路。

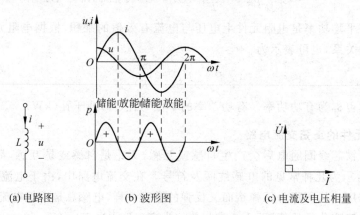

(a)电路图   (b)波形图   (c)电流及电压相量

图 2-10   理想电感元件的正弦交流电路

(3) 电压和电流的相量关系。

电感元件上正弦电压与电流的相量图如图 2-10(c)所示。其相量式为
$$\dot{U} = U \angle 90° = \omega L I \angle 90° = X_L I \underline{/0° + 90°}$$

因为
$$\dot{I} = I \angle 0°$$

所以
$$\frac{\dot{U}}{\dot{I}} = jX_L = j\omega L$$

即
$$\dot{U} = jX_L \dot{I} \tag{2-15}$$

2) 功率

(1) 瞬时功率。

电感中的瞬时功率可表示为
$$p = ui = U_m \sin(\omega t + 90°) I_m \sin\omega t = U_m I_m \frac{\sin 2\omega t}{2}$$

即
$$p = UI \sin 2\omega t \tag{2-16}$$

瞬时功率的波形图如图 2-10(b)所示，它是一个两倍于电源频率的正弦量。当 $p>0$ 时，电感处于受电状态，从电源取用能量转化为磁能储存在磁场中；当 $p<0$ 时，电感处于供电状态，将磁场中储存的能量释放给电源。当电流按正弦规律变化时，电感以两倍于电源频率的速度与电源不断地进行能量的交换。

(2) 平均功率。
$$P = \frac{1}{T}\int_0^T UI \sin 2\omega t \, dt = 0 \tag{2-17}$$

即有功功率为零。这说明电感是一储能元件。理想电感元件在正弦电源的作用下，虽有电压电流，但没有能量的消耗，只是与电源不断地进行能量的交换。

（3）无功功率。

瞬时功率的幅值反映了能量交换规模的大小，由式(2-16)可知，从数值上看，它正是元件上电压电流有效值的乘积。由于这部分功率没有被消耗掉，所以称为无功功率。通常用无功功率 Q 来衡量这种能量互换的规模的大小。电感元件的无功功率为

$$Q_L = UI = X_L I^2 = \frac{U^2}{X_L} \tag{2-18}$$

为了从概念上与有功功率相区别，无功功率的单位用乏(var)或千乏(kvar)。

3. 电容元件的正弦交流电路

电容元件是两平行彼此绝缘而又接近的导体，具有隔直流通交流和储能的作用，图 2-11 所示为几种常见的电容元件及符号。电容 $C=Q/U$，单位为法拉(F)或微法拉(μF)。

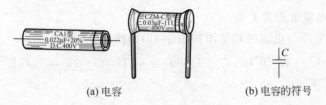

(a) 电容　　　　　　　　　　(b) 电容的符号

图 2-11　常见电容元件及符号

1）电压和电流的关系

在图 2-12(a)所示电路中，设 $u = U_m \sin\omega t$。根据电容元件上的电压电流关系 $i = C\dfrac{\mathrm{d}u}{\mathrm{d}t}$，得

$$
\begin{aligned}
i &= C\frac{\mathrm{d}(U_m \sin\omega t)}{\mathrm{d}t}\\
&= \omega C U_m \cos\omega t\\
&= \omega C U_m \sin(\omega t + 90°)
\end{aligned} \tag{2-19}
$$

由此可见，电容元件上的电压、电流也为同频率正弦量。

（1）电压和电流的相位关系。

由上述可知，电压的初相位为 0°，电流的初相位为 90°。所以，电容元件上电流超前电压 90°，或称电压滞后电流 90°。电压与电流的波形图如图 2-12(b)所示。

（2）电压和电流的大小关系。

$$\frac{U_m}{I_m} = \frac{U}{I} = \frac{1}{\omega C} = X_C \tag{2-20}$$

其中

$$X_C = \frac{1}{\omega C} = \frac{1}{2\pi f C} \tag{2-21}$$

X_C 称为容抗，单位为欧姆(Ω)或千欧(kΩ)，与频率的倒数成正比。它和电阻一样，具有阻碍电流通过的能力。频率越高，容抗越小；频率越低，容抗越大。可见，电容元件具有阻低频电流、通高频电流的作用。在直流电路中，$X_C = \infty$，即电容元件对直流视为

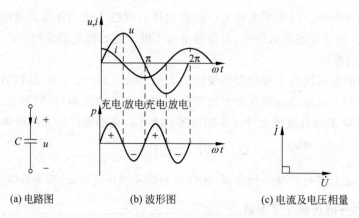

(a) 电路图   (b) 波形图   (c) 电流及电压相量

图 2-12　理想电容元件的正弦交流电路

开路。

（3）电压和电流的相量关系。

电容元件上电压与电流的相量图如图 2-12(c)所示。因为

$$\dot{U} = U\angle 0°, \quad \dot{I} = I\angle 90° = \omega CU\underline{/0° + 90°} = \mathrm{j}\omega C\,\dot{U}$$

所以

$$\dot{U} = \frac{1}{\mathrm{j}\omega C}\dot{I} = -\mathrm{j}X_C\,\dot{I} \tag{2-22}$$

即

$$\frac{\dot{U}}{\dot{I}} = -\mathrm{j}X_C \tag{2-23}$$

2）功率

（1）瞬时功率。

电容元件的瞬时功率可表示为

$$p = ui = I_m\sin(\omega t + 90°)U_m\sin\omega t = U_mI_m\frac{\sin 2\omega t}{2}$$

即

$$p = UI\sin 2\omega t \tag{2-24}$$

瞬时功率的波形图如图 2-12(b)所示，同电感元件一样，它也是一个两倍于电源频率的正弦量。当 $p > 0$ 时，电容充电，电容从电源取用电能并把它储存在电场中；当 $p < 0$ 时，电容放电，电容将电场中储存的能量释放给电源。当电容上的电压按正弦规律变化时，电容以两倍于电源频率的速度与电源不断地进行能量的交换。

（2）平均功率。

$$P = \frac{1}{T}\int_0^T UI\sin 2\omega t\,\mathrm{d}t = 0$$

即有功功率为零，这说明电容元件是储能元件。在正弦交流电源的作用下，虽有电压、电流，但没有能量的消耗，只存在电容元件和电源之间的能量的交换。

（3）无功功率。

与电感元件相同，电容元件瞬时功率的幅值反映了能量交换规模的大小，从数值上看，它也是电容元件上电压电流有效值的乘积。其无功功率用 Q_C 表示。为了与电感元件的无功功率比较，也设

$$i = I_m \sin\omega t$$

为参考正弦量，则

$$u = U_m \sin(\omega t - 90°)$$

于是得瞬时功率

$$p = ui = -UI \sin2\omega t \tag{2-25}$$

与式（2-16）相比，电感和电容上的瞬时功率反相位，即电感与电容取用电能的时刻相差 180°。若设 Q_L 为正，则 Q_C 为负。所以

$$Q_C = -UI = -X_C I_2 = -\frac{U^2}{X_C} \tag{2-26}$$

计量单位同样用乏（var）或千乏（kvar）。

电感元件和电容元件虽不消耗能量，但要与电源进行能量的交换，对电源也是一种负担。

表 2-1 列出了三种元件单独作用时的电流、电压及功率关系。

表 2-1　各元件（电阻、电感、电容）电流、电压及功率关系表

项　目		纯电阻电路	纯电感电路	纯电容电路
电路图				
基本关系		$u = iR$	$u = L\dfrac{di}{dt}$	$i = C\dfrac{du}{dt}$
阻抗		R	感抗 $X_L = \omega L = 2\pi f L$	容抗 $X_C = \dfrac{1}{\omega C} = \dfrac{1}{2\pi f C}$
相位关系		u、i 同相	u 领先 i 90°	u 落后 i 90°
电压、电流关系	瞬时值	设 $i = I_m \sin\omega t$ $u = RI_m \sin\omega t$	设 $i = I_m \sin\omega t$ $u = \omega L I_m \sin(\omega t + 90°)$	设 $u = U_m \sin\omega t$ $i = \omega C U_m \sin(\omega t + 90°)$
	有效值	$U_R = RI$	$U_L = X_L I$	$U_C = X_C I$
	相量关系	$\dot{U}_R = R\dot{I}$	$\dot{U}_L = jX_L \dot{I}$	$\dot{U}_C = -jX_C \dot{I}$

续表

项　目		纯电阻电路	纯电感电路	纯电容电路
功率	有功功率	$P=UI$	$P=0$	$P=0$
	无功功率	$Q=0$	$Q_L=UI=I^2X_L$	$Q_C=-UI=-I^2X_C$
能量（耗、储）			储能 放能储能 放能	放电充电放电充电

【例 2-5】　一个标称值为"220V、75W"的电烙铁,接在电压为 $u=220\sqrt{2}\sin(100\pi t+60°)(\text{V})$ 的电源上,试求其电流的有效值、瞬时值和消耗的功率,并计算使用 24 小时所耗电能。

解：由于所加电压就是额定电压,所以实际功率就等于额定功率 75W。实际电流等于额定电流,电流的有效值

$$I=\frac{P}{U}=\frac{75}{220}=0.34(\text{A})$$

电流瞬时值与电压同频率、同相位,所以电流解析式为

$$i=0.34\sqrt{2}\sin(100\pi t+60°)(\text{A})$$

24 小时所耗电能：

$$W=75×10^{-3}×24=1.8(\text{kW·h})$$

想一想："220V、40W"和"220V、100W"两只白炽灯泡,哪一个更亮一些? 哪一个灯丝电阻大一些? 哪一个灯丝粗一些?

【例 2-6】　已知某线圈的电感 $L=0.127\text{H}$,线圈电阻可忽略不计,把它接在电压为 120V 的工频电源上。求：①感抗 X_L、电流 I 及无功功率 Q。②若频率增大为 1000Hz,感抗 X_L'、电流 I' 及无功功率 Q' 又各为多少?

解：① $f=50\text{Hz}$ 时

线圈的感抗　　$X_L=2\pi fL=2×3.14×50×0.127≈40(\Omega)$

电流的有效值　　$I=\dfrac{U}{X_L}=\dfrac{120}{40}=3(\text{A})$

无功功率　　$Q=UI=120×3=360(\text{var})$

② 当电源频率变为 1000Hz 时

线圈的感抗　　$X_L'=2\pi fL=2×3.14×1000×0.127≈800(\Omega)$

电流的有效值 $\qquad I' = \dfrac{U}{X_{\mathrm{L}}} = \dfrac{120}{800} = 0.15(\mathrm{A})$

无功功率 $\qquad Q' = UI' = 120 \times 0.15 = 18(\mathrm{var})$

想一想： 电感元件的电压和电流的瞬时值、有效值以及相量有着怎样的关系？电压与电流的相位关系如何？电感元件的无功功率的含义是什么？如何求其无功功率？

【例 2-7】 电容值为 $318\mu\mathrm{F}$ 的电容器，两端所加电压 $u = 220\sqrt{2}\sin(314t + 120°)(\mathrm{V})$，试计算电容元件的电流 i 及无功功率 Q_{C}。

解： 因为 $\dot{U} = 220\underline{/120°}\,\mathrm{V}$，容抗

$$X_{\mathrm{C}} = \frac{1}{\omega C} = \frac{1}{314 \times 318 \times 10^{-1}} = 10(\Omega)$$

所以

$$\dot{I}_{\mathrm{C}} = \frac{\dot{U}}{-\mathrm{j}X_{\mathrm{C}}} = \frac{220\underline{/120°}}{10\underline{/-90°}} = 22\underline{/210°} = 22\underline{/-150°}(\mathrm{A})$$

电容电流

$$i = 22\sqrt{2}\sin(314t - 150°)(\mathrm{A})$$

电容的无功功率

$$Q_{\mathrm{C}} = -UI = -22 \times 220 = -4840(\mathrm{var})$$

想一想： 电容元件的电压和电流的瞬时值、有效值以及相量有着怎样的关系？电压与电流的相位关系如何？电容元件的无功功率为什么取负值？如何求其无功功率？

练一练：

(1) 对纯电阻电路，取关联参考方向，下列各式表述是否正确？为什么？

① $i = \dfrac{U}{R}$ 　　② $I = \dfrac{U_{\mathrm{m}}}{R}$ 　　③ $\dot{I}_{\mathrm{m}} = \dfrac{\dot{U}}{R}$ 　　④ $P = I^2 R$

(2) 对纯电感电路，取关联参考方向，下列各式表述是否正确？为什么？

① $X_{\mathrm{L}} = \dfrac{u}{i}$ 　　② $\dot{U}_{\mathrm{L}} = L\dfrac{\mathrm{d}i}{\mathrm{d}t}$ 　　③ $i = \dfrac{u}{X_{\mathrm{L}}}$ 　　④ $P = I^2 X_{\mathrm{L}}$ 　　⑤ $\dot{I} = \mathrm{j}\dfrac{\dot{U}}{\omega L}$

(3) 对纯电容电路，取关联参考方向，下列各式表述是否正确？为什么？

① $u = iX_{\mathrm{C}}$ 　　② $\dot{U} = \mathrm{j}X_{\mathrm{C}}\dot{I}$ 　　③ $X_{\mathrm{C}} = \dfrac{U}{I}$ 　　④ $Q = I^2 X_{\mathrm{L}}$ 　　⑤ $\dot{I} = \mathrm{j}\dfrac{\dot{U}}{\omega C}$

2.2.2 *RLC* 电路的电流、电压及功率关系

前面讨论了单一参数正弦交流电路中的电流、电压及功率的关系。但在实际电路中，几种参数往往可能同时存在。一般情况下，由 R、L、C 构成的正弦交流电路各元件的连接关系可能是串联、可能是并联，也可能是混联。对于这样一般形式的正弦交流电路，如果电路中各电源的频率是相同的，电路中各支路电压、电流也是与电源同频率的正弦量。因此，对于这种电路的分析一般采用相量分析法。

同分析直流电路一样，分析交流电路的基本依据依然是基尔霍夫两定律。如前所述，正弦交流电路中只有瞬时值和相量形式满足 KCL 和 KVL。因为，只有瞬时值和相量形

式既能反映电流、电压的大小关系,又能反映电流、电压的相位关系。对正弦交流电路的任一节点,满足 KCL,即

$$\sum \dot{I} = 0 \tag{2-27}$$

对正弦交流电路的任一回路,满足 KVL,即

$$\sum \dot{U} = 0 \tag{2-28}$$

有效值和最大值只能反映正弦量的大小关系,故不满足基尔霍夫两定律。

1. 电压和电流的关系

实际中的交流电路往往是电阻、电感、电容组合而成,如图 2-13(a)所示为 RLC 串联交流电路。根据基尔霍夫电压定律可列出

$$u = u_R + u_L + u_C$$

或
$$\dot{U} = \dot{U}_R + \dot{U}_L + \dot{U}_C \tag{2-29}$$

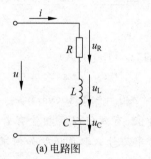 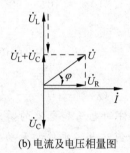

(a) 电路图　　　　　　　(b) 电流及电压相量图

图 2-13　RLC 串联交流电路

由图 2-13(a)可以看出,流过三个元件的电流是相同的,则以电流为参考正弦量,设电流 i 为

$$i = I_m \sin\omega t$$

由单一参数交流电路的结论可知:

$\dot{U}_R = R\dot{I}$,即 $U_R = IR$,且 u_R 和 i 同相。

$\dot{U}_L = jX_L\dot{I}$,即 $U_L = IX_L$,且 u_L 比 i 超前 $90°$。

$\dot{U}_C = -jX_C\dot{I}$,即 $U_C = IX_C$,且 u_C 比 i 滞后 $90°$。

画出相量图,如图 2-13(b)所示,得出

$$\dot{U} = \dot{U}_R + \dot{U}_L + \dot{U}_C = R\dot{I} + jX_L\dot{I} - jX_C\dot{I} = [R + j(X_L - X_C)]\dot{I}$$

设
$$Z = R + j(X_L - X_C)$$

则
$$\dot{U} = Z\dot{I} \tag{2-30}$$

Z 为电路的阻抗

$$Z = \frac{\dot{U}}{\dot{I}} = R + j(X_L - X_C) = |Z| \angle\varphi$$

其中,$|Z|$ 称为阻抗值,反映了电压和电流的大小关系,其大小是电压与电流有效值的比值。即

$$|Z| = \frac{U}{I} = \sqrt{R^2 + (X_L - X_C)^2} = \sqrt{R^2 + \left(\omega L - \frac{1}{\omega C}\right)^2} \qquad (2\text{-}31)$$

φ 称为阻抗角,反映了电压与电流的相位关系。阻抗角是电压超前于电流的电角度,即

$$\varphi = \psi_u - \psi_i = \arctan\frac{U_L - U_C}{U_R} = \arctan\frac{X_L - X_C}{R} \qquad (2\text{-}32)$$

式中: ψ_u、ψ_i ——电压和电流的初相角。

所以,电压瞬时值为

$$u = U_m \sin(\omega t + \varphi) = \sqrt{2} U \sin(\omega t + \varphi) \qquad (2\text{-}33)$$

由式(2-32)可知,$X_L > X_C$,则 $\varphi > 0$,电流 i 比电压 u 滞后 φ 角,称该电路呈感性;$X_L < X_C$,则 $\varphi < 0$,电流 i 比电压 u 超前 φ 角,称该电路呈容性;$X_L = X_C$,则 $\varphi = 0$,电流 i 和电压 u 同相,称该电路呈阻性,此时电路为谐振电路,频率为谐振频率 f_0(或谐振角频率 ω_{II}),即

$$f_0 = \frac{1}{2\pi\sqrt{LC}} \quad \text{或} \quad \omega_{\mathrm{II}} = \frac{1}{\sqrt{LC}} \qquad (2\text{-}34)$$

在 RLC 串联谐振电路中,由于 $U_L = U_C$,两者相位相反,互相抵消,其电压值 U 可能会远远超过电源电压,故又称为电压谐振。电容或电感上的电压有效值与电源电压有效值之间的比值称为谐振品质因数,用 Q 表示,即

$$Q = \frac{U_C}{U} = \frac{U_L}{U} = \frac{\omega_{\mathrm{II}} L}{R} = \frac{\frac{1}{\omega_{\mathrm{II}} C}}{R} = \frac{1}{R}\sqrt{\frac{L}{C}} \qquad (2\text{-}35)$$

在无线电接收机中,当外来信号很微弱时,可利用串联谐振来获得高的信号电压。

【例 2-8】 如图 2-14(a)所示正弦交流电路中,电压表 V_1 的读数为 15V,电压表 V_2 的读数为 80V,电压表 V_3 的读数为 100V,求电路的端电压的有效值。

解:各电压表的读数均为有效值。取电流为参考正弦量,相量图如图 2-14(b)所示。

$\dot{U}_R$ 与 $\dot{I}$ 同方向,$\dot{U}_L$ 超前 $\dot{I}$ 90°,$\dot{U}_C$ 滞后 $\dot{I}$ 90°,则端电压有效值

$$U = \sqrt{U_R^2 + (U_L - U_C)^2} = \sqrt{15^2 + (80 - 100)^2} = 25\text{(V)}$$

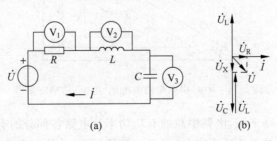

图 2-14　例 2-8 电路图

注意: $U \neq U_R + U_L + U_C$。

2. 有功功率、无功功率、视在功率及功率因数

电路中的有功功率为电阻上消耗的功率,即

$$P = UI\cos\varphi \tag{2-36}$$

式中:$\cos\varphi$——功率因数,其大小与元件参数有关。

电路中的电感元件和电容元件有能量储放,与电源之间要交换能量,所以电路中也存在无功功率 Q。

$$Q = UI\sin\varphi \tag{2-37}$$

无功功率反映了电路中储能元件与电源进行能量交换规模的大小。

当 $\varphi>0$(感性电路)时,$Q>0$;当 $\varphi<0$(容性电路)时,$Q<0$。所以,无功功率的正负与电路的性质有关。因为电感元件的电压超前于电流 $90°$,电容元件的电压滞后于电流 $90°$,所以感性无功功率与容性无功功率可以相互补偿,即

$$Q = Q_L - Q_C$$

正弦交流电压的有效值 U 和电流的有效值 I 的乘积称为视在功率,其公式为

$$S = UI \tag{2-38}$$

交流电气设备是按照规定的额定电压 U_N 和额定电流 I_N 来设计和使用的。对电源设备来讲,S_N 又称额定容量,简称容量。它表明电源设备允许提供的最大有功功率,但不是实际输出的有功功率。

视在功率的单位是伏安(V·A)或千伏安(kV·A)。

由以上三式可知,有功功率、无功功率、视在功率三者之间也是一个三角形的关系。且与前述的电压三角形、阻抗三角形相似。如图 2-15 所示,P、Q、S 三者的关系为

$$S = \sqrt{P^2 + Q^2} \tag{2-39}$$

$$P = S\cos\varphi \tag{2-40}$$

$$\cos\varphi = \frac{P}{S} \tag{2-41}$$

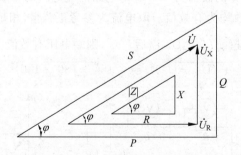

图 2-15　RLC 串联电路的电压、电流、功率三角形

对于正弦交流电路来说,电路中总的有功功率是电路各部分的有功功率之和,总的无功功率是电路各部分的无功功率之和,但在一般情况下,总的视在功率不是电路各部分的视在功率之和。

【例 2-9】 已知 RLC 串联电路中,$R=8\Omega$,$X_L=20\Omega$,$X_C=14\Omega$,接在工频电源上,$U=220\text{V}$。求:①电路中的电流 I;②各元件两端的电压 U_R、U_L 和 U_C;③电路的有功功

率 P 和功率角 φ。

解：① 电路中的电流

$$I = \frac{U}{\sqrt{R^2 + (X_L - X_C)^2}} = \frac{220}{\sqrt{8^2 + (20 - 14)^2}} = 22(\mathrm{A})$$

② 各元件端电压

$$U_R = IR = 22 \times 8 = 176(\mathrm{V})$$
$$U_L = IX_L = 22 \times 20 = 440(\mathrm{V})$$
$$U_C = IX_C = 22 \times 14 = 308(\mathrm{V})$$

③ 电路消耗的有功功率

$$P = I^2 R = 22^2 \times 8 = 3872(\mathrm{W})$$

功率角等于电路的阻抗角

$$\varphi = \arctan \frac{X_L - X_C}{R} = \arctan \frac{20 - 14}{8} = 36.9°$$

3. 功率因数的提高

如前文所述，在正弦交流电路中，有功功率与视在功率的比值称为功率因数。

$$\frac{P}{S} = \cos\varphi$$

功率因数是正弦交流电路中一个很重要的物理量，功率因数低会带来两方面的不良影响。

（1）线路损耗大。

（2）电源的利用率低。当负载的 $\cos\varphi = 0.5$ 时，电源的利用率只有 50%。

由此可见，功率因数的提高有着非常重要的经济意义。

实际电路中，功率因数不高的主要原因是工业上大都是感性负载。如三相异步电动机，满载时功率因数为 $0.7 \sim 0.8$，轻载时只有 $0.4 \sim 0.5$，空载时只有 0.2。

按照供用电规则，高压供电的工业、企业单位平均功率因数不得低于 0.95，其他单位不得低于 0.9。因此，提高功率因数是一个必须解决的问题。这里说的提高功率因数，是提高线路的功率因数，而不是提高某一负载的功率因数。应注意的是，功率因数的提高必须在保证负载正常工作的前提下实现。

既能提高线路的功率因数，又要保证感性负载正常工作，常用的方法是在感性负载两端并联电容器，电路图和相量图如图 2-16(a)、图 2-16(b) 所示。

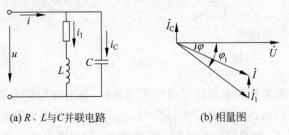

(a) R、L 与 C 并联电路   (b) 相量图

图 2-16 感性负载并联电容提高功率因数

由相量图可知,并联电容器以前,线路的阻抗角为负载的阻抗角 φ_1,线路的功率因数为负载的功率因数 $\cos\varphi_1$(较低);线路的电流为负载的电流 I_1(较大)。并联电容器以后,因电容上的电流超前电压 $90°$,故抵消掉了部分感性负载电流的无功分量,使得线路的电流 I 减小,线路的阻抗角 φ 减小,线路的功率因数 $\cos\varphi$ 得以提高。

由于电容器是并联在负载两端的,负载的电压未发生变化,所以,负载的工作状况也就不会发生变化。

设负载的电压、阻抗角、有功功率为 U_1、φ_1、P,它们也是并联电容器前线路的电压、阻抗角和有功功率。并联电容器后,线路的电压、阻抗角、有功功率为 U、φ、P(注意:由于电容不产生有功功率,所以并联电容器前后 P 不变)。根据相量图,得

$$I_C = I_1\sin\varphi_1 - I\sin\varphi = \frac{P}{U\cos\varphi_1}\cdot\sin\varphi_1 - \frac{P}{U\cos\varphi}\cdot\sin\varphi = U\cdot\omega C$$

$$C = \frac{P}{\omega U^2}(\tan\varphi_1 - \tan\varphi) \right\} \tag{2-42}$$

这就是把功率因数由 $\cos\varphi_1$ 提高到 $\cos\varphi$ 所需并联电容器容量的计算公式。

R、L 与 C 并联的交流电路中,当 $\varphi=0$,则电路为并联谐振,也称为电流谐振。此时支路电流可能大大超过总电流。在正弦自激振荡电路中,利用 L、C 并联电路的谐振特性作为选频网络。

【例 2-10】 有一电感性负载,功率为 $10\mathrm{kW}$,功率因数为 0.6,接在 $220\mathrm{V}$、$50\mathrm{Hz}$ 的交流电源上。①若将功率因数提高到 0.95,需并联多大的电容?②计算并联电容前后的线路电流。③若要将功率因数从 0.95 再提高到 1,还需并联多大电容?④若电容继续增大,功率因数会怎样变化?

解: ①
$$\cos\varphi_1=0.6, \quad \varphi_1=53°$$
$$\cos\varphi=0.95, \quad \varphi=18°$$

代入式(2-42)

$$C = \frac{10\times10^3}{220^2\times2\pi\times50}(\tan53° - \tan18°) = 65(\mu\mathrm{F})$$

② 并联电容前的线路电流即负载电流

$$I_1 = \frac{P}{U\cos\varphi_1} = \frac{10\times10^3}{220\times0.6} = 75.6(\mathrm{A})$$

并联电容后的电流

$$I = \frac{P}{U\cos\varphi} = \frac{10\times10^3}{220\times0.95} = 47.8(\mathrm{A})$$

③ 需再增加的电容值为

$$C = \frac{10\times10^3}{220^2\times2\pi\times50}(\tan18° - \tan0°) = 213.6(\mu\mathrm{F})$$

④ 在感性负载两端并联电容器提高功率因数时,该电容器称为补偿电容。若并联电容后的电路仍为感性,称作欠补偿。欠补偿时,电容越大,功率因数越高。功率因数提高到 1 时,电路呈电阻性,此时称为全补偿。再增加电容,电路呈现容性,之后随着电容的增加,功率因数在下降,此时称为过补偿。

想一想：

(1) 有人说"RLC 串联电路中电感与电容不消耗功率,所以当 L 或 C 的值变化时不会影响电路的有功功率",你认为这种说法对吗? 为什么? 电阻 R 已定时,什么情况下 RLC 串联电路的有功功率最大?

(2) RLC 串联电路中,有效值 $U=U_R+U_L+U_C$ 成立吗?

(3) 如何提高感性负载电路的功率因数? 提高功率因数前后,电路的有功功率、无功功率及视在功率是否改变? 若改变则如何变化?

练一练：

(1) 有一"220V、1000W"的电炉,接在 220V 的交流电源上,试求通过电炉的电流和正常工作时的电阻。

(2) 电压 $u=220\sqrt{2}\sin(100t-30°)$(V)加在电感上,已知电压 L=0.2H,选定 u、i 为关联参考方向,试求电感中的电流及无功功率,并作出电流和电压的相量图。

(3) 把一个 $C=100\mu$F 的电容先后接于 $f_1=50$Hz 和 $f_2=60$Hz、电压为 220V 的电源上,试分别计算两种情况下电容的容抗、电流和无功功率。

2.2.3　动手做　日光灯的装接及功率因数的提高

预习要求

(1) 通过查阅资料,了解日光灯的组成及其工作原理。

(2) 回顾提高电路功率因数的方法和意义。

1. 实训目的

(1) 能够看懂简单的电气接线图,并能根据图纸要求进行接线。

(2) 能够正确使用交流电压表、电流表及功率表测量相应的电路参数。

(3) 通过测得的数据分析交流电路中感性负载功率因数提高的办法和实际意义。

2. 实训仪器与器件

(1) 日光灯套件 1 套(建议:220V/20W)。

(2) 交流电压表 1 块(建议:0～300V)。

(3) 交流电流表 1 块(建议:0～0.5A)。

(4) 功率表 1 块(建议:300V/A)。

(5) 电容箱 1 台(建议:2μF)。

(6) 单相闸刀开关 1 个(建议:HK2～10/2)。

(7) 尖嘴钳 1 把。

(8) 螺钉旋具一字形、十字形各 1 把。

(9) 螺钉、导线若干。

3. 实训原理

1) 日光灯电路

日光灯电路由日光灯管、镇流器、启辉器及开关组成,如图 2-17 所示。

(1) 日光灯管。

灯管是内壁涂有荧光粉的玻璃管,两端有钨丝,钨丝上涂有易发射电子的氧化物。玻璃管抽成真空后充入一定量的氩气和少量的水银。氩气具有使灯管易发光和保护钨丝、延长灯管寿命的作用。

（2）镇流器。

镇流器是一个带有铁芯的线圈。在日光灯启动时,它和启辉器配合产生瞬间高压促使管壁荧光粉发光,灯管导通。灯管发光后,镇流器在电路中起降压限流的作用。

（3）启辉器。

启辉器的外壳是用铝或塑料制成,壳内有一个充有氖气的小玻璃泡和一个纸质电容器,玻璃泡内有两个电极,其中弯曲的触片是由热膨胀系数不同的双金属片（冷态常开触头）制成,如图 2-18 所示。电容器的主要作用是滤除因双金属片通断而产生的高频信号,减少日光灯启辉时对其他电器的高频干扰,其容量一般在 pF 数量级,对提高功率因数作用不大。启辉器在日光灯中起一个短时闭合的开关作用,可以用一个按钮来代替。

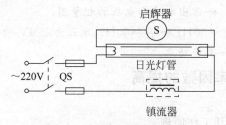

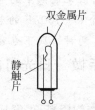

图 2-17　日光灯电路的组成　　　　图 2-18　启辉器中的氖泡

2）日光灯发光原理及启动过程

在图 2-17 所示电路中,当接通电源后,电源电压(220V)加在启辉器静触片和双金属片两极间,使氖气放电(红色辉光),产生的热量使双金属片伸展与静触片连接。经镇流器、灯管两端灯丝及启辉器构成电流通路。灯丝流过电流被加热后产生热电子发射,释放大量电子,致使管内氩气电离,水银蒸发为水银蒸气,为灯管导通创造了条件。

由于启辉器玻璃泡内两电极的接触,电场消失,使氖气停止放电。从而玻璃泡内温度下降,双金属片因冷却而恢复原来状态,致使启辉电路断开。此时,由于镇流器中的电流突变,在镇流器两端产生一个很高的自感电动势,这个自感电动势和电源电压串联叠加后,加在灯管两端形成一个很强的电场,激发灯管壁上的荧光粉使灯管发光,由于发出的光近似日光,故称为日光灯。在日光灯进入正常工作状态后,由于镇流器的作用加在启辉器两电极间的电压远小于电源电压(20W 日光灯管的工作电压为 100V 左右),启辉器不再产生辉光放电,即处于冷态常开状态,而日光灯处于正常工作状态。

3）电感性负载功率因数的提高

电感性负载由于有电感 L 的存在,功率因数较低;通过并联适当的电容器,功率因数可大大提高。所需并联的电容器的电容值可按下式计算。

$$C = \frac{P}{2\pi f U^2}(\tan\varphi_1 - \tan\varphi_2)$$

4. 实训内容

1）日光灯电路的安装

按图 2-17 所示电路安装日光灯。可按下面口诀操作:"日光灯管长又长,四个插头分两旁。一边一个接启动,还有两个不要慌。先串镇流和开关,一同并到电源上。"接好电路,检查接线无误后,通电观察启动过程。

　　2)日光灯功率因数的测量

　　日光灯正常发光后,按图 2-19 所示将交流电流表、交流电压表和单相交流功率表接入日光灯电路中(先不接电容箱)。功率表内部有两个测量线圈,一个用于测电路的电流,称为电流线圈;另一个用于测量电路的电压,称为电压线圈。接入电路时,电流线圈串入电路中,电压线圈并入电路中,两个线圈都有一个端标有"＊",称为同名端,将同名端用导线连起来。合上开关,日光灯亮起一段时间后,将三个表的读数记录在表 2-2 中。计算日光灯的功率因数并填入表中。

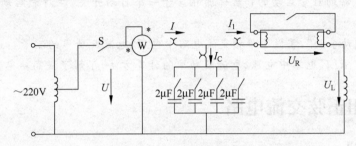

图 2-19　日光灯训练电路图

表 2-2　未并联电容时日光灯电路测试数据记录

项　　目	电压/V	电流/mA	有功功率/W	功率因数

　　3)功率因数的提高

　　根据图 2-19 并联电容(箱),接通电源后,按表 2-3 中所给数据改变电容箱中的电容值,记录下对应于每个电容值的电流和功率数值。计算对应的功率因数并填入表 2-3 中。

表 2-3　并联电容后日光灯电路测试数据记录

项　　目	电压/V	电流/mA	有功功率/W	功率因数
不并电容				
1 个电容				
2 个电容				
3 个电容				
4 个电容				

5. 注意事项

　　(1)本实训为强电实训,要注意安全,防止触电事故发生,改变接线时要先将闸刀开关断开。

　　(2)功率表的同名端按标准接法连接在一起,并选择好电压和电流的量程。

（3）日光灯为非线性电阻，为减小误差，要等其发光稳定后再记录电流和功率。

6. 实训报告要求

（1）根据实训记录数据计算对应的功率因数并填入表格中。

（2）根据实训记录数据说明日光灯电路在并联电容器前后的总功率有无变化。

（3）并联电容为什么能提高功率因数？提高功率因数的意义何在？

（4）分析讨论并联的电容 C 是否越大越好？

问题的解决

（1）通过"动手做"，学会了日光灯的安装与接线。镇流器的作用是用于限制和稳定灯管中的电流、帮助灯管启动的；启辉器相当于一个自动开关，在灯管启动时起作用，灯亮后断掉。

（2）通过"动手做"，掌握了单相交流电路中电压、电流及功率的测量。通过前面的分析计算，掌握了 RLC 电路中电压、电流及功率的计算方法，了解了提高功率因数的方法。

2.3　三相正弦交流电路

问题的提出

你知道日常生活中所用的电源是怎样产生的吗？你听说过三相交流电源吗？你知道民用电和工厂车间中设备所用的电有什么不同吗？

任务目标

通过学习三相交流电源的基本知识，掌握三相交流电源的特点，理解"相""线"的意义。

2.3.1　三相交流电源的产生和连接形式

把三个幅值相同、频率相同、相位互差120°的正弦交流电压按一定的方式连接起来，作为三相交流电源向负载进行供电，这种电源称为三相正弦电源，是由三相发电机产生的。图 2-20 所示为三相交流发电机的结构示意图，其主要组成部分是电枢和磁极。

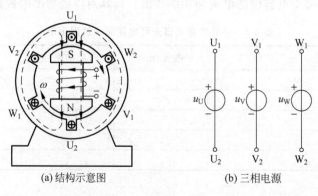

(a) 结构示意图　　　　　　　(b) 三相电源

图 2-20　三相交流发电机示意图

电枢也称为定子，是固定的。定子铁芯由硅钢片叠成，其内圆周表面冲有槽，槽中对称地放置结构相同、彼此独立的三相绕组 U_1U_2、V_1V_2、W_1W_2，分别称为 U 相、V 相和 W

相。其中 U_1、V_1、W_1 称为始端，U_2、V_2、W_2 称为末端。三个始端（或末端）彼此之间相隔 $120°$。

　　发电机内部绕轴旋转的磁极称为转子，转子铁芯上绕有励磁线圈，并以直流励磁。选择适当的极面形状和绕组分布，使得磁极与电枢间的空气隙中的磁感应强度按正弦规律分布。

　　当原动机（如汽轮机、水轮机等）拖动发电机转子按图 2-20(a)所示方向以恒定角速度 ω 匀速旋转时，定子中的各相绕组 U_1U_2、V_1V_2、W_1W_2 依次切割磁感线而感应出频率相同、振幅相等、相位上彼此相差 $120°$ 的三个正弦电压，即对称三相正弦电压"u_U、u_V 和 u_W"。

2.3.2　三相交流电源的特性

　　设对称三相电压 u_U、u_V 和 u_W 的参考方向都是由各自始端指向末端，如图 2-20(b)所示。若以 u_U 相为参考正弦量，则对称三相交流电压的一般表达式为

$$
\left.
\begin{aligned}
u_U &= U_m \sin\omega t & \dot{U}_U &= U \underline{/0°} \\
u_V &= U_m \sin(\omega t - 120°) & \dot{U}_V &= U \underline{/-120°} \\
u_W &= U_m \sin(\omega t + 120°) & \dot{U}_W &= U \underline{/120°}
\end{aligned}
\right\}
\tag{2-43}
$$

其正弦波形图和相量图如图 2-21 所示。

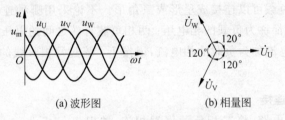

| (a) 波形图 | (b) 相量图 |

图 2-21　三相电源电压

　　从各相电压的表达式可推出对称三相电源的三个相电压之和为零，即

$$u_U + u_V + u_W = 0 \quad \text{或} \quad \dot{U}_U + \dot{U}_V + \dot{U}_W = 0$$

　　三相电压的相序为三相电压依次出现波峰（零值或波谷）的顺序。工程上规定：U-V-W 的相序为顺序（正序），而 U-W-V 的相序为逆序（反序）。无特殊说明，三相电源的相序均是顺序。在电力系统中一般用黄、绿、红三种颜色区别 U、V、W 三相。

　　发电机三相绕组的接法通常是将三个末端连在一起，成为三相绕组的公共点，称为中点，用 N 表示，这种连接称为绕组的星形（Y）连接，如图 2-22 所示。从中点引出的输电线叫作中线，用 N 表示。若中点接地，则中线也可称为地线；从绕组始端 U、V、W 引出的导线叫作相线或端线，分别用 L_1、L_2、L_3 表示，习惯上称为火线。把这种引出中线的三相交流电供电方式称为三相四线制供电，不引出中线的称为三相三线制供电。

　　三相四线制供电系统可输送两种对称交流电压，即一种是端线与中线之间的电压，用 U_{P_1}、U_{P_2}、U_{P_3} 或一般用 U_P 表示，称为相电压；另一种是端线与端线之间的电压，用 $U_{L_{12}}$、$U_{L_{23}}$、$U_{L_{31}}$ 或一般用 U_L 表示，称为线电压。

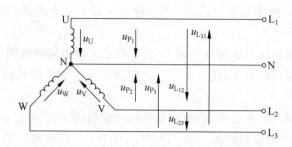

图 2-22　发电机三相绕组的星形连接

$$U_L = \sqrt{3} U_P \tag{2-44}$$

式(2-44)说明,线电压的大小为相电压大小的$\sqrt{3}$倍。

日常生活中用的 220V、380V($380 = 220\sqrt{3}$)电压就是指电源三相四线供电时的相电压和线电压。若不特别声明,一般所说的三相电压均指线电压。

想一想:对称三相交流电源有什么特点?常采用的连接方式是什么?该连接方式下,输出的相电压和线电压之间有什么关系?若已知 U 相电压的表达式为 $u_U = 220\sqrt{2}\sin 314t\,(V)$,你能写出相电压 U_{P_1}、U_{P_2}、U_{P_3} 和线电压 u_{UV}、u_{VW}、u_{WU} 的表达式吗?

2.3.3　三相负载的连接

三相电路中的负载可以连接成星形或三角形。不论采用哪种连接形式,其每相负载首、末端之间的电压都称为负载的相电压;两相负载首端之间的电压称为负载的线电压;通过每一相负载的电流称为负载的相电流,记作 I_P;流过每根火线的电流称为线电流,记作 I_L。

1. 负载的星形连接

如图 2-23 所示电路,将三相负载尾端相连,并引出一根线接电源的中性线,从首端分别引出三根线接电源的三根相线,这种接法称为负载的星形(Y)连接。

如果忽略导线上的阻抗,负载作星形连接时,各相负载两端的电压等于电源的相电压。每相负载都与一相电源通过相线、中性线构成一个回路,中性线作为它们的公共零线。在进行电路分析时,可将三相电路视为三个独立的单相交流回路分别加以分析。

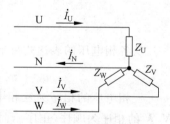

图 2-23　三相负载的星形连接

(1) 线电压与相电压的关系。

因为负载上相电压等于三相线路上的相电压,负载上线电压等于三相线路上的线电压,因此,线电压的大小为相电压大小的$\sqrt{3}$倍,相位超期相应相30°,即

$$\dot{U}_{UV} = \sqrt{3}\,\dot{U}_U\underline{/30°}, \quad \dot{U}_{VW} = \sqrt{3}\,\dot{U}_V\underline{/30°}, \quad \dot{U}_{WU} = \sqrt{3}\,\dot{U}_W\underline{/30°} \tag{2-45}$$

(2) 线电流与相电流的关系。

$$\dot{I}_P = \dot{I}_L \tag{2-46}$$

（3）流过中线的电流。

设三相负载的阻抗分别为 Z_U、Z_V 和 Z_W，由于各相负载的电压为电源的相电压，因此各阻抗中通过的电流为

$$\dot{I}_U = \frac{\dot{U}_U}{Z_U}, \quad \dot{I}_V = \frac{\dot{U}_V}{Z_V}, \quad \dot{I}_W = \frac{\dot{U}_W}{Z_W} \tag{2-47}$$

根据相量形式的 KCL 可知，中线中通过的电流为

$$\dot{I}_N = \dot{I}_U + \dot{I}_V + \dot{I}_W \tag{2-48}$$

（4）对称三相负载。

若各阻抗的模相等，幅角相同，即 $Z_U = Z_V = Z_W = |Z| \underline{/\varphi}$，则称为对称三相负载；否则，称为不对称三相负载。

工业上用的三相异步电动机、三相电炉等都是对称三相负载；而家用电器如照明灯、电视机、洗衣机等作为三相电网的负载，则构成三相不对称负载。

由于三相电源是对称的，如果三相负载也是对称的，则三相负载中流过的电流必然是对称的，这时中性线中的电流为零，即

$$\dot{I}_N = \dot{I}_U + \dot{I}_V + \dot{I}_W = 0$$

这种情况下去掉中性线，对电路不会产生任何影响，所以三相异步电动机、三相电炉等对称三相负载与三相电源相连时都不加中性线。

对称三相负载说明：

① 在分析计算对称负载的星形电路时，可假想中性线存在，这样可将三相电路的计算简化为单相交流电路的计算，只计算一相电流，其余两相可根据对称性写出，简化计算过程。

② 当三相负载不对称时，中性线绝对不能省略，因为中性线上的电流不为零，中性线的存在可以保障每相负载的电压为电源的相电压。若没有中性线，各相负载工作所需的电压值不能得到保证。所以，这类电路的中性线不能省去，而且也不允许在中性线上安装熔断器或开关。

【例 2-11】　在图 2-23 所示电路中，已知三相对称电源线电压为

$$u_{UV} = 380\sqrt{2}\sin(\omega t + 30°)(\text{V})$$

对称三相负载接成星形，每相阻抗 $Z = (6 + j8)\Omega$，求负载电流 i_U、i_V 和 i_W。

解：由于三相负载对称，且为星形连接，负载上的电压等于电源的相电压。由 $u_{UV} = 380\sqrt{2}\sin(\omega t + 30°)$，即 $\dot{U}_{UV} = 380\underline{/30°}$，则相电压

$$\dot{U}_U = 220\underline{/0°}$$

U 相负载电流为

$$\dot{I}_U = \frac{\dot{U}_U}{Z} = \frac{220\underline{/0°}}{6 + j8} = \frac{220\underline{/0°}}{10\underline{/53.1°}} = 22\underline{/-53.1°}$$

根据电流的对称性可知

$$\dot{I}_V = \frac{\dot{U}_V}{Z} = 22\underline{/-173.1°}, \quad \dot{I}_V = \frac{\dot{U}_V}{Z} = 22\underline{/66.9°}$$

【例 2-12】 对称三相电源的线电压为 380V,三相负载 $Z_U=(8+j6)\Omega$, $Z_V=(8+j6)\Omega$, $Z_W=10\Omega$,采用三相四线制星形连接。试求:①各相线中的电流和中性线上的电流; ②若 U 相短路,中性线断开,求各相线中的电流。

解:设 $\dot{U}_U=220\underline{/0°}\text{V}$,则 $\dot{U}_V=220\underline{/-120°}\text{V}$, $\dot{U}_W=220\underline{/120°}\text{V}$。

而
$$Z_U=Z_V=8+j6=10\underline{/36.9°}(\Omega)$$

① 如图 2-24(a)所示电路,各相负载电压等于电源的相电压并且对称,则

$$\dot{I}_U=\frac{\dot{U}_U}{Z_U}=\frac{220\underline{/0°}}{10\underline{/36.9°}}=22\underline{/-36.9°}(\text{A})$$

$$\dot{I}_V=\frac{\dot{U}_V}{Z_V}=\frac{220\underline{/-120°}}{10\underline{/36.9°}}=22\underline{/-156.9°}(\text{A})$$

$$\dot{I}_W=\frac{\dot{U}_W}{Z_W}=\frac{220\underline{/120°}}{10}=22\underline{/120°}(\text{A})$$

$$\dot{I}_N=\dot{I}_U+\dot{I}_V+\dot{I}_W=13.8\underline{/-168.33°}(\text{A})$$

② 若 U 相短路,且中性线断开,电路如图 2-24(b)所示。则

$$\dot{I}_V=\frac{\dot{U}_{VU}}{Z_V}=\frac{-\dot{U}_{UV}}{Z_V}=\frac{-380\underline{/30°}}{10\underline{/36.9°}}=38\underline{/173.1°}(\text{A})$$

$$\dot{I}_W=\frac{\dot{U}_{WU}}{Z_W}=\frac{380\underline{/150°}}{10}=38\underline{/150°}(\text{A})$$

$$\dot{I}_U=-(\dot{I}_V+\dot{I}_W)=-(38\underline{/173.1°}+38\underline{/150°})$$
$$=-(-37.72+j4.57-32.91+j19)=70.63-j23.57$$
$$=74.46\underline{/-18.45°}(\text{A})$$

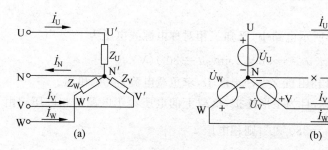

图 2-24　例 2-12 电路图

2. 负载的三角形连接

如图 2-25(a)所示,将三相负载首尾相连,形成三角形,从三个顶点引出三根线与电源的三根相线相连,这种接法称为负载的三角形(△)连接。

(1) 线电压与相电压的关系。

$$\dot{U}_P=\dot{U}_L \tag{2-49}$$

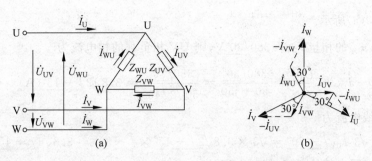

图 2-25　负载的三角形连接及其电流相量图

（2）线电流与相电流的关系。

设三相负载的阻抗分别为 Z_{UV}、Z_{VW} 和 Z_{WU}，各负载的电压为两根相线之间的电压，即线电压，则每相负载中的相电流分别为

$$\dot{I}_{UV} = \frac{\dot{U}_{UV}}{Z_{UV}}, \quad \dot{I}_{VW} = \frac{\dot{U}_{VW}}{Z_{VW}}, \quad \dot{I}_{WU} = \frac{\dot{U}_{WU}}{Z_{WU}} \tag{2-50}$$

由 KCL 定律知，三根相线上的线电流分别为

$$\dot{I}_U = \dot{I}_{UV} - \dot{I}_{WU}, \quad \dot{I}_V = \dot{I}_{VW} - \dot{I}_{UV}, \quad \dot{I}_W = \dot{I}_{WU} - \dot{I}_{VW} \tag{2-51}$$

（3）对称三相负载。

若三相负载的阻抗相同，即

$$Z_{UV} = Z_{VW} = Z_{WU} = Z$$

则三相负载中的相电流及三根相线中的线电流也都是对称的。设 $\dot{I}_{UV} = I_P\underline{/0°}$，则相电流

$$\dot{I}_{VW} = I_P\underline{/-120°}$$

$$\dot{I}_{WU} = I_P\underline{/120°}$$

线电流

$$\dot{I}_U = \dot{I}_{UV} - \dot{I}_{WU} = I_P\underline{/0°} - I_P\underline{/120°} = \sqrt{3}\,I_P\underline{/-30°}$$

即

$$\dot{I}_U = \sqrt{3}\,\dot{I}_{UV}\underline{/-30°} \tag{2-52}$$

由电流对称性可知

$$\left.\begin{array}{l} \dot{I}_V = \sqrt{3}\,\dot{I}_{VW}\underline{/-30°} \\[2mm] \dot{I}_W = \sqrt{3}\,\dot{I}_{WU}\underline{/-30°} \end{array}\right\} \tag{2-53}$$

可见，线电流的大小是相电流的 $\sqrt{3}$ 倍，线电流的相位滞后于对应相电流 30°。相电流与线电流之间的相量关系如图 2-25(b)所示。

【例 2-13】　某对称三相负载的额定电压为 380V，其每相负载的阻抗 $Z = (50+j50)\,\Omega$，三相电源的线电压 $\dot{U}_{UV} = 380\sqrt{2}\sin(314t+30°)$（V）。①该三相负载应如何接入三相电源？②试计算负载的相电流 $\dot{I}_{UV}$、$\dot{I}_{VW}$、$\dot{I}_{WU}$ 及线电流 $\dot{I}_U$、$\dot{I}_V$、$\dot{I}_W$。

解：① 由于负载的额定电压与电源的线电压相同，故该三相负载应采用三角形连接,如图 2-25(a)所示。

② 电压 u_{UV} 的相量 $\dot{U}_{UV}=380\underline{/30°}$ V,则 UV 相负载的相电流为

$$\dot{I}_{UV}=\frac{\dot{U}_{UV}}{Z_{UV}}=\frac{380\underline{/30°}}{50+\text{j}50}=\frac{380\underline{/30°}}{50\sqrt{2}\underline{/45°}}=3.8\sqrt{2}\underline{/-15°}\text{(A)}$$

U 相线中的线电流为

$$\dot{I}_{U}=\sqrt{3}\ \dot{I}_{UV}\underline{/-30°}=\sqrt{3}\times3.8\sqrt{2}\underline{/-15°}\times\underline{/-30°}=3.8\sqrt{6}\underline{/-45°}\text{(A)}$$

由对称性可以写出其他两相、线的电流,即

$$\dot{I}_{VW}=3.8\sqrt{2}\underline{/-15°-120°}=3.8\sqrt{2}\underline{/-135°}\text{(A)}$$

$$\dot{I}_{WU}=3.8\sqrt{2}\underline{/-15°+120°}=3.8\sqrt{2}\underline{/105°}\text{(A)}$$

$$\dot{I}_{V}=3.8\sqrt{6}\underline{/-45°-120°}=3.8\sqrt{6}\underline{/-165°}\text{(A)}$$

$$\dot{I}_{V}=3.8\sqrt{6}\underline{/-45°+120°}=3.8\sqrt{6}\underline{/75°}\text{(A)}$$

想一想:对称三相负载作星形连接时,每相负载两端的电压与电源线电压之间有什么关系? 相电流与线电流之间有什么关系? 如果负载是三角形连接呢?

2.3.4　三相电路的功率

1. 三相电路的有功功率

在三相电路中,三相负载的有功功率等于每相负载上的有功功率之和,即

$$P=P_{U}+P_{V}+P_{W}$$

负载对称时

$$P=3P_{U}=3U_{P}I_{P}\cos\varphi \tag{2-54}$$

对称负载星形连接时,$U_{L}=\sqrt{3}U_{P}$,$I_{L}=I_{P}$;负载是三角形连接时,$U_{L}=U_{P}$,$I_{L}=\sqrt{3}\ I_{P}$,代入式(2-54),可得

$$P=\sqrt{3}U_{L}I_{L}\cos\varphi \tag{2-55}$$

星形连接和三角形连接的对称三相负载的有功功率均可用线电压、线电流以及每相的功率因数来表示。

实际电路中,方便测量的是线电压和线电流,所以计算功率时式(2-55)最为常用。值得注意的是:功率因数角 φ 为负载的相电压与相电流之间的相位差,也是对称负载的幅角。

2. 三相电路的无功功率与视在功率

与有功功率一样,三相电路的无功功率也等于各相负载的无功功率之和,即

$$Q=Q_{U}+Q_{V}+Q_{W}$$

若三相负载对称,也可得出

$$Q=3U_{P}I_{P}\sin\varphi=\sqrt{3}U_{L}I_{L}\sin\varphi \tag{2-56}$$

三相电路的视在功率为

$$S=\sqrt{P^2+Q^2}$$

它不等于各相负载的视在功率之和。

若负载对称,则三相电路的视在功率为

$$S = 3U_P I_P = \sqrt{3} U_L I_L \tag{2-57}$$

【例 2-14】　三相对称负载,若每相阻抗 $Z = (16 + j12)\,\Omega$,三相四线制电源电压为 380/220V。①若负载为星形连接,计算相电流、线电流与有功功率;②若负载为三角形连接,计算相电流、线电流与有功功率。

解:① 若负载为星形连接,则相电流等于线电流

$$I_P = I_L = \frac{U_P}{|Z|} = \frac{220}{\sqrt{16^2 + 12^2}} = 11(\text{A})$$

每相阻抗的辐角 $\varphi = \arctan \dfrac{12}{16} = 37°$,则有功功率为

$$P_Y = \sqrt{3} U_L I_L \cos\varphi = \sqrt{3} \times 380 \times 11 \times \cos 37° = 5.8(\text{kW})$$

或

$$P_Y = 3I_P^2 R = 3 \times 11^2 \times 16 = 5.8(\text{kW})$$

② 若负载为三角形连接,负载的相电压等于电源的线电压,则相电流为

$$I_P = \frac{U_L}{|Z|} = \frac{380}{\sqrt{16^2 + 12^2}} = 19(\text{A})$$

线电流为

$$I_L = \sqrt{3} I_P = \sqrt{3} \times 19 = 33(\text{A})$$

则有功功率为

$$P_\triangle = \sqrt{3} U_L I_L \cos\varphi = \sqrt{3} \times 380 \times 33 \times \cos 37° = 17.4(\text{kW})$$

或

$$P_\triangle = 3I_P^2 R = 3 \times 19^2 \times 16 = 17.4(\text{kW})$$

$$P_\triangle = 3P_Y$$

此例说明,在同一电源下,负载接成三角形连接时消耗的功率是其接成星形连接的三倍,故一台应为星形连接的绕线式三相异步电动机,若错接成了三角形连接,则电动机就会烧毁。

3. 三相电路有功功率的常用测量方法

测量三相电路的有功功率的方法通常有四种:"一瓦特计"法、"二瓦特计"法、"三瓦特计"法和直接三相功率表法。

1)"一瓦特计"法

"一瓦特计"法如图 2-26 所示,用于测量对称三相负载三相四线制电路的有功功率,功率表测量的是单相负载的功率,乘以 3 即为三相负载的总功率。

2)"二瓦特计"法

"二瓦特计"法如图 2-27 所示,用于测量三相三线制电路的有功功率,无论是对称负载还是不对称负载,两功率表读数之和就是三相负载的总功率。

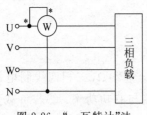

图 2-26 "一瓦特计"法

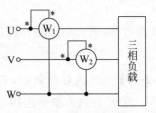

图 2-27 "二瓦特计"法

两只功率表的接线原则是：两只功率表的电流线圈分别串接于两根相线中，而电压线圈分别并联在本相线与第三根相线之间，这样两块功率表的读数的代数和(测量时，若其中一只功率表的读数为负值，求和时应代入负值)就是三相电路的总功率(注意电压线圈与电流线圈的"＊"端的连接)。

"二瓦特计"法中，两只功率表读数的表达式为

$$
\left.\begin{array}{l}
P_1 = U_{\mathrm{UW}} I_{\mathrm{U}} \cos\varphi_1 \\
P_2 = U_{\mathrm{VW}} I_{\mathrm{V}} \cos\varphi_2
\end{array}\right\} \tag{2-58}
$$

式中：φ_1——线电压 $\dot{U}_{\mathrm{UW}}$ 与线电流 $\dot{I}_{\mathrm{U}}$ 的相位差；

　　φ_2——线电压 $\dot{U}_{\mathrm{VW}}$ 与线电流 $\dot{I}_{\mathrm{V}}$ 的相位差。

3)"三瓦特计"法

"三瓦特计"法如图 2-28 所示，用于测量不对称三相负载三相四线制电路的有功功率，三个功率表读数之和即为三相负载的总功率。

4)直接三相功率表法

三相三线制交流电路的功率可以直接用三相功率表来测量，功率表的读数就是三相电路的总功率，三相功率表的测量原理与"二瓦特计"法相同，其三相功率表的接线方法如图 2-29 所示，其接线端分为电压接线端和电流接线端。

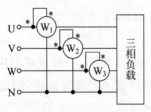

图 2-28 "三瓦特计"法

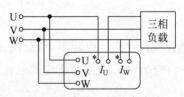

图 2-29 直接三相功率表法

【例 2-15】 在图 2-30 所示电路中，三相电动机的功率为 3kW，$\cos\varphi=0.866$，电源线电压为 380V，求图中两只功率表的读数。

解： 由 $P=\sqrt{3}U_{\mathrm{L}}I_{\mathrm{L}}\cos\varphi$，线电流 I_{L} 为

$$
I_{\mathrm{L}} = \frac{P}{\sqrt{3}U_{\mathrm{L}}\cos\varphi} = \frac{3000}{\sqrt{3}\times 380\times 0.866} = 5.26(\mathrm{A})
$$

设电动机的三相绕组为星形连接，电源的相电压 $\dot{U}_{\mathrm{U}} = \frac{380}{\sqrt{3}}\underline{/0^\circ} = 220\underline{/0^\circ}(\mathrm{V})$，而每相负载的阻抗角 $\varphi=\arccos 0.866 = 30^\circ$，所以

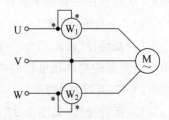

图 2-30 例 2-15 电路图

$$\dot{I}_{\mathrm{U}} = 5.26\underline{/-30°}\mathrm{A}, \quad \dot{U}_{\mathrm{UV}} = 380\underline{/30°}\mathrm{V}$$

$$\dot{I}_{\mathrm{W}} = 5.26\underline{/90°}\mathrm{A}, \quad \dot{U}_{\mathrm{WV}} = -\dot{U}_{\mathrm{VW}} = -380\underline{/-90°} = 380\underline{/90°}(\mathrm{V})$$

功率表 1 的读数为

$$P_1 = U_{\mathrm{UV}}I_{\mathrm{U}}\cos\varphi_1 = 380 \times 5.26 \times \cos[30° - (-30°)] = 1(\mathrm{kW})$$

功率表 2 的读数为

$$P_2 = U_{\mathrm{WV}}I_{\mathrm{W}}\cos\varphi_2 = 380 \times 5.26 \times \cos(90° - 90°) = 2(\mathrm{kW})$$

电路的总功率为 3kW,与已知电动机的功率相等。

上述计算过程是在假设电动机为星形连接条件下进行的,当电动机为三角形连接时,计算结果相同,请读者自行验证。

想一想:对公式 $P = \sqrt{3}U_{\mathrm{L}}I_{\mathrm{L}}\cos\varphi$ 中的功率因数角 φ,有人说 φ 是指每相负载的阻抗角,有人说 φ 是负载相电压与相电流的相位差,还有人说 φ 是线电压与线电流的相位差,你认为哪种说法是正确的? 试说明理由。"一瓦特计"法、"二瓦特计"法、"三瓦特计"法及直接三相功率表法都可用来测量三相电路的有功功率,它们分别适用于哪种场合?

2.3.5　动手做　三相交流电路电流、电压及功率的测量

预习要求

(1) 熟悉三相负载的连接方法。

(2) 熟悉三相负载功率的测量方法。

1. 实训目的

(1) 掌握负载作星形连接和三角形连接时相电压与线电压、相电流与线电流之间的关系。

(2) 理解负载星形连接时中性线的作用。

(3) 掌握三相负载功率测量方法。

(4) 进一步熟悉交流电压表、电流表及功率表的使用。

2. 实训仪器与器件

(1) 三相灯箱负载 1 组(建议:由 220V/40W 白炽灯泡组成)。

(2) 交流电压表 1 块(建议:0~500V)。

(3) 交流电流表 1 块(建议:0~0.5A)。

(4) 单相功率表 2 块(建议:500V/A)。

(5) 三相调压器 1 台(建议:0~400V)。

(6) EEL-05 组件 1 套。

(7) 尖嘴钳 1 把。

(8) 螺钉旋具一字形、十字形各 1 把。

(9) 螺钉、导线若干。

3. 实训原理

1) 三相负载作不同连接时的电压、电流关系

三相负载有星形和三角形两种连接方式,具体情况下采用何种方式取决于每相负载

的额定电压值和电源的电压值,每相负载承受的实际电压应等于其额定电压,才能保证负载正常工作。当对称三相负载作星形连接时,$U_L=\sqrt{3}\,U_P$,$I_L=I_P$;采用三相四线制接法时,可省去中性线($I_N=0$)。当对称三相负载作三角形连接时,$U_L=U_P$,$I_L=\sqrt{3}\,I_P$;不对称三相负载必须采用三相四线制星形连接,中性线不能省去,且必须牢固连接。当不对称三相负载作三角形连接时,每相负载上的电压为电源的线电压(三相负载电压是对称的),所以各相负载都能正常工作,但此时 $I_L\neq\sqrt{3}\,I_P$。

2)三相负载电路功率的测量

三相电路的有功功率等于各相负载有功功率之和,即 $P=P_U+P_V+P_W$。如果负载对称,无论是星形连接还是三角形连接,三相电路的有功功率 $P=\sqrt{3}\,U_L I_L\cos\varphi$,$\varphi$ 为相电压与相电流的相位差。

4. 实训内容

1)测量负载星形连接时的电压、电流

将三相灯箱负载(220V/40W)作星形连接,并与三相调压器构成如图 2-31 所示电路(先不接入功率表)。每相负载均由同规格的白炽灯泡并联而成,每相并入灯泡的数量可通过开关改变。采用三相调压器为负载提供三相四线制电源,电路连接完并检查无误后合上电源开关,将三相调压器输出线电压从零增加到 380V,然后测量每相负载的电压和电流。具体测量要求及测量参数按表 2-4 进行。

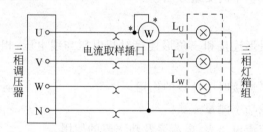

图 2-31   灯箱负载的星形连接

表 2-4   三相负载作星形连接时的电压、电流数据记录

项 目		每相开灯数			测 量 参 数							
		U	V	W	U_U	U_V	U_W	U_N	I_U	I_V	I_W	I_N
负载对称	有中性线	2	2	2								
	无中性线	2	2	2								
负载不对称	有中性线	2	2	4								
	有中性线	2	2	0								
	无中性线	2	2	4								
	无中性线	2	2	0								

表 2-4 中 U_U、U_V、U_W 为负载的相电压,U_N 是电源中性点与负载中性点之间的电压差,I_N 为中性线中电流。

2）用"一瓦特计"法测三相对称负载的功率

按图 2-31 所示,将功率表接入电路,三相负载为对称负载,按表 2-5 的要求完成测量。

表 2-5　对称三相负载作星形连接时的功率数据记录

每相开灯数			测 量 参 数	
U	V	W	单相功率($P_{单}$)	三相总功率($P = 3P_{单}$)
2	2	2		
4	4	4		

3）测量负载三角形连接时的电压、电流

将三相灯箱负载作三角形连接,并与三相调压器构成如图 2-32 所示电路(先不接入功率表)。电路连接好,检查无误后,接通电源,将三相调压器输出线电压从零增加到 220V,然后按表 2-6 的要求完成测量。

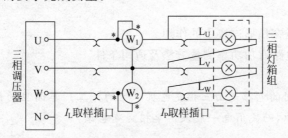

图 2-32　灯箱负载的三角形连接

表 2-6　三相负载作三角形连接时的电压、电流数据记录

每相开灯数			测 量 参 数								
UV	VW	WU	U_{UV}	U_{VW}	U_{WU}	I_U	I_V	I_W	I_{UV}	I_{VW}	I_{WU}
2	2	2									
2	2	4									
2	2	0									

4）利用"二瓦特计"法测量三相电路的功率

按图 2-32 所示线路,将两个功率表接入电路,按表 2-7 要求首先完成负载作三角形连接时的功率测量。此测量过程中,三相调压器的输出线电压从零增加到 220V。然后,将三相负载接成三相三线制星形连接,再按表 2-7 的要求完成三相负载的功率测量。此测量过程中,三相调压器的输出线电压从零增加到 380V。

表 2-7　三相负载作三角形、星形连接时的功率数据记录

负 载 接 法	每相开灯数			测 量 参 数		
	UV(U)	VW(V)	WU(W)	P_1	P_2	$P = P_1 + P_2$
三角形连接	2	2	2			
	2	2	4			
三相三线制星形连接	2	2	2			
	2	2	4			

5. 注意事项

(1) 每次测量完毕需改变接线时,均须将三相调压器旋钮调回零位,并断开三相电源,以确保人身安全。

(2) 测量功率时,应首先估算电压和电流值,以选择合适的功率表量程,且应注意功率表的同名端的正确连接。

(3) 由于灯泡的额定电压为220V,所以将灯泡负载接成星形连接时,三相调压器输出线电压为380V;当灯泡负载接成三角形连接时,三相调压器输出线电压为220V。

(4) 用"二瓦特计"法测量三相负载的功率时,当三相负载作星形连接且不对称时,由于部分灯泡的实际电压会高于额定值,所以测量要快,通电时间要短,以免烧坏灯泡。

6. 实训报告要求

(1) 整理实训数据,总结负载星形连接时和三角形连接时线、相电压和线、相电流的关系。

(2) 分析中性线在星形连接中的作用。

(3) 总结三相电路有功功率测量方法及适用条件。

问题的解决

日常生活中所用的电源是由三相发电机产生的。工厂车间里的设备为三相负载,通常使用三相交流电源,而民用电一般采用单相交流电源。

2.4　学习安全用电技术

问题的提出

不经意间接触到漏电电器的金属外壳,我们会感到强烈的麻痛,而有时我们看到维修人员直接用手接触带电导线却平安无事,这是为什么？什么情况下会发生触电事故？如何避免或减少触电事故的发生呢？

任务目标

(1) 了解电流对人体的危害,掌握安全电压的概念。

(2) 掌握保护接地和保护接零的保护原理和适用场合。

1. 电流对人体的危害及安全电压

人体触电时,电流对人体会造成两种伤害,即电击和电伤。电击是指电流通过人体时,造成人体内部组织的破坏乃至死亡。电伤是指在电弧作用下或熔断丝熔断时,对人体造成的外部伤害,如烧伤、金属溅伤等。电击伤害的程度取决于通过人体电流的大小、持续时间的长短、电流的频率以及电流通过人体的途径等。

(1) 电流强度对人体的影响。通过人体的电流达5mA时,人就会有所感觉,达几十毫安时就能使人失去知觉乃至死亡,触电时间越长就越危险。通过人体的电流一般不能超过7～10mA。

(2) 电流频率、持续时间与路径对人体的影响。电流频率在40～60Hz对人体的伤害最大,在直流和高频情况下,人体可以耐受更大的电流值。

（3）电压大小对人体的影响。触电电压越高,通过人体的电流越大,就越危险。

安全电压是指人体较长时间接触带电体而不致发生触电危险的电压。我国对安全电压的规定:为防止触电事故而采用特定电源供电的电压系列,该系列电压上限值,在任何情况下,两导体间或任意导体与地之间均不得超过的交流(50~500Hz)有效值为 50V,即为 36V、24V、12V、6V(工频有效值)。在特别潮湿的场所,应采用 12V 以下的电压。

2. 安全用电技术

安全用电的基本方针是"安全第一,预防为主"。为了使电气设备能正常运行,减少触电事故的发生,必须采取相应的安全措施,通常从以下几个方面着手。

（1）建立、健全各种安全操作规程和安全制度,宣传和普及安全用电的基本知识。

从触电事故发生的原因上可以看出,有些触电事故是由于操作不当或失误造成的,有的是由于缺乏安全用电常识、用电不当造成的,这些事故是可以通过建立、健全各种安全操作规程和安全制度,宣传和普及安全用电的基本知识等手段加以避免的。

（2）电气设备采用保护接地和保护接零。

电气设备采用保护接地和保护接零是为了防止由于电气设备绝缘损坏引起触电事故而采用的有效措施,其保护原理和使用范围如下:

① 保护接地。保护接地是指在变压器的中性点不直接接地的电网内,电气设备的金属外壳或构架与接地装置良好连接的保护方式。如图 2-33 所示,采用保护接地后,若人体接触到带电外壳时,人体电阻与接地电阻 R_0 相并联,由于接地电阻 R_0 很小(一般为 4Ω 以下),因此时流过人体的电流很小,而对人体不会产生伤害。

② 保护接零。保护接零是指在变压器的中性点直接接地的电网内,电气设备、电气设备的金属外壳与零线做可靠连接的保护方式。如图 2-34 所示,当电气设备内部绝缘损坏发生一相碰壳时,该相就通过金属外壳对零线发生单相短路,短路电流能促使线路上的保护装置迅速动作,切除发生故障的电路,消除人体触电危险。

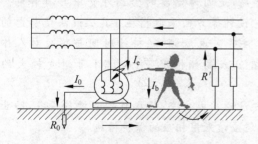

图 2-33　安装保护接地时的情况

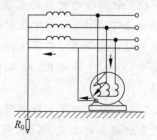

图 2-34　保护接零

注意:同一台变压器供电系统的电器设备不允许一部分采用保护接地而另一部分采用保护接零;保护接地或接零线不能串联且保护零线上不允许装熔断器。

（3）安装漏电保护装置。

漏电保护装置的作用主要是防止由于电气设备漏电引起的触电事故和单相触电事故。

（4）采用安全电压供电。

对于一些特殊电气设备,如机床局部照明、携带式照明灯,在潮湿场所、矿井等危险环境中,必须采用安全电压(36V、24V 和 12V)供电。

3. 触电急救

触电的现场急救是抢救触电者的关键。当发现有人触电时,救护人员必须当机立断,用最快的速度,以正确的方法,使触电者脱离电源,如果触电者的临床表现较为严重,应立即进行现场救护,并拨打 120 急救电话。如果触电者呼吸停止,心脏也不跳动,但无明显的致命外伤,只能认为是假死,必须立即进行救护,分秒必争,使一些触电假死者获救。正确的触电急救方法如下。

1) 迅速脱离电源

触电急救首先要使触电者迅速脱离电源,越快越好,同时救护人员既要救人,又要注意保护自己。脱离低压电源时,应拉开电源开关或用电工钳等将电源线切断;若不能切断电源线,可用干燥的木棒、竹竿等使电源线同触电者脱离接触。而脱离高压电源时,则要立即通知有关部门停电,用绝缘工具拉开高压断路器或高压跌落式熔断器,或抛掷裸金属软导线,造成线路短路,迫使保护装置动作,切断电源。

2) 现场救护

当触电者脱离电源以后,应立即拨打 120 救护电话,并根据触电的轻重程度采取现场急救措施。如果触电者受的伤害较严重,无知觉,无呼吸,但心脏有跳动时,应立即进行人工呼吸;如有呼吸,但心脏停止跳动,则应采用胸外心脏按压法进行抢救;如果触电者受的伤害很严重,心跳和呼吸都已停止,瞳孔放大,失去知觉,则须同时采取人工呼吸和胸外心脏按压两种措施。

想一想:

(1) 保护接地与保护接零有何不同?各用于什么场合?

(2) 发现有人触电时你该怎么做?应注意些什么?

问题的解决

(1) 触到漏电电器的金属外壳感到麻痛,是因为电器的金属外壳中具有静电。首先应设法不产生静电,可在材料选择、工艺设计等方面采取措施;其次设法使静电的积累不超过安全限度,可采用泄漏法和中和法等。电流频率、持续时间与路径对人体都有影响,触电时间越短、触电电压越小,直流或高频情况下,人体才可耐受较大的电流值。

(2) 为避免或减少触电事故的发生,要注意用电安全,按操作规程操作设备,防止电气设备过热和电火花、电弧,同时电气设备还应该采用相应的保护措施。

习题 2

2.1 什么是正弦交流电?正弦交流电的相位、初相角及相位差之间有什么区别和联系?

2.2 如题 2.2 图所示,写出正弦交流电压的表达式。

(1) 电压的最大值为 $220\sqrt{2}\,\text{V}$,频率为 50Hz,初相角为 $-\dfrac{\pi}{3}$。

（2）电压的波形如题 2.2 图，频率为 50Hz。

2.3　分析题 2.3 图的电压波形，试问：u_1 和 u_2 初相角各为多少？相位差为多少？哪个超前？哪个滞后？

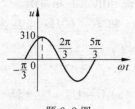

题 2.2 图

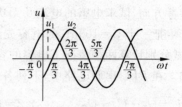

题 2.3 图

2.4　写出下列各正弦量的有效值相量。

（1）$u_1 = 220\sin(\omega t + 120°)$（V）　　　　（2）$i_1 = 10\sqrt{2}\sin(\omega t + 30°)$（A）

（3）$u_2 = 110\sqrt{2}\sin(\omega t - 120°)$（V）　　（4）$i_2 = \sin(\omega t)$（A）

2.5　写出下列各相量所表示的正弦量的表达式（$f = 50$Hz）。

（1）$\dot{U}_1 = 220\ \underline{/\dfrac{\pi}{3}}$　　　　　　　　　　　　（2）$\dot{I}_1 = 10\ \underline{/-50°}$

（3）$\dot{U}_2 = -\text{j}220$　　　　　　　　　　　　（4）$\dot{I}_2 = 6 + \text{j}6$

2.6　下列等式表达的含义是否相同？说明理由。

（1）$I = 1$A　　　（2）$I_\text{m} = 1$A　　　（3）$\dot{I} = 1$A　　　（4）$i = 1$A

2.7　下列各式关于正弦量的表达式中，哪些是正确的？哪些是错误的？说明理由。

（1）$i = 10\sin(\omega t - 60°) = 10\text{e}^{-\text{j}60°}$A　　　　（2）$U = 100\text{e}^{\text{j}180°} = -100$V

（3）$u = 10\sin(\omega t)$（V）　　　（4）$\dot{I} = 5\underline{/30°}$A　　　（5）$\dot{U}_\text{m} = 220\underline{/240°}$V

2.8　已知 $u_1 = 220\sqrt{2}\sin(\omega t + 60°)$（V），$u_2 = 220\sqrt{2}\sin(\omega t - 30°)$（V），试作出两电压的相量图，并求 $u_1 + u_2$、$u_1 - u_2$。

2.9　两个同频率的正弦电压 u_1 和 u_2 的有效值分别为 30V 和 40V。试问：①在什么情况下 $u_1 + u_2$ 的有效值为 70V？②在什么情况下 $u_1 + u_2$ 的有效值为 50V？③在什么情况下 $u_1 + u_2$ 的有效值为 10V？

2.10　对纯电阻电路取关联参考方向，下列各式表述是否正确？为什么？

（1）$i = \dfrac{U}{R}$　　　（2）$I = \dfrac{U_\text{m}}{R}$　　　（3）$\dot{I}_\text{m} = \dfrac{\dot{U}}{R}$　　　（4）$P = I^2 R$

2.11　对纯电感电路取关联参考方向，下列各式表述是否正确？为什么？

（1）$X_\text{L} = \dfrac{u}{i}$　　（2）$\dot{U}_\text{L} = L\dfrac{\text{d}i}{\text{d}t}$　　（3）$i = \dfrac{u}{X_\text{L}}$　　（4）$P = I^2 X_\text{L}$　　（5）$\dot{I} = \text{j}\dfrac{\dot{U}}{\omega L}$

2.12　对纯电容电路取关联参考方向，下列各式表述是否正确？为什么？

（1）$u = i X_\text{C}$　　（2）$\dot{U} = \text{j}X_\text{C}\dot{I}$　　（3）$X_\text{C} = \dfrac{U}{I}$　　（4）$Q = I^2 X_\text{L}$　　（5）$\dot{I} = \text{j}\dfrac{\dot{U}}{\omega C}$

2.13 有一"220V、1000W"的电炉,接在220V的交流电源上,试求通过电炉的电流和正常工作时的电阻。

2.14 电压$u=220\sqrt{2}\sin(100t-30°)$(V)加在电感上,已知电压$L=0.2$H,选定$u$、$i$为关联参考方向,试求电感的电流及无功功率,并作出电流和电压的相量图。

2.15 把一个$C=100\mu$F的电容先后接于$f_1=50$Hz和$f_2=60$Hz、电压为220V的电源上,试分别计算两种情况下电容的容抗、电流和无功功率。

2.16 在RLC串联电路中,下列各式是否成立?

(1) $U=U_R+U_L+U_C$ (2) $Z=R+\omega L-\dfrac{1}{\omega C}$ (3) $\dot U=\dot U_R+\dot U_L+\dot U_C$

(4) $u=u_R+u_L+u_C$ (5) $|Z|=\sqrt{R^2+X_L^2+X_C^2}$

2.17 在RLC串联电路中,当$R=3\Omega$,$X_L=4\Omega$,$X_C=8\Omega$,试确定电路的性质,并求电路的阻抗及阻抗角。

2.18 由电阻$R=8\Omega$、电感$L=0.1$H和电容$C=127\mu$F组成串联电路,设电源电压$u=220\sqrt{2}\sin(314t)$(V),试求电流i、U_R、U_L和U_C,并作出相量图。

2.19 题2.19(a)图和题2.19(b)图所示电路中电压表V_1、V_2和V_3的读数都是50V,试分别求各电路中电压表V的读数。

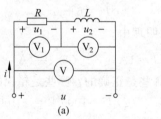 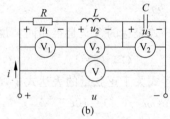

题2.19 图

2.20 题2.20(a)图和题2.20(b)图所示电路中电流表A_1和A_2的读数都是10A,求各电路中电流表A的读数。

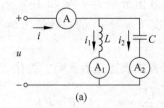 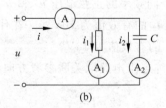

题2.20 图

2.21 题2.21图所示为一电阻与一线圈串联的电路,已知$R=28\Omega$,测得$I=4.4$A,$U=220$V,电路总功率$P=580$W,频率$f=50$Hz,求线圈的参数r和L。

2.22 电路如题2.22图所示,$Z=(4+j3)\Omega$,$U_1=U_2$,试求X_C。

2.23 如题2.23图所示,$\dot U=100\underline{/-30°}$V,$R=4\Omega$,$X_L=5\Omega$,$X_C=15\Omega$,试求电流$\dot I_1$、$\dot I_2$和$\dot I$,并作出相量图。

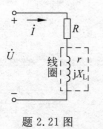

题 2.21 图

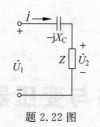

题 2.22 图

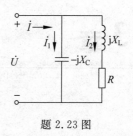

题 2.23 图

2.24　如题 2.24 图所示,已知 $\dot{U}_{\mathrm{C}}=10\underline{/0°}\,\mathrm{V}$, $R=3\,\Omega$, $X_{\mathrm{L}}=X_{\mathrm{C}}=4\,\Omega$,求电路的功率 P、Q、S 及功率因数 $\cos\varphi$。

2.25　一感性负载与 220V、50Hz 的电源相接,负载的功率因数为 0.6,消耗功率为 5kW,若要把功率因数提高到 0.9,应并接什么元件? 其元件值如何?

2.26　已知三相四线制低压电源的线电压为 380V。①电源的相电压为多少伏? ②如何利用万用表来区分火线和零线? ③若以相电压 u_{U} 为参考正弦量,试写出相电压 u_{U}、u_{V}、u_{W} 及线电压 u_{UV}、u_{VW} 和 u_{WU} 的表达式。

2.27　星形连接的对称三相负载与对称三相电源相连,如题 2.27 图所示,当中性线上开关 K 闭合时,电流表的读数为 2A。①若打开开关 K,电流表的读数是否改变? 为什么? ②K 处于断开状态,再断开 U 相负载,电流表的读数是否改变? 为什么? ③若 K 处于闭合状态,断开 U 相负载时电流表的读数是否改变? 为什么?

2.28　对称三相电源向三角形连接的对称负载供电,如题 2.28 图所示,各表的读数均为 1.73A,若负载 Z_{WU} 突然断开,三相电源不变,则各电源表的读数如何变化? 是多少?

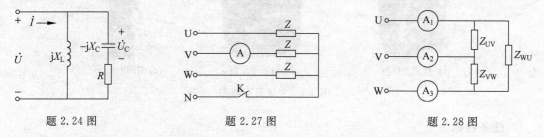

题 2.24 图　　　　　题 2.27 图　　　　　题 2.28 图

2.29　现有对称三相电阻负载,每相电阻 $R=10\,\Omega$,接在线电压为 380V 的三相电源上,试求下面两种接法的线电流。①负载接成三角形;②负载接成星形。

2.30　一台三相异步电动机接在线电压为 380V 的三相电源上,电动机的功率为 3.2kW,功率因数 $\cos\varphi=0.8$,求电动机的线电流。

2.31　工业电炉常采用改变电阻丝的接法来调节加热温度,现有一台三相电阻炉,每相电阻为 8.68 Ω。计算:①线电压为 380V 时,电阻炉为三角形和星形连接的功率各是多少? ②当线电压为 220V 时,电阻炉为三角形连接的功率是多少?

2.32　如题 2.28 图所示电路,三相负载为对称负载,三相电源的线电压为 220V,各电流表读数为 17.3A,三相负载的有功功率为 4.5kW,求每相负载的电阻和感抗。

第 3 章

磁路与变压器

工程应用中的各种电动机、很多电气元件、电工测量仪表以及控制和保护装置都离不开铁芯线圈,它们存在着电与磁之间的相互作用和相互转化。本章主要介绍磁路的基本知识、基本物理量,介绍磁场的基本性质以及电与磁的相互联系。通过对交流铁芯线圈及变压器的介绍,使读者更好地理解电磁线圈的原理和工作形式。

问题的提出

图 3-1 所示为实训室中常用的电器。它们有什么共性的知识吗? 你能说出它们的工作原理吗?

(a) 控制变压器　　　　　(b) 自耦变压器　　　　(c) 钳形电流表

图 3-1　变压器实物图

任务目标

(1) 利用磁路的基本性质和基本定律理解交流铁芯线圈电路的电磁关系。

(2) 能够利用变压器的变压、变流及变阻抗性质正确地选择和使用变压器,并在生活和学习中积极发现那些应用了电和磁关系的器件。

(3) 学会正确使用电流互感器、钳形表及调压器等变压器,掌握使用这些仪器的场合和注意事项。

3.1　磁路

3.1.1　磁路及其基本定律

1. 磁场的相关物理量

1) 磁感应强度 B

磁感应强度 B 是描述磁场中某点的磁场强弱和方向的物理量,其大小可用该点磁场

作用于垂直于磁场方向且通有 1A 电流的 1m 长导体上的力 F 来衡量,即

$$B = \frac{F}{l \cdot I} \tag{3-1}$$

磁感应强度的单位:特[斯拉](T)或韦伯/米²(Wb/m²),两者的关系为 1T＝1Wb/m²。

磁感应强度 B 是个矢量,其方向可用右手螺旋定则来确定。

如果磁场内各点的磁感应强度大小相等、方向相同,则称为均匀磁场。

2) 磁通 Φ

在磁场中,磁感应强度 B 与垂直于磁场方向的面积 S 的乘积称为通过该面积的磁通 Φ,即

$$\Phi = BS \quad \text{或} \quad B = \frac{\Phi}{S} \tag{3-2}$$

在国际单位制(SI)中,磁通的单位是韦[伯](Wb)。

3) 磁导率 μ

磁导率 μ 是用来表示物质导磁性能的物理量,单位是亨/米(H/m)。不同物质的磁导率不同,真空中的磁导率 μ_0 为一常数,即 $\mu_0 = 4\pi \times 10^{-7}$ H/m。

某材料的相对磁导率 μ_r 是该材料的磁导率与真空中的磁导率 μ_0 的比值,即

$$\mu_r = \frac{\mu}{\mu_0} \tag{3-3}$$

根据磁导率的大小,可将物质分为磁性材料和非磁性材料两类。非磁性材料如银、铝、铜等,其 $\mu_r \approx 1$;而磁性材料如钢、铁、钴、镍及其合金等,其 μ_r 值很大,且不是常数,随磁感应强度和温度的变化而变化。

4) 磁场强度 H

磁场强度 H 是磁场中某点的磁感应强度与磁导率的比值,也是个矢量,即

$$H = \frac{B}{\mu} \tag{3-4}$$

在 SI 单位制中,磁场强度 H 的单位为安[培]/米(A/m)。

2. 磁性材料的磁性能

磁性材料是制造变压器、电动机及各种电气元件铁芯的主要材料,具有导磁性、磁饱和性和磁滞性等性能。

1) 高导磁性

磁性材料内部存在着许多磁性小区域——磁畴。在无外磁场时,材料内各磁畴无规则排列,磁场互相抵消,从宏观上显示不出磁性。当加有外磁场时,磁性材料内部的磁畴就顺着外磁场的方向旋转,随着外磁场的增强,磁畴就逐渐旋转到与外磁场相同的方向,产生一个与外磁场同方向的磁化磁场。这个过程叫作磁性物质的磁化。

非铁磁物质内部不存在磁畴结构,因此不会被磁化,其导磁能力低。

2) 磁饱和性

铁磁材料磁化所产生的磁场不会随着外磁场的增强而无限地增强,当外磁场增强到一定数值时,磁化磁场的磁感应强度几乎不再增加,达到饱和值,如图 3-2 所示的磁化曲线(B-H)中的 C 点到 D 点的范围。

3）磁滞性

所谓磁滞，即在外磁场作正负变化（线圈中通有交变电流）的反复磁化过程中，磁性材料内磁感应强度 B 的变化总是落后于外磁场的变化。磁性材料反复磁化后，可得到图 3-3 所示的磁滞回线。由图 3-3 可看出，当 $H=0$ 时，$B \neq 0$，此时的 B 称为剩磁感应强度（B_r），对应图 3-3 中的 b、e 点。

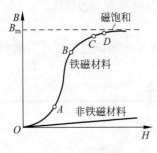

图 3-2　磁化曲线

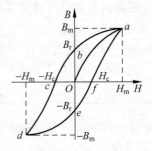

图 3-3　磁滞回线

磁滞和剩磁现象的发生是由于磁化过程的不可逆性，当外磁场强度降为零，各磁畴间的某种排列仍将保留下来，而表现为剩磁和磁滞现象。

若想去掉剩磁 B_r，需加反向的磁场。使 $B_r=0$ 所需的 H 值称为矫顽磁力（H_c），对应图 3-3 中的 c、f 点。

磁性材料按其磁滞回线形状不同，可分成三类。

（1）软磁材料，如纯铁、铸铁、硅钢、铁氧体等，其磁滞回线狭窄，剩磁和矫顽磁力均较小，常用来做成电动机、变压器的铁芯，也可做计算机的磁芯、磁鼓以及录音机的磁带、磁头。

（2）硬磁材料，如碳钢、钨钢、钴钢及铁镍合金等，其磁滞回线较宽，剩磁和矫顽磁力都较大，适宜做永久磁铁。

（3）矩磁材料，如镁锰铁氧体、铁镍合金等，磁滞回线接近矩形，在计算机和控制系统中可用作记忆元件、开关元件和逻辑元件。

3. 磁路的基本定律

1）磁路

在电气元件或设备中，常常将线圈缠绕在一定形状的铁芯上以获得较强的磁场，如图 3-4 所示。因为铁芯是磁性材料，有良好的导磁性，能使绝大部分磁通经铁芯形成一个闭合通路，所以线圈通以较小的电流便可产生较强的磁场。这种人为用铁芯使磁通集中通过的路径称为磁路。

集中在一定路径上的磁通称为主磁通或工作磁通，如图 3-4 中的 Φ_0。主磁通通常由铁芯（铁磁性材料）及空气隙组成。不通过铁芯，仅经过空气形成的闭合路径称为漏磁通，如图 3-4(a)中的 Φ_σ。在实际应用中，由于漏磁通很少，有时可忽略不计它的影响。

2）磁路的分类

如图 3-4 所示，主磁通的磁路有纯铁芯磁路［见图 3-4(a)］和气隙磁路［见图 3-4(b)、图 3-4(c)、图 3-4(d)］；磁路有分支磁路［见图 3-4(b)］和不分支磁路［见图 3-4(a)、图 3-4(c)、图 3-4(d)］；磁路中的磁通可由线圈通过电流产生，见图 3-4(a)、图 3-4(b)、图 3-4(d)，也可由永久磁铁产生，见图 3-4(b)。

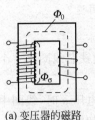
(a) 变压器的磁路

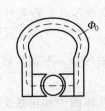
(b) 磁电式仪表的磁路

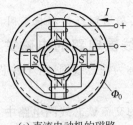
(c) 直流电动机的磁路

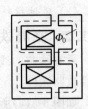
(d) 接触器的磁路

图 3-4 电气设备中的几种磁路

用来产生磁通的电流称为励磁电流,流过励磁电流的线圈称为励磁线圈。由直流电流励磁的磁路称为直流磁路,由交流电流励磁的磁路称为交流磁路。

4. 磁路的欧姆定律

磁路的欧姆定律为

$$F = \Phi R_{\mathrm{m}} \quad \text{或} \quad \Phi = \frac{F}{R_{\mathrm{m}}} \tag{3-5}$$

式中：F——磁路的磁动势,单位为安[培](A),且 $F = N \cdot I$(N 为线圈绕组的匝数；I 为线圈中的电流);

R_{m}——磁路的磁阻,单位为亨$^{-1}$(1/H),且 $R_{\mathrm{m}} = \dfrac{l}{\mu \cdot S}$($\mu$ 为磁导率；S 为磁路的横截面积；l 为磁路的平均长度)。

磁路的欧姆定律与电路的欧姆定律非常类似,其参数比较如表 3-1 所示。

表 3-1 磁路欧姆定律和电路欧姆定律的参数比较

磁　路			电　路		
名　称	符号表示	单　位	名　称	符号表示	单　位
磁通	Φ	Wb	电流	I	A
磁动势	$F = \Phi R_{\mathrm{m}}$	A	电动势	E	V
磁阻	$R_{\mathrm{m}} = \dfrac{l}{\mu \cdot S}$	$\dfrac{1}{\mathrm{H}}$	电阻	$R = \rho \dfrac{l}{S}$	Ω
磁路欧姆定律	$\Phi = \dfrac{F}{R_{\mathrm{m}}}$		电路欧姆定律	$I = \dfrac{U}{R}$	

想一想:

(1) 平面磨床装夹工件的夹具是电磁吸盘。加工完毕后,由于电磁吸盘有剩磁,工件仍被吸住,怎样才能将工件取下?

(2) 磁性材料的磁导率为何不是常数?

（3）磁性材料按其磁滞回线的形状不同,可分为几类? 各有什么用途?

3.1.2　交流铁芯线圈电路的电磁关系

含有铁芯的线圈称为铁芯线圈,由于铁芯的磁导率 μ 不是常数,故铁芯线圈是一个非线性电路元件。

如图 3-5(a)所示的交流铁芯线圈电路中,当在线圈中加正弦交流电压 u 时,线圈中流过电流 i,则电流产生两部分磁通,即主磁通 Φ 和漏磁通 Φ_σ,等效电路如图 3-5(b)所示。

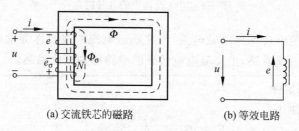

(a) 交流铁芯的磁路　　　　(b) 等效电路

图 3-5　交流铁芯线圈电路

已知线圈匝数为 N,损耗电阻为 R,主磁通 Φ 和漏磁通 Φ_σ 产生感应电压分别是 e 和 e_σ。根据 KVL,铁芯线圈中的电压满足方程

$$u = iR + (-e) + (-e_\sigma) = iR + N\frac{\mathrm{d}\Phi}{\mathrm{d}t} + L_\mathrm{S}\frac{\mathrm{d}i}{\mathrm{d}t} \tag{3-6}$$

式中: L_S——漏磁感。

由于铁芯线圈电阻的电压降 iR 和漏磁电动势 e_σ 很小,故可忽略,则式(3-6)可等效为

$$u = N\frac{\mathrm{d}\Phi}{\mathrm{d}t} \tag{3-7}$$

设 $\Phi = \Phi_\mathrm{m}\sin\omega t$,则

$$u = N\frac{\mathrm{d}\Phi}{\mathrm{d}t} = \omega N\Phi_\mathrm{m}\cos\omega t = 2\pi f N\Phi_\mathrm{m}\sin(\omega t + 90°) = U_\mathrm{m}\sin(\omega t + 90°) \tag{3-8}$$

由式(3-8)可知,当线圈加上正弦电压时,铁芯中的磁通也是同频率的正弦交流量,相位滞后电压 90°。式(3-8)中 $U_\mathrm{m} = 2\pi f N\Phi_\mathrm{m}$ 是电压的幅值,而其有效值则为

$$U = \frac{U_\mathrm{m}}{\sqrt{2}} = \frac{2\pi f N\Phi_\mathrm{m}}{\sqrt{2}} = 4.44 f N\Phi_\mathrm{m} \tag{3-9}$$

式(3-9)表明,当外加电压 U、电源频率 f 及线圈匝数 N 一定时,主磁通的幅值 Φ_m 保持恒定不变,与磁路性质无关。

此外,在交流铁芯线圈中,除了在线圈电阻上有功率损耗外,铁芯也有功率损耗。线圈电阻上损耗的功率 I^2R 称为铜损,用 ΔP_Cu 表示;铁芯的功率损耗称为铁损,它有磁滞损耗 ΔP_h 和涡流损耗 ΔP_e 两部分。交流铁芯线圈中的功率损耗用 ΔP 表示,有

$$\Delta P = \Delta P_\mathrm{Cu} + \Delta P_\mathrm{Fe} = \Delta P_\mathrm{Cu} + \Delta P_\mathrm{h} + \Delta P_\mathrm{e} \tag{3-10}$$

ΔP_h 是由磁性材料内部磁畴反复转向、磁畴间相互摩擦引起铁芯发热而造成的损耗。铁芯应选用软磁材料,以减小磁滞损耗。

ΔP_e 是在交变磁通作用下因铁芯内产生的感应电流在垂直于磁通的铁芯平面内形成的涡流而使铁芯发热引起的功率损耗。

通常情况下,铁芯采用表面涂有绝缘漆的硅钢片叠成,其磁导率高、电阻率大,片与片之间相互绝缘,把涡流限制在许多狭小的截面内,减少了涡流损耗。

想一想:

(1) 试简述交流铁芯线圈中的电磁关系。

(2) 举例说明涡流和磁滞的有害一面和它们的应用一面。

问题的解决

图 3-1 所示电器都是变压器,其基本工作原理是相同的,都是以电磁感应原理为基础的,具有变换交流电压、交流电流和阻抗的作用。图 3-1(a)和图 3-1(b)所示变压器的作用是将一种电压等级的交流电变换成另一种电压等级的交流电;图 3-1(c)所示钳形电流表是利用变压器的电流变换作用来测量大电流电路的电流。

3.2　变压器

3.2.1　常用变压器

变压器是一种常见的电气设备,它的基本作用是将一种电压等级的交流电能变换成另一种电压等级的交流电能。在电力系统和电子线路中,变压器应用广泛。它们的基本工作原理是相同的,即都是以电磁感应原理为基础的,具有变换交流电压、交流电流和阻抗的作用。

1. 变压器的结构

变压器由铁芯和绕在铁芯上的多个绕组两部分组成,如图 3-6 所示。

变压器铁芯的作用是构成磁路,通常用 0.35mm 或 0.5mm 厚的绝缘硅钢片叠成。常用的铁芯形式有心式[见图 3-6(a)]和壳式[见图 3-6(b)],目前一般采用心式铁芯。

绕组由漆包铜线绕制而成,是变压器的电路部分。一般变压器有两个绕组,与电源相连的绕组称为一次绕组(或称原绕组、初级绕组),与负载相连的绕组称为二次绕组(或称副绕组、次级绕组),匝数分别为 N_1 和 N_2,一次绕组、二次绕组套装在同一铁芯柱上。有时为了得到多组输出电压,二次侧就接成多组绕组。

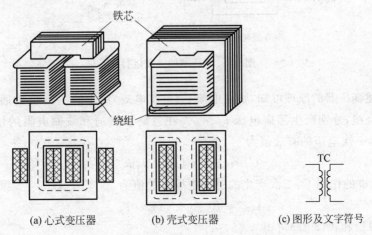

(a) 心式变压器　　　　(b) 壳式变压器　　　　(c) 图形及文字符号

图 3-6　变压器结构示意图及图形文字符号

除了铁芯和绕组外,较大容量的变压器还有冷却系统、保护装置以及绝缘套管等。大容量变压器通常是三相变压器。

在电路中常用图 3-6(c)所示的图形和文字符号来表示变压器。

2. 变压器的工作原理

图 3-7 所示为变压器的工作原理图。

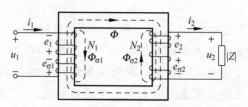

图 3-7   变压器的工作原理图

当一次绕组接上交流电压 u_1 时,一次绕组中便有电流 i_1 通过,一次绕组的磁动势 $N_1 i_1$ 产生的磁通 Φ_1 绝大部分通过铁芯而闭合,从而在二次绕组中产生感应电动势。如果二次绕组中接有负载,那么二次绕组中就有电流 i_2 通过,二次绕组的磁动势 $N_2 i_2$ 也产生磁通 Φ_2,其绝大部分也通过铁芯而闭合。因此,铁芯中的磁通是两者的合成,称为主磁通 Φ,它交链一次绕组、二次绕组并在其中分别感应出电动势 e_1 和 e_2。此外,一次绕组、二次绕组的磁动势还分别产生与本绕组相交链的漏磁通 $\Phi_{\sigma 1}$ 和 $\Phi_{\sigma 2}$,它们分别在各自绕组中感应出漏磁电动势 $e_{\sigma 1}$ 和 $e_{\sigma 2}$。变压器提供给负载的电压就是 e_2 和 $e_{\sigma 2}$ 的叠加量 u_2。

3. 变压器的变压、变流、变阻抗作用

1) 电压变换

变压器的一次绕组接上交流电压,二次侧开路,这种运行状态称为变压器空载运行,如图 3-8 所示。此时,二次电流 $i_2 = 0$,一次电流(励磁电流)$i_1 = i_0$,也称为空载电流。

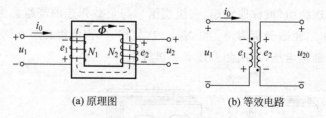

(a) 原理图   (b) 等效电路

图 3-8   变压器的空载运行

根据前述变压器的原理可知,励磁电流 i_1(一次电流)产生的主磁通 Φ 通过一次绕组也通过二次绕组,分别产生感应电压 u_1、u_{20}。在忽略漏磁通和线圈电阻的情况下,根据式(3-8)可知,一次电压的有效值为

$$U_1 \approx E_1 = 4.44 f N_1 \Phi_m \tag{3-11}$$

同理,在 Φ 的作用下,二次产生的感应电压有效值为

$$U_{20} \approx E_2 = 4.44 f N_2 \Phi_m \tag{3-12}$$

由式(3-11)和式(3-12)可得

$$\frac{U_1}{U_{20}} \approx \frac{E_1}{E_2} = \frac{4.44 f N_1 \Phi_m}{4.44 f N_2 \Phi_m} = \frac{N_1}{N_2} = k \qquad (3\text{-}13)$$

式(3-13)中,k 称为变压器的变比,即一次绕组、二次绕组的匝数比。可见,当电源电压 U_1 一定时,只要改变匝数比,就可得出不同的输出电压 U_2。若 $k > 1$,称为降压变压器;而 $k < 1$,称为升压变压器。

2) 电流变换

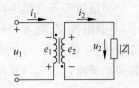

变压器的一次绕组接上电源,二次绕组接有负载的运行状态称为负载运行状态,如图 3-7 所示,其电路模型如图 3-9 所示。

图 3-9　变压器的负载运行

前文已分析,$U_1 = 4.44 f N_1 \Phi_m$,可见,当电压 U_1 和电源频率 f 不变时,主磁通的最大值 Φ_m 保持不变。就是说,铁芯中的主磁通的最大值 Φ_m 在变压器空载或有负载时差不多是不变的。而空载时的 Φ_m 由一次绕组磁动势 $N_1 i_0$ 产生,负载时的 Φ_m 由一次绕组、二次绕组磁动势 $N_1 i_1 + N_2 i_2$ 产生,所以

$$N_1 i_1 + N_2 i_2 = N_1 i_0 \qquad (3\text{-}14)$$

变压器空载电流 i_0 是励磁用的,由于铁芯磁导率高,故空载电流很小,只占一次绕组额定电流 I_N 的 3% ~ 10%,常可忽略。于是式(3-14)可写成

$$N_1 i_1 \approx - N_2 i_2 \qquad (3\text{-}15)$$

则一次绕组、二次绕组的电流有效值关系为

$$\frac{I_1}{I_2} \approx \frac{N_1}{N_2} = \frac{1}{k} \qquad (3\text{-}16)$$

式(3-16)表明,变压器一次侧绕组、二次侧绕组的电流有效值之比与它们的匝数成反比。

由于二次绕组的内阻抗很小,故在二次侧带负载时的电压与空载时的电压基本相等,根据式(3-13)和式(3-16)可得

$$\frac{U_1}{U_2} \approx \frac{U_1}{U_{20}} = k = \frac{I_2}{I_1} \qquad (3\text{-}17)$$

即

$$U_1 I_1 = U_2 I_2 \qquad (3\text{-}18)$$

式(3-17)表明,变压器一次侧绕组、二次侧绕组中电压高的一边电流小,而电压低的一边电流大。而式(3-18)则表明,变压器可以把一次侧绕组的能量通过 Φ_m 的联系传输到二次侧绕组中,实现了能量的传输。

【例 3-1】 已知变压器 $N_1 = 1000$ 匝,$N_2 = 200$ 匝,$U_1 = 220\text{V}$,$I_2 = 10\text{A}$,负载为纯电阻,求变压器的二次电压 U_2、一次电流 I_1 和输入功率 P_1、输出功率 P_2(忽略变压器的漏磁和损耗)。

解:

$$k = \frac{N_1}{N_2} = \frac{1000}{200} = 5$$

$$U_2 = \frac{U_1}{k} = \frac{220}{5} = 44(\text{V})$$

$$I_1 = \frac{I_2}{k} = \frac{10}{5} = 2(\text{A})$$

输入功率

$$P_1 = U_1 I_1 \cos\varphi_1 = 220 \times 2 \times 1 = 440(\text{W})$$

输出功率

$$P_2 = U_2 I_2 \cos\varphi_2 = 44 \times 10 \times 1 = 440(\text{W})$$

3) 阻抗变换

变压器除了变换电压和电流外,还可进行阻抗变换,以实现"匹配"。如图 3-10(a)所示,负载阻抗 Z_L 接在变压器二次侧,对电源来说,点画线框内部分可用另一个阻抗 Z_L' 来等效代替,如图 3-10(b)所示。所谓等效,就是两端输入的电压、电流和功率不变。两者的关系可通过下面计算得出:

$$|Z_L'| = \frac{U_1}{I_1} = \frac{\dfrac{N_1}{N_2}U_2}{\dfrac{N_2}{N_1}I_2} = \left(\frac{N_1}{N_2}\right)^2 \frac{U_2}{I_2} = \left(\frac{N_1}{N_2}\right)^2 |Z_L|$$

即

$$|Z_L'| = k^2 |Z_L| \tag{3-19}$$

$|Z_L'|$ 又称为折算阻抗。式(3-19)表明,在忽略漏磁的情况下,只要改变匝数比,就可把负载阻抗变换为比较合适的数值,且负载性质不变,这种变换通常称为阻抗变换。

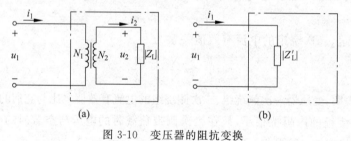

图 3-10 变压器的阻抗变换

【例 3-2】 有一信号源的电压为 1.5V,内阻抗为 240Ω,负载阻抗为 60Ω。欲使负载获得最大功率,必须在信号源和负载之间接一阻抗匹配变压器,使变压器的输入阻抗等于信号源的内阻抗,如图 3-11 所示。问变压器的电压比、一次侧、二次侧的电流各为多少?

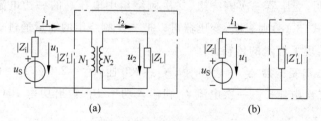

图 3-11 例 3-2 电路图

解:

$$|Z_L'| = k^2 |Z_L| = 240(\Omega)$$

电压比

$$k = \frac{N_1}{N_2} = \sqrt{\frac{|Z_L'|}{|Z_L|}} = \sqrt{\frac{240}{60}} = 2$$

一次侧电流

$$I_1 = \frac{U_S}{|Z_i| + |Z_L'|} = \frac{1.5}{240 + 240} = 0.0031(A) = 3.1(mA)$$

二次侧电流

$$I_2 = k I_1 = 2 \times 3.1 = 6.2(mA)$$

4. 变压器的额定技术指标

1) 额定电压 U_{1N} 和 U_{2N}

原边额定电压(或称一次额定电压)U_{1N} 是指根据绝缘材料和允许发热所规定的应加在一次绕组上的正常电压的有效值。

副边额定电压(或称二次额定电压)U_{2N} 是指原边为额定电压 U_{1N} 时副边的空载电压的有效值。

三相变压器的 U_{1N} 和 U_{2N} 均指线电压。

2) 额定电流 I_{1N} 和 I_{2N}

原边额定电流 I_{1N}、副边额定电流 I_{2N} 是指根据绝缘材料和允许发热所规定的一次绕组、二次绕组中允许长期通过的电流限额(有效值)。三相变压器的 I_{1N} 和 I_{2N} 均指线电流。

3) 额定容量 S_N

额定容量 S_N 是指变压器输出的额定视在功率,单位为伏安(V · A)或千伏安(kV · A)。

对单相变压器:

$$S_N = U_{2N} I_{2N} \approx U_{1N} I_{1N} (V \cdot A) \tag{3-20}$$

对三相变压器:

$$S_N = \sqrt{3} U_{2N} I_{2N} \approx \sqrt{3} U_{1N} I_{1N} (V \cdot A) \tag{3-21}$$

4) 额定频率 f_N

额定频率 f_N 是指电源的工作频率。我国的工业频率是 50Hz。

5) 变压器的效率 η_N

变压器的效率 η_N 是指变压器的输出功率 P_{2N} 与对应的输入功率 P_{1N} 的比值,通常用小数或百分数表示。

前文对变压器的讨论均忽略了其各种损耗,而变压器是典型的交流铁芯线圈电路,其运行时原边和副边必然有铜损和铁损,所以实际上变压器并不是百分之百地传递电能。大型电力变压器的效率可达 99%,小型电力变压器的效率为 60%~90%。

想一想:

(1) 变压器是怎样实现变压的?为什么能变电压而不能变频率?

(2) 变压器有哪些主要部件?其功能是什么?

(3) 变压器能否用来变换直流电压?如何将变压器接到额定电压相同的直流电源上?会有输出吗?会产生什么后果?

3.2.2 特殊变压器

1. 自耦变压器

图 3-12(a)所示为自耦变压器(或称调压器)的电路示意图,它的二次绕组是一次绕组的一部分,故其一次绕组、二次绕组之间不仅有磁的耦合,还有电的联系,其一次绕组的、二次绕组的电压之比和电流之比为

$$\frac{U_1}{U_2} = \frac{N_1}{N_2} = k \tag{3-22}$$

$$\frac{I_1}{I_2} = \frac{N_2}{N_1} = \frac{1}{k} \tag{3-23}$$

所以,只要适当选择 N_2,即可在二次侧获得所需的电压。自耦变压器可用于升压,也可用于降压。

图 3-12(b)所示为三相自耦变压器电路图,它的三相线圈常接成星形。

实训室中常用的调压器就是一种利用滑动触头改变二次绕组匝数的自耦变压器,如图 3-12(c)所示。

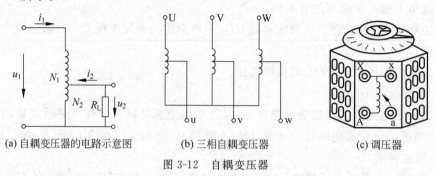

(a) 自耦变压器的电路示意图　　(b) 三相自耦变压器　　(c) 调压器

图 3-12　自耦变压器

注意:自耦变压器的一次侧、二次侧之间有电的直接联系,当高压侧发生接地或二次绕组断线等故障时,高压将直接串入低压侧造成人身事故。其次,一次侧和二次侧不可接错,否则很容易造成电源被短路或烧坏自耦变压器。另外,当三相自耦变压器绕组接地端误接到电源相线时,即使二次电压很低,人触及二次侧任一端均有触电的危险。

2. 电流互感器

用于测量用的变压器称为仪用互感器,简称互感器。按用途可分为电流互感器和电压互感器。其目的是扩大测量仪表的量程,使测量仪表与大电流或高压电路隔离。下面介绍电流互感器。

图 3-13 所示为电流互感器的原理接线图,其一次绕组匝数很少(常为一匝或几匝),串联在被测电路上;二次绕组匝数很多,与仪表(如电流表及功率表、电度表、继电器的电流线圈)相串联构成闭合回路。

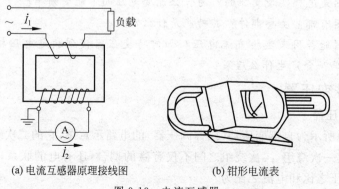

(a) 电流互感器原理接线图　　　　(b) 钳形电流表

图 3-13　电流互感器

电流互感器的工作原理与普通变压器的负载运行工作原理相同

$$I_1 = k_i I_2 \tag{3-24}$$

式中：k_i——电流互感器的电流比，也称为变换系数。

可见，电流互感器可将大电流变为小电流。二次侧接上电流表，测出的 I_2 乘上变换系数 k_i 即得被测的一次线圈大电流的值（通常其电流表表盘上刻度直接标出被测的电流值）。电流互感器二次线圈的额定电流一般都规定为 5A 或 1A。

注意：电流互感器接于高压电路，为了保证安全，二次线圈的一端及互感器铁芯必须接地，而且使用时副绕组电路不允许开路。

因为电流互感器的负载阻抗（如测量仪表的电流线圈）很小，故它相当于在短路状态下运行。其一次磁动势虽可以很大，但基本上被二次磁动势所平衡，只剩下很小一部分励磁磁动势用以建立磁通，故正常运行时，二次侧电动势并不高。运行中如二次侧一旦开路（$I_2=0$），则用以平衡一次磁动势的二次磁动势随之消失，而一次磁动势大小未变，故它将全部用来建立铁芯磁通，使铁芯磁通剧增，会在二次线圈感应出很高电动势，危及设备及人身安全。同时，由于磁通剧增，磁路过饱和，铁损大大增加导致铁芯严重发热而损坏设备。

图 3-13(b) 所示为钳形电流表（俗称卡表），是一种常用的电流互感器，它由一个与电流表组成闭合回路的二次绕组和铁芯构成，其铁芯可以开合。测量时，先张开铁芯，将待测电流的导线导入闭合铁芯，则导入导线便成为电流互感器的一次绕组，经电流变换后，在电流表上就直接读出被测电流的大小。

想一想：

(1) 如果错误地把电源电压 220V 接到调压器的输出端，试分析会出现什么问题？

(2) 调压器用毕后为什么必须调回零点？

(3) 使用电流互感器时须注意哪些事项？

习题 3

3.1　有一交流铁芯线圈串接一块电流表，其铁芯上轭可以移动，如题 3.1 图所示，将线圈接在交流电源上，上轭往右移动，问电流表指针如何摆动？为什么？

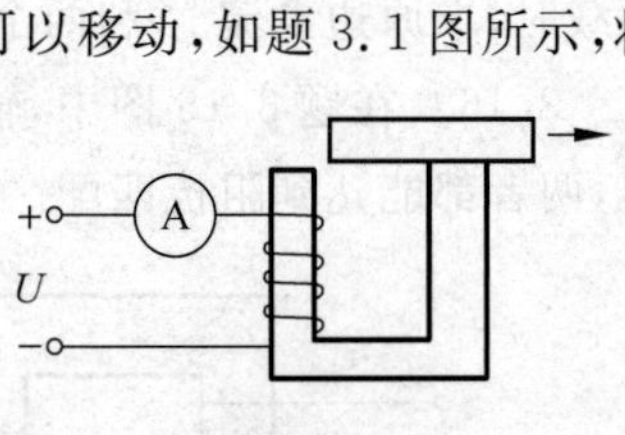

3.2　接题 3.1，若将线圈接入具有适当电压值的直流电源，指针又该如何摆动？为什么？

3.3　变压器铁芯起什么作用？为什么铁芯要用绝缘硅钢片叠成？

题 3.1 图

3.4　在变压器一次电压不变的情况下，以下哪些措施能增加变压器的输入功率？

(1) 把一次线圈加粗。

(2) 增加一次线圈匝数。

(3) 增大铁芯截面。

(4) 减小二次负载阻抗。

3.5   一台空载运行变压器,一次侧加额定电压 220V,测得一次线圈电阻为 10Ω,试问一次侧电流是否等于 22A?

3.6   一台额定频率为 50Hz 的变压器能否用于 25Hz 的交流电路中? 为什么?

3.7   有一台额定电压为 220V/1100V 的单相变压器,匝数为 $N_1=1000$,$N_2=500$。为了节省铜线,将匝数减为 $N_1=100$,$N_2=5$,是否可行?

3.8   有一台额定电压为 220V/1100V 的单相变压器,如不慎将低压侧误接到 1100V 的交流电源上,励磁电流将会发生什么变化? 为什么?

3.9   额定容量 $S_N=2kV \cdot A$ 的单相变压器,一次绕组、二次绕组的额定电压分别为 $U_{1N}=220V$,$U_{2N}=110V$,求一次绕组、二次绕组的额定电流各为多少?

3.10   一个单相变压器的初级接在 220V 的交流电源上,空载时次级的电压表显示 55V 的读数,若初级线圈匝数为 100 匝。问:①次级线圈匝数为多少? 该变压器是升压变压器还是降压变压器? ②当次级接上 500Ω 的负载后,变压器的初级、次级电流各是多少?

3.11   某单相变压器的原边接上 3300V 的交流电压时,其副边电压为 220V,若原边的额定电流为 10A,问副边可接 220V/40W 的日光灯多少盏?

3.12   某收音机输出电路的电阻(600Ω)通过一个初级线圈匝数为 100 的变压器,与 8Ω 的扬声器达到阻抗匹配。若换上 4Ω 的扬声器,则变压器的匝数比变换为多少时,负载能获得最大功率? 变压器的匝数比是增加还是减小?

3.13   有一单相照明变压器,容量为 $10kV \cdot A$,额定电压为 4400V/220V。现欲在副绕组接上 60W、220V 的白炽灯,如果要变压器在额定情况下运行,这种白炽灯可接多少个? 并求原绕组、副绕组的额定电流。

3.14   将 $R_L=8\Omega$ 的扬声器接在变压器的副绕组上,已知 $N_1=300$,$N_2=100$,信号源电动势 $E=6V$,内阻 $R_{Sl}=100\Omega$,试求信号源输出的功率。

3.15   题 3.15 图所示是一电源变压器,原端绕组为 550 匝,接在 220V 电压上。副端绕组有两个:一个电压 36V,负载 36W;另一个电压 12V,负载 24W。两个都是纯电阻负载时,求原边电流 i_1 和两个副绕组的匝数。

3.16   在题 3.16 图中,输出变压器的副绕组有中间抽头,以便接 8Ω 或 3.5Ω 的扬声器,两者都能达到阻抗匹配。试求副绕组两部分匝数之比。

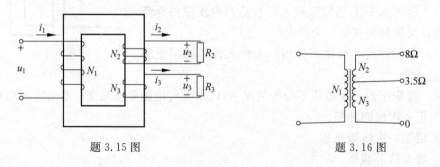

题 3.15 图   题 3.16 图

3.17　题 3.17 图所示的变压器原边有两个额定电压为 110V 的绕组,副绕组的电压为 6.3V。

（1）若电源电压是 220V,原绕组的四个接线端应如何正确连接才能接入至 220V 的电源上？

（2）若电源电压是 110V,原边绕组要求并联使用,这两个绕组应当如何连接？

（3）在上述两种情况下,原边每个绕组中的额定电流有无不同？副边电压是否有改变？

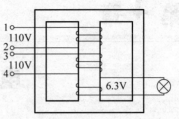

题 3.17 图

第 4 章

电动机及其控制

　　电动机是将电能转换为机械能的一种动力装置,在工农业生产中的应用最为广泛。按电动机所耗用电能种类的不同,可分为直流电动机和交流电动机两大类,而交流电动机又可分为同步电动机和异步电动机。

　　异步电动机具有结构简单、运行可靠、维护方便及价格便宜等优点,可分为三相异步电动机和单相异步电动机。单相异步电动机因容量小,在实训室和家用电器设备中用得较多,而三相异步电动机则广泛用于生产,尤其是机床的控制中。

　　本章主要介绍三相异步电动机的结构、工作原理及其应用。学生可在动手的过程中理解和学习电动机控制的基本环节,初步掌握电气线路分析常识,最终具备看懂简单电气原理图的能力。

4.1　三相异步电动机

问题的提出

　　你见过如图 4-1 所示的搬运工具吗? 这就是车间常用的电动葫芦。你知道电动葫芦的动力源是什么吗? 这个动力源的结构如何? 它是怎样工作的?

任务目标

　　(1) 了解三相异步电动机的结构,理解其工作原理,并掌握其特性。

　　(2) 理解电动机铭牌上技术数据的意义,能根据需要正确地选择和使用电动机。

4.1.1　三相异步电动机的结构

　　三相异步电动机也称为三相感应电动机,主要由定子(包括机座)和转子两部分组成,转子又分为鼠笼式和绕线式两种。图 4-2 所示为三相鼠笼式异步电动机的结构和外形。

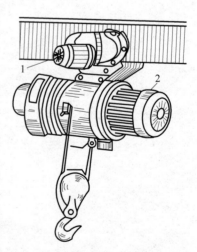

图 4-1　电动葫芦外形图

1—移动电动机;2—升降电动机

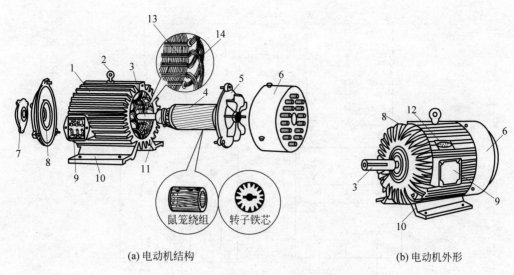

(a) 电动机结构

(b) 电动机外形

图 4-2　三相鼠笼式异步电动机的结构和外形

1—散热筋；2—吊环；3—转轴；4—转子；5—风扇；6—罩壳；7—轴承盖；8—端盖；9—接线盒；10—机座；
11—轴承；12—铭牌；13—定子铁芯；14—定子绕组

1. 定子

定子是电动机的固定部分，是用来产生旋转磁场的，一般由定子铁芯、定子绕组和机座等组成。

1）定子铁芯

定子铁芯是电动机磁路的组成部分。定子铁芯是由相互绝缘的硅钢片叠制而成的圆筒，如图 4-3(a)所示，圆筒内表面均匀分布一些槽，这些槽用于嵌放定子绕组。定子硅钢片如图 4-3(b)所示，转子硅钢片如图 4-3(c)所示。

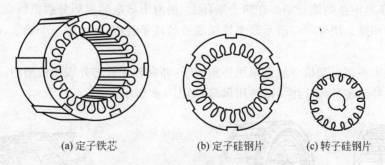

(a) 定子铁芯　　　　(b) 定子硅钢片　　　　(c) 转子硅钢片

图 4-3　定子铁芯及定子硅钢片和转子硅钢片

2）定子绕组

三相异步电动机具有三相对称的定子绕组，定子绕组一般采用高强度漆包线绕成。三相绕组的六个出线端(首端 U_1、V_1、W_1，末端 U_2、V_2、W_2)通过机座的接线盒连接到三相电源上。根据铭牌规定，定子绕组可接成星形或三角形，如图 4-4 所示。

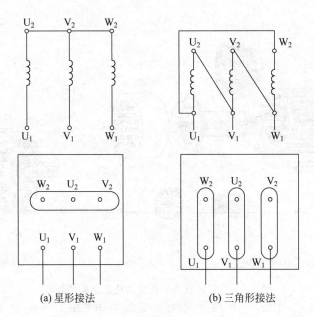

(a) 星形接法   (b) 三角形接法

图 4-4　定子绕组的星形和三角形连接

2. 转子

转子是电动机的旋转部分,是用来带动其他机械设备转动的,由转子铁芯、转子绕组、转轴等组成。转轴固定在转子铁芯中央。转子铁芯是由硅钢片叠成的圆柱体,其硅钢片如图 4-3(c)所示。铁芯外表面均匀分布一些槽,用于放置转子绕组。根据转子绕组构造的不同,异步电动机的转子分为笼型转子和绕线型转子两种。

1) 笼型转子

笼型转子绕组在形式上与定子绕组完全不同。在转子铁芯的每个槽中放置一根铜条(也称为导条),铜条两端分别焊在两个端环上,用两个导电的铜环分别把所有槽内的铜条短接成一个回路。图 4-5(a)所示是去掉铁芯后的转子绕组,形状像一个笼子,故称为鼠笼式电动机。

目前的中小型电动机一般都采用铸铝转子,即在转子铁芯外表面的槽中浇入铝液,同时在端环上铸出多片风叶作为散热用风扇,如图 4-6 所示。

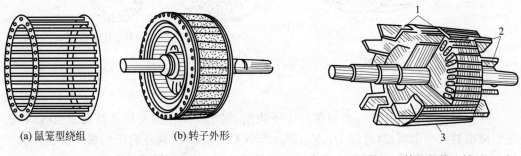

(a)鼠笼型绕组   (b)转子外形

图 4-5　笼型转子

图 4-6　铸铝的笼型转子

1—铸铝条;2—风叶;3—转子铁芯

2) 绕线型转子

绕线型异步电动机转子的外形结构如图 4-7(a)所示。转子的绕组与定子绕组相似，也是对称的三相绕组，一般接成星形。星形绕组的三根端线接到固定在转轴上三个互相绝缘的集电环上，通过一组电刷引出与外电阻相连，其接线示意图如图 4-7(b)所示。使用时，可以在转子回路中串联电阻器或其他装置，以改善电动机的启动和调速特性。集电环上还安装有提刷装置，如图 4-7(c)所示。当电动机启动完毕而又不需要调速时，可操作手柄将电刷提起切除全部电阻，同时使三个集电环短路，其目的是减少电动机在运行中电刷磨损和摩擦损耗。

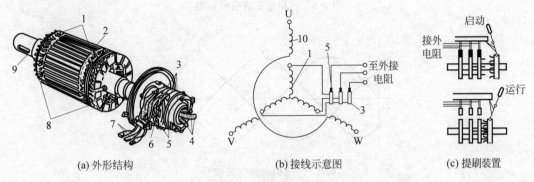

(a) 外形结构　　　　　　　　(b) 接线示意图　　　　　　　(c) 提刷装置

图 4-7　绕线型转子

1—转子三相绕组；2—转子铁芯；3—集电环；4—转子绕组接线头；5—电刷；
6—刷架；7—电刷外接线；8—镀锌钢丝箍；9—转轴；10—定子绕组

3. 其他附件

其他附件有端盖、轴承、轴承盖、风叶、风罩和接线盒等。

想一想：定子和转子的铁芯为什么用硅钢片叠成？笼型转子上有绕组吗？

4.1.2　三相异步电动机的工作原理

三相异步电动机是利用定子绕组中通入三相交流电所产生的旋转磁场与转子绕组内感应电流相互作用，产生电磁转矩，从而使电动机工作的。

1. 旋转磁场

为了便于分析，把实际的定子绕组简化为在空间彼此相隔 $120°$ 的三个相同绕组，如图 4-8(a)所示。将这三个绕组 U_1U_2、V_1V_2、W_1W_2 作星形连接，其绕组截面示意图如图 4-8(b)所示。

接入三相交流电源(设电流的参考方向如图 4-8(b)所示)，则定子绕组中的三相对称电流分别为

$$I_U = I_m \sin\omega t \tag{4-1}$$

$$I_V = I_m \sin(\omega t - 120°) \tag{4-2}$$

$$I_W = I_m \sin(\omega t + 120°) \tag{4-3}$$

它们的波形如图 4-9 所示。

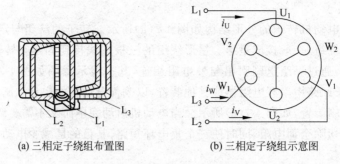

(a) 三相定子绕组布置图   (b) 三相定子绕组示意图

图 4-8   三相定子绕组示意图

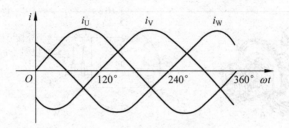

图 4-9   三相对称电流波形

下面取不同时刻分析三相电流共同作用产生的合成磁场的情况,如图 4-10(a)所示。图中用"×"表示电流流入纸面方向,"·"表示电流流出纸面方向。

在 $\omega t = 0°$ 时,电流瞬时值分别为 $i_U = 0$;i_V 为负,表明电流的实际方向与参考方向相反,即从末端 V_2 流入,从首端 V_1 流出;i_W 为正,表明电流的实际方向与参考方向一致,即从首端 W_1 流入,从末端 W_2 流出。根据右手定则,三相电流在该瞬间所产生的磁场叠加结果形成一个两极合成磁场(磁极对数 $p = 1$),上为 N 极,下为 S 极,如图 4-10(a)所示。

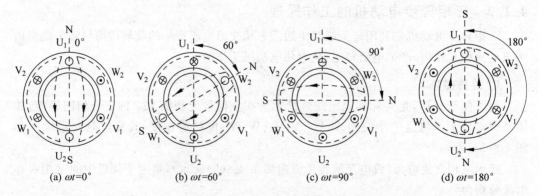

(a) $\omega t = 0°$ (b) $\omega t = 60°$ (c) $\omega t = 90°$ (d) $\omega t = 180°$

图 4-10   三相电流产生的旋转磁场

在 $\omega t = 60°$ 时,i_U 为正,电流从首端 U_1 流入,从末端 U_2 流出;i_V 为负,电流从末端 V_2 流入,从首端 V_1 流出;$i_W = 0$,其合成的两极磁场方位与 $\omega t = 0°$ 时相比,已按顺时针方向在空间旋转了 60°,如图 4-10(b)所示。

在 $\omega t = 90°$ 时,i_U 为正,电流从首端 U_1 流入,从末端 U_2 流出;i_V 为负,电流从末端

V_2 流入,从首端 V_1 流出;i_W 为负,电流从末端 W_2 流入,从首端 W_1 流出,其合成的两极磁场方位与 $\omega t = 0°$ 时相比,已按顺时针方向在空间旋转了 $90°$,如图 4-10(c) 所示。

同理,当 $\omega t = 180°$ 时,合成磁场按顺时针方向在空间旋转了 $180°$,如图 4-10(d) 所示。

可见,在空间相差 $120°$ 的三相绕组中通入对称三相交流电流,产生的是一对磁极(即磁极对数 $p=1$)的合成磁场,且是一个随时间变化的旋转磁场。当电流经过一个周期的变化(即 $\omega t = 0° \sim 360°$)时,合成磁场也顺时针方向旋转 $360°$ 的空间角度。

由上述分析可知,每相绕组一个线圈,产生两极(磁极对数 $p=1$)旋转磁场。同理,每相绕组两个线圈,所产生的合成磁场是一个四极(磁极对数 $p=2$)旋转磁场,电流变化 $360°$,合成磁场旋转半周。以此类推,当旋转磁场具有 p 对磁极时,可推导出旋转磁场的转速为

$$n_0 = 60 \frac{f_1}{p} (\text{r/min}) \tag{4-4}$$

式中:n_0——电动机同步转速(即旋转磁场的转速),单位为 r/min;

　　　f_1——定子电流频率,单位为 Hz;

　　　p——磁极对数(由三相定子绕组的布置和连接决定),$p=1$ 为二极,$p=2$ 为四极,$p=3$ 为六极,以此类推。

在我国,电网频率(工频)$f_1 = 50\text{Hz}$,根据式(4-4)可得对应于不同极对数 p 时的同步转速,如表 4-1 所示。

表 4-1　极对数与同步转速的关系

磁极对数 p	1	2	3	4	5	6
同步转速 $n_0 /(\text{r/min})$	3000	1500	1000	750	600	500

2. 三相异步电动机的转动原理

如果在对称的三相定子绕组中通入对称的三相电流,则定子产生同步转速为 n_0 的顺时针方向旋转的磁场,如图 4-11 所示。此时静止的转子与旋转磁场之间存在着相对运动(相当于磁场静止,转子以 n_0 转速沿逆时针方向切割磁力线),产生了感应电压,其方向用右手定则确定。由于转子绕组电路通过短路环自行闭合,所以在感应电压的作用下,在转子导体中便产生转子电流。而转子导体处在磁场中,因而受到电磁力 F 的作用,方向由左手定则确定。此电磁力对转轴形成电磁转矩 T,其方向与旋转磁场的方向一致,于是转子转动起来,转速为 n,

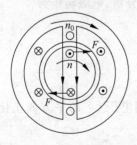

图 4-11　异步电动机转动原理

这就是转子转动的工作原理。

由于异步电动机定子和转子之间的能量传递是靠电磁感应作用的,因此异步电动机也称为感应电动机。

异步电动机中的"异步"有什么含义?

假设 $n = n_0$,则转子与旋转磁场之间将无相对运动,转子导体就不再切割磁力线,其感应电动势、感应电流和电磁转矩均为零,转子也不可能继续以 n_0 的转速转动。因此,异步电动机转子的转速 n 不可能达到同步转速 n_0,即"异步"($n < n_0$)。

电动机的同步转速 n_0 与转子的转速 n 之差称为转差,转差与同步转速 n_0 的比值称为转差率,用 s 表示,即

$$s = \frac{n_0 - n}{n_0} \times 100\% \tag{4-5}$$

即

$$n = (1 - s)60\frac{f_1}{p} \tag{4-6}$$

转差率是分析异步电动机运动情况的一个重要参数。在电动机启动时,$n=0$,$s=1$;当 $n=n_0$ 时(理想空载运行),$s=0$;稳定运行时,n 接近 n_0,s 很小,一般 s 为 2%~7%。

想一想:

(1) 异步电动机的定子旋转磁场与转子磁场是不是同步的?

(2) 三相异步电动机的同步转速由哪些因素决定?

(3) 怎样改变三相异步电动机的转向?与通入定子绕组的三相交流电的相序有关吗?

4.1.3　三相异步电动机的电磁转矩和机械特性

电磁转矩是三相异步电动机的重要物理量,机械特性则反映了一台电动机的运行性能。

1. 电磁转矩

由三相异步电动机的转动原理可知,驱动电动机旋转的电磁转矩 T 是由转子导条中的电流 I_2 与旋转磁场每极磁通 Φ 相互作用而产生的,与磁通 Φ 和转子电流 I_2 的有功分量 $I_2\cos\varphi_2$ 成正比,即

$$T = K_T \Phi I_2 \cos\varphi_2 \tag{4-7}$$

式中:K_T——与电动机结构有关的常数。

异步电动机中的电磁关系与变压器相似,定子绕组相当于变压器的一次线圈接电源,转子绕组相当于变压器的二次线圈。其电动势 E_2 和电流 I_2 都是靠电磁感应产生的,故 Φ 越大,$E_2 = U_2$ 越大,而 I_2 正比于 U_2,即也正比于 U_1。经数学分析,电磁转矩为

$$T = K_T U_1^2 \frac{sR_2}{\sqrt{R_2^2 + (sX_{20})^2}} \tag{4-8}$$

式中:R_2、X_{20}——转子每相绕组的电阻和电抗;

　　　　s——转差率。

式(4-8)表明,在某一个转差率 s 值下,转矩 T 与定子每相电压 U_1 的平方成正比。电源电压变动时,对转矩的影响很大。

当电源电压一定时,电磁转矩 T 是转差率 s 的函数,其关系曲线如图 4-12 所示,通常称其为异步电动机的转矩特性曲线。

由图 4-12 可知,当 $n=n_0$,即 $s=0$ 时,$T=0$(对应图中 d 点),这种运行情况称为电动机的理想空载。当电动机的负载转矩从理想空载增加到额定转矩 T_N 时(对应图中 c 点),其转速相应地从 n_0 下降到额定转速 n_N。电动机转速 n 随着转矩的增加略微下降的特性,称为硬特性(d—b 段),为稳定区;而在 b—a 段,电动

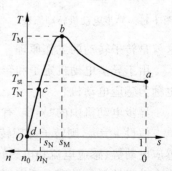

图 4-12　异步电动机的转矩特性曲线

机不能稳定工作。

2．机械特性

在实际工作中，常用异步电动机的机械特性 $n = f(T)$ 分析问题。机械特性反映了电动机的转速 n 和电磁转矩 T 之间的函数关系。

将图 4-12 所示的转矩机械特性曲线顺时针旋转 $90°$，得到如图 4-13 所示的机械特性曲线。

由于电磁转矩与定子相电压 U_1 的平方成正比，所以机械特性曲线将随 U_1 的改变而变化，图 4-14 是对应不同定子电压时的机械特性曲线。在图 4-14 中，$U_2 < U_1$，由于 U_1 的改变不影响同步转速 n_0，所以两条曲线具有相同的 n_0。

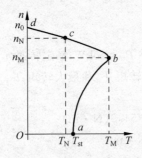
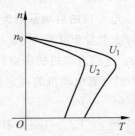

图 4-13　机械特性曲线　　　　图 4-14　不同电压下的机械特性曲线

在等速运行时，电动机的电磁转矩 T 必须与其轴上的阻转矩 T_c 相平衡，即 $T = T_c$。当 $T > T_c$ 时，电动机加速；当 $T < T_c$ 时，电动机减速。

阻转矩主要是电动机轴上的机械负载转矩 T_2 和机械损耗转矩 T_0。若忽略很小的 T_0，则阻转矩为

$$T_c = T_2 + T_0 \approx T_2$$

为正确使用电动机，应注意机械特性曲线中的三个重要转矩。

1）额定转矩 T_N

电动机的额定转矩是电动机带额定负载时输出的电磁转矩。由于电磁转矩必须与轴上的负载转矩相等才能稳定运行，由机械原理可得

$$T \approx T_2 = \frac{P_2}{\omega} = \frac{P_2 \times 10^3}{2\pi n/60} = 9550 \frac{P_2}{n} (\text{N} \cdot \text{m}) \tag{4-9}$$

式中：P_2——电动机轴上输出的机械功率，单位为 kW；

　　　n——电动机的输出转速，单位为 r/min。

当 P_2 为电动机输出的额定功率 P_{2N}、n 为额定转速 n_N 时，由式(4-9)计算出的转矩就是电动机的额定转矩 T_N。电动机的额定功率和额定转速可从其铭牌上查出。

2）最大转矩 T_M

T_M 是三相异步电动机所能产生的最大转矩，又称临界转矩，对应于图 4-12 和图 4-13 中的 b 点($T = T_M，n = n_0$)。一般允许电动机的负载转矩在较短的时间内超过其额定转矩，但是不能超过最大转矩。超过最大转矩时，电动机将带不动负载，会发生"闷车"停转现象（又称为堵转），这时应立即切断电源并卸除过重负载。最大转矩也表示电动机允许

短时过载的能力,用过载系数 λ 表示,即

$$\lambda = \frac{T_M}{T_N} \tag{4-10}$$

一般的,三相异步电动机的过载系数为 $1.8 \sim 2.2$。

3) 启动转矩 T_{st}

电动机接通电源瞬间($n=0$)的电磁转矩称为启动转矩 T_{st}。启动转矩 T_{st} 与转子电阻 R_2 和电源电压 U_1 等参数有关。当 U_1 降低时,T_{st} 减小;适当增加 R_2,会提高 T_{st}。

电动机的启动转矩必须大于静止时其轴上的负载转矩才能启动。通常用 T_{st} 与 T_N 之比表示异步电动机的启动能力,用启动系数 λ_{st} 表示,即

$$\lambda_{st} = \frac{T_{st}}{T_N} \tag{4-11}$$

一般的,三相异步电动机的启动系数为 $0.8 \sim 2$。

【例 4-1】 某三相异步鼠笼式电动机,其额定功率 $P_N = 55\text{kW}$,额定转速 $n_N = 1480\text{r/min}$,$\lambda = 2.2$,$\lambda_{st} = 1.3$。这台电动机的额定转速 T_N、启动转矩 T_{st} 和最大转矩 T_M 各为多少?

解:由式(4-9)计算电动机的额定转矩得

$$T_N = 9550 \times 55 \div 1480 \approx 354.9(\text{N} \cdot \text{m})$$

$$T_{st} = 1.3 \times 354.9 \approx 461(\text{N} \cdot \text{m})$$

$$T_M = 2.2 \times 354.9 \approx 780(\text{N} \cdot \text{m})$$

想一想:

(1) 三相异步电动机的电磁转矩是怎样产生的? 电磁转矩与定子电压 U_1 有何关系?

(2) 三相异步电动机接通电源后,如果转轴受阻而长时间不能启动会有何后果?

(3) 三相异步电动机带额定负载运行时,如果电源电压降低,电动机的转矩、转速及电流有无变化? 如何变化?

(4) 异步电动机长时间过载运行时,为什么会造成电动机过热? 当电动机运行过程中负载转矩增加而大于 T_M 时,将会发生什么情况?

4.1.4　三相异步电动机的铭牌及其选择

1. 三相异步电动机的铭牌

要想正确地使用电动机,必须首先了解电动机的铭牌数据。不当的使用会使电动机的能力得不到充分的发挥,甚至损坏。下面以 Y132M-4 三相异步电动机为例,说明铭牌上各个数据的含义,如表4-2所示。

表 4-2　Y132M-4 三相异步电动机的铭牌

三相异步电动机				
型号	Y132M-4	功率	7.5kW	频率	50Hz
电压	380V	电流	15.3A	接法	△
转速	1330r/min	绝缘等级	B	工作方式	连续
年　月　日				×××电机厂

1) 型号

电动机的型号是表示电动机的类型、用途和技术特征的代号,由大写拼音字母和阿拉

伯数字组成,各有一定的含义。如 Y132M-4 中:

Y——三相鼠笼式异步电动机,常用三相异步电动机产品名称代号及其意义如表 4-3 所示;

132——机座中心高 132mm;

M——机座长度代号(L 为长机座,M 为中机座,S 为短机座);

4——磁极数(磁极对数 $p=2$)。

表 4-3　常用三相异步电动机产品名称代号

产 品 名 称	新代号(旧代号)	汉 字 意 义	适 用 场 合
鼠笼式异步电动机	Y、Y-L(J、JO)	异步	一般用途
绕线式异步电动机	YR(JR、JRO)	异步,绕线	小容量电源场合
防爆型异步电动机	YB(JB、JBS)	异步,防爆	石油、化工、煤矿井下
高启动转矩异步电动机	YQ(JQ、JQO)	异步,启动	静负荷、惯性较大的机械

注:Y、Y-L 系列是新产品,Y 系列定子绕组是铜线,Y-L 系列定子绕组是铝钱。

2) 电压及接法

铭牌上的电压是指电动机额定运行时,定子绕组上应加的额定电源线电压值,即额定电压,用 U_N 表示。三相异步电动机的额定电压有 380V、3000V、6000V 等多种。

Y 系列三相异步电动机的额定电压统一为 380V。电动机如标有两种电压值,如 220V/380V,则表示当电源电压为 220V 时,电动机应作三角形连接;当电源电压为 380V 时,电动机应作星形连接。

铭牌上的接法是指电动机在额定运行时定子绕组的连接方式。通常,Y 系列 4kW 以上的三相异步电动机运行时均采用三角形接法,以便于采用星-角形换接启动。

3) 电流

铭牌上的电流是指电动机在额定运行时,定子绕组的额定线电流值,即额定电流,用 I_N 表示。

4) 功率、功率因数和效率

铭牌上的功率是指电动机在额定运行状态下,其轴上输出的机械功率,即额定功率,用 P_N 表示。

对电源来说,电动机为三相对称负载,则电源输入的功率为

$$P_{1N} = \sqrt{3} U_N I_N \cos\varphi \tag{4-12}$$

式中:$\cos\varphi$——定子的功率因数,即定子相电压与相电流相位差的余弦。

鼠笼式异步电动机在空载或轻载时的 $\cos\varphi$ 很低,为 0.2～0.3。随着负载的增加,$\cos\varphi$ 迅速升高,额定运行时功率因数为 0.7～0.9。为了提高电路的功率因数,要尽量避免电动机轻载或空载运行。因此,必须正确地选择电动机的容量,防止"大马拉小车",并力求缩短空载运行时间。

电动机的效率为

$$\eta = \frac{P_N}{P_{1N}} \times 100\% \tag{4-13}$$

通常情况下,电动机额定运行时的效率为 72%～93%。

5）频率

铭牌上的频率是指定子绕组外加的电源频率，即额定频率，用 f_1 或 f_N 表示。

6）转速

铭牌上的转速是指电动机在额定电压、额定频率及输出额定功率时的转速，称额定转速 n_N。由于额定状态下 s_N 很小，n_N 和 n_0 相差很小，故可根据额定转速判断出电动机的磁极对数。例如，若 $n_N=1330r/min$，则其 n_0 应为 $1500r/min$，从而推断出磁极对数 $p=2$。

7）绝缘等级

绝缘等级是根据电动机绕组所用的绝缘材料按使用时的最高允许温度而划分的不同等级。常用绝缘材料的等级及其最高允许温度如表 4-4 所示。

表 4-4　电动机绕组常用绝缘材料等级及其最高允许温度

绝缘等级	A	E	B	F	H	C
最高允许温度/℃	105	120	130	155	180	>180

注：最高允许温度为环境温度(30℃)和允许温升之和。

8）工作方式及防护等级

工作方式是对电动机在铭牌规定的技术条件下持续运行时间的限制，以保证电动机的温升不超过允许值。电动机的工作方式可分为以下三种。

（1）连续工作方式。在额定状态下可长期连续工作，用 S1 表示。如机床、水泵、通风机等设备所用的异步电动机。

（2）短时工作。在额定情况下，持续运行时间不允许超过规定的时限，否则会使电动机过热，用 S2 表示。短时工作分为 10min、30min、60min、90min 四种。

（3）断续工作。可按工作周期以间歇方式运行，用 S3 表示，如吊车、起重机。

防护等级是指外壳防护型电动机的分级，用 IP ×× 表示。如 IP 33 表示此电动机可防护直径大于 1mm 的颗粒进入机内，且防溅水。

想一想：某三相鼠笼式异步电动机的额定电压为 220V/380V，那么在 380V 的情况下，可否采用星-角形启动？为什么？

2. 三相异步电动机的选择

三相异步电动机的选择是否合理，对电气设备运行安全和发挥良好的经济、技术指标有很大影响。在选择电动机时，应根据实际需要和经济、安全出发，合理选择其功率、种类和型号等。

1）功率（即容量）的选择

电动机功率的选择由生产机械所需的功率决定。

对连续运行的电动机，要先计算出生产机械的功率，使所选电动机的额定功率等于或稍大于生产机械功率。

对短时运行的电动机，可根据过载系数 λ 来选择功率。电动机的额定功率可以是生产机械所要求功率的 $1/\lambda$。

2）种类和类型的选择

选择电动机的种类和类型时，可根据电源类型、机械特性、调速与启动特性、维护及价格等方面考虑。

（1）三相电源是最普通的动力电源，若无特殊要求，交流电动机优于直流电动机。

（2）选择交流电动机时，笼型的结构、价格、可靠性、维护等方面优于绕线转子电动机。

（3）启动、制动频繁且有较大启动转矩、制动转矩和小范围调速要求的，可选用绕线转子电动机，如起重机、锻压机、卷扬机等设备。

（4）要求转速恒定或功率因数较高时，宜选用同步电动机。

此外，还要考虑电动机的结构形式和安装形式。电动机结构形式的特点及应用场合如表 4-5 所示。

表 4-5　电动机结构形式的特点及应用场合

结构形式	特　　点	适 用 场 合
开起式	结构上无防护装置，通风良好	干燥、无尘的场合
防护式	机壳或端盖下有通风罩，可防杂物掉入	一般场合
封闭式	外壳严密封闭，电动机靠自身风扇或外部风扇冷却，并带散热片	潮湿、多灰尘或酸性气体场合
防爆式	整个电动机严密封闭	有爆炸性气体的场合

注：电动机的安装形式有立式和卧式两种，带底座的通常为卧式电动机。

3）电压的选择

电压的选择要根据电动机类型、功率及使用地点的电源电压决定。大容量的电动机（大于 100kW）在允许的条件下一般选用如 3000V 或 6000V 的高压电动机，小容量的 Y 系列笼型电动机电压只有 380V 一个等级。

4）转速的选择

电动机的额定转速取决于生产机械的要求和传动机构的变速比。额定功率一定时，转速越高，则体积越小，价格越低，但需要变速比大的传动减速机构。因此，必须综合考虑电动机和机械传动等方面的因素。

【例 4-2】　有一台异步电动机，其技术数据为：额定功率 $P_N = 30kW$，三角形连接（额定电压 $U_N = 380V$），额定转速 $n_N = 1370r/min$，额定工作时的效率 $\eta = 90\%$，定子功率因数 $\cos\varphi = 0.85$，启动能力 $T_{st}/T_N = 1.2$，过载系数 $\lambda = 2.0$，工频 $f_1 = 50Hz$，启动电流比 $I_{st}/I_N = 7.0$。试求：①极对数 p；②额定转差率 s_N；③额定转矩 T_N；④最大转矩 T_M；⑤直接启动转矩 T_{st}；⑥额定电流 I_N；⑦直接启动电流 I_{st}。

解：① 求极对数 p。

由于电动机的额定转速略小于旋转磁场的同步转速 n_0，因此，可根据 $n_N = 1370r/min$ 判断其同步转速 $n_0 = 1500r/min$，故得

$$p = 60\frac{f_1}{n_0} = 60 \times 50 \div 1500 = 2$$

② 求额定转差率 s_N。

$$s_N = \frac{n_0 - n_N}{n_0} \times 100\% = \frac{1500 - 1370}{1500} \times 100\% \approx 8.7\%$$

③ 求额定转矩 T_N。

$$T_N = \frac{9550 P_N}{n_N} = \frac{9550 \times 30}{1370} = 209 (\text{N} \cdot \text{m})$$

④ 求最大转矩 T_M。

$$T_M = \lambda T_N = 2 \times 209 \approx 418 (\text{N} \cdot \text{m})$$

⑤ 求直接启动转矩 T_{st}。

$$T_{st} = 1.2 T_N = 1.2 \times 209 \approx 250.8 (\text{N} \cdot \text{m})$$

⑥ 求额定电流 I_N。

$$\because \quad \text{电动机的额定输入功率} \; P_{1N} = \frac{P_N}{\eta} = \sqrt{3} U_N I_N \cos\varphi$$

$$\therefore \quad I_N = \frac{P_N}{\sqrt{3} U_N \cos\varphi \, \eta} = \frac{30 \times 10^3}{\sqrt{3} \times 380 \times 0.85 \times 0.9} \approx 59.6 (\text{A})$$

⑦ 求直接启动电流 I_{st}。

$$I_{st} = 7.0 I_N = 7.0 \times 59.6 \approx 417 (\text{A})$$

问题的解决

电动葫芦的动力源是三相异步电动机,其结构如图 4-2 所示,由定子和转子等组成。它是利用定子绕组中通入三相交流电所产生的旋转磁场与转子绕组内感应电流相互作用产生电磁转矩,从而使电动机工作的。

4.2 三相异步电动机的启动控制

问题的提出

我们已经学会了如何选用三相异步电动机,那么电动机的控制该如何实现呢? 图 4-15 为三相异步电动机直接启动的电路图及所用的电气元件。

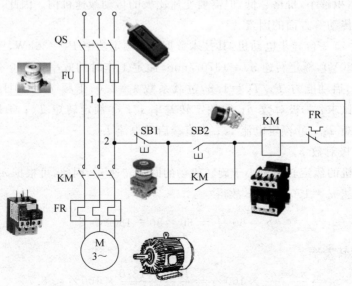

图 4-15 电动机直接启动电路及电气元件

对于不同类型、不同功率和不同负载的电动机,启动方式是否相同? 需要哪些电气元件? 你了解这些元件吗?

任务目标

(1) 认识与启动控制相关的几个常用的低压电气元件。

(2) 掌握全电压直接启动的控制方法。

(3) 掌握丫-△形降压启动的控制方法,会分析。

4.2.1　几个常用低压电器

1. 刀开关

刀开关俗称闸刀开关,主要用来接通和断开长期工作设备的电源。图 4-16 所示为 HK 系列胶盖开关的结构,主要由操作手柄、动刀片触点、静刀片触点、熔丝和底板等组成,通常分为单极、双极和三极。

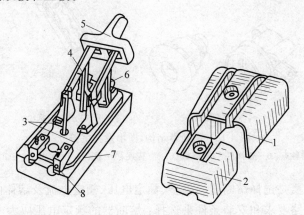

图 4-16　刀开关的结构

1—上盖;2—下盖;3—熔丝;4—静夹刀;5—瓷手柄;6—进线座;7—瓷底板;8—出线座

刀开关主要根据电源种类、电压等级、电动机容量、所需极数及使用场合来选用。如果用来控制不经常启停的小容量异步电动机,其额定电流不要小于电动机额定电流的 3 倍。

刀开关的图形符号及文字符号如图 4-17 所示。

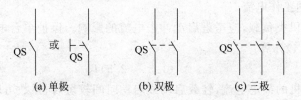

(a) 单极　　　　(b) 双极　　　　(c) 三极

图 4-17　刀开关的图形及文字符号

注意:刀开关安装时,手柄要向上,不得倒装或平装。如果倒装,拉闸后手柄可能会因自重下落而引起误合闸,造成人身及设备安全事故。接线时较为安全的做法是:将电源线接在刀开关的上端,负载线接在其下端。

2. 熔断器

熔断器是一种广泛应用的最简单有效的保护电器。在使用时,熔断器串接在所保护的电路中,当电路发生短路或严重过载时,它的熔体能自动迅速熔断,从而切断电路,使导线和电气设备不致损坏。

熔断器主要由熔体(俗称保险丝)和安装熔体的熔管(或熔座)两部分组成。熔体一般由熔点低、易于熔断、导电性能良好的合金材料制成。在正常负载情况下,熔体温度低于熔断所必需的温度,熔体不会熔断。当电路发生短路或严重过载时,电流变大,熔体温度达到熔断温度而自动熔断,切断被保护的电路。熔体为一次性使用元件,再次工作时必须更换新的熔体。图 4-18 所示为常用熔断器的结构及图形文字符号。

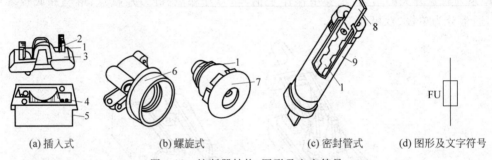

(a) 插入式　　　　　(b) 螺旋式　　　　　(c) 密封管式　　　　(d) 图形及文字符号

图 4-18　熔断器结构、图形及文字符号

1—熔体；2—动触点；3—瓷插件；4—静触点；5—瓷座；6—底座；7—瓷帽；8—熔片；9—熔断管

选择熔断器主要是选择熔断器的类型、额定电压、额定电流及熔体的额定电流。熔断器的类型应根据线路要求和安装条件来选择；熔断器的额定电压应大于或等于线路的工作电压,熔断器的额定电流应大于或等于熔体的额定电流。熔体额定电流的选择是熔断器选择的核心。

(1) 对于照明、电炉等没有冲击电流的电阻性负载,熔体的额定电流等于或稍大于电路的工作电流,即

$$I_{RN} \geqslant I$$

式中：I_{RN}——熔体的额定电流；

　　　I——电路的工作电流。

(2) 对于电动机类负载,应考虑启动冲击电流的影响。保护单台电动机时,熔断器的额定电流按式(4-14)计算：

$$I_{RN} \geqslant (1.5 \sim 2.5)I_N \tag{4-14}$$

式中：I_N——电动机的额定电流,轻载启动或启动时间较短时,系数可取 1.5,重载启动或启动时间较长时,系数可取 2.5。

(3) 对于多台电动机,由一个熔断器保护时,熔体的额定电流按式(4-15)计算：

$$I_{RN} \geqslant (1.5 \sim 2.5)I_{Nmax} + \sum I_N \tag{4-15}$$

式中：I_{Nmax}——容量最大的一台电动机的额定电流；

　　　$\sum I_N$——其余电动机额定电流之和。

在配电系统中,通常有多级熔断器保护。发生短路故障时,远离电源端的前级熔断器应先熔断,因此接近电源端的后一级熔体的额定电流通常比前一级熔体的额定电流至少应大一个等级,以防止熔断器越级熔断而扩大停电范围。

3. 热继电器

热继电器是利用电流的热效应原理来对三相异步电动机的长期过载进行保护的。电动机在实际运行中常会遇到过载情况,但只要过载不严重、时间短、绕组不超过允许的温升是允许的。但如果过载情况严重、时间长,则会加速电动机绝缘的老化,甚至烧毁电动机,因此必须对电动机进行长期过载保护。

热继电器主要由热元件、双金属片和触点三部分组成,其原理、外形、图形及文字符号如图 4-19 所示。

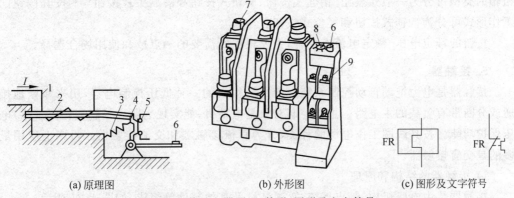

| (a) 原理图 | (b) 外形图 | (c) 图形及文字符号 |

图 4-19　热继电器原理、外形、图形及文字符号

1—热元件；2—双金属片；3—扣板；4—弹簧；5—常闭触点；6—复位按钮；

7—热元件接线柱；8—整定值调节钮；9—常闭触点接线柱

工作时,把热元件接在电动机的主电路中。当电动机过载时,流过热元件的电流增大,热元件产生的热量使双金属片(由两种不同热膨胀系数的金属碾压而成)向上弯曲。经过一定时间后,弯曲位移增大,造成脱扣。扣板在弹簧的拉力作用下将常闭触点断开(此触点串接在电动机的控制电路中),控制电路断开使接触器线圈断电,从而断开电动机的主电路。经过一段时间冷却后能自动或通过按下复位按钮手动复位。

在三相异步电动机电路中,一般采用两相结构的热继电器,即在两相主电路中串接热元件即可。如果发生三相电源严重不平衡、电动机绕组内部短路或绝缘不良等故障,会使电动机某一相的电流比其他两相高,这一相若没有串接热元件,则热继电器不能起到保护作用,这时就需采用三相结构的热继电器。

注意:热继电器由于热惯性,当电路短路时不能立即动作而使电路瞬间断开,因此不能作短路保护。同理,在电动机启动或短时过载时,热继电器也不会动作,这样可避免电动机不必要的停车。

4. 控制按钮

控制按钮通常是在低压控制电路中用于手动短时接通或断开小电流控制电路的开关。

控制按钮由按钮帽、复位弹簧、桥式触点和外壳等组成,通常制成具有常开触点和常闭触点的复合式结构。图 4-20 所示为按钮开关的结构、图形及文字符号。

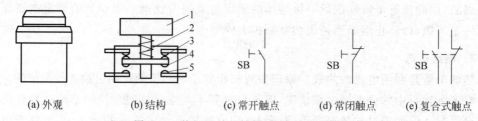

(a) 外观　　　　(b) 结构　　　　(c) 常开触点　　　(d) 常闭触点　　　(e) 复合式触点

图 4-20　按钮开关的结构、图形及文字符号

1—按钮帽；2—复位弹簧；3—常闭静触点；4—动触点；5—常开静触点

按钮的种类很多,按其用途和结构可分为启动按钮、停止按钮和复合按钮等；按其按钮帽的类型可分为一般式按钮、钥匙式按钮、旋钮式按钮和蘑菇头式按钮等；按其按钮的工作形式可分为自锁式按钮和复位式按钮。

按钮的额定电压、额定电流有多种,主要根据所需要的触点数和使用场合选择。

5. 接触器

接触器是电力拖动自动控制系统中使用量很大的一种低压控制电器,用来频繁地接通或分断带有负载的主电路。主要控制对象是电动机,能实现远距离控制,具有欠(零)电压保护功能。按其线圈工作电源的种类,分为直流接触器和交流接触器。机床上应用最多的是交流接触器。

1) 接触器的结构和原理

接触器是由电磁机构、触点系统、灭弧装置及其他部件等组成,如图 4-21 所示。

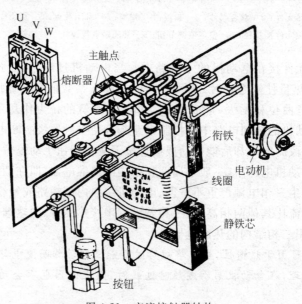

图 4-21　交流接触器结构

当线圈通电后,线圈电流产生磁场,静铁芯产生电磁吸力将衔铁吸合。衔铁带动触点系统动作,使常闭触点断开,常开触点闭合。主触点接通电动机电源,电动机运转。当线

圈断电时,电磁吸力消失,衔铁在反作用弹簧的作用下释放,触点系统随之复位。

2) 交流接触器的选择

交流接触器的选择主要考虑主触点的额定电压、额定电流、辅助触点的数量与种类、吸引线圈的电压等级、操作频率等。

(1) 接触器的触点。

接触器的额定电压是指主触点的额定电压。交流接触器的额定电压一般为 500V 或 380V 两种,应大于或等于负载回路的电压。

接触器的额定电流是指主触点的额定电流,有 5A、10A、20A、30A、60A、100A、150A 等几种,其应大于或等于被控回路的额定电流。对于电动机负载,可按下列经验公式计算:

$$I_C = \frac{P_N}{K U_N} \tag{4-16}$$

式中：I_C——接触器主触点电流,单位为 A;

$\quad\quad P_N$——电动机的额定功率,单位为 kW;

$\quad\quad U_N$——电动机的额定电压,单位为 V;

$\quad\quad K$——经验系数,一般为 1~1.3,频繁启动时取最小值。

(2) 接触器的线圈。

接触器吸引线圈的额定电压等于控制回路的电源电压,从安全角度考虑,应选得低一些。交流接触器的吸引线圈的额定电压有 36V、110V(127V)、220V、380V 等几种;直流接触器的吸引线圈的额定电压有 24V、38V、110V、220V 等。

接触器的图形及文字符号如图 4-22 所示。

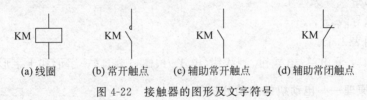

(a) 线圈　　(b) 常开触点　　(c) 辅助常开触点　　(d) 辅助常闭触点

图 4-22　接触器的图形及文字符号

想一想:

(1) 熔断器在电路中的作用是什么? 它有哪些主要参数?

(2) 熔断器的额定电流与熔体的额定电流是不是一回事? 两者有何区别?

4.2.2　边学边做 1　三相异步电动机的全电压启动

1. 预备知识——电气原理图

可用一种工程技术的通用语言——电气控制线路图表达各电气元件的连接形式。电气控制线路图有三类,即电气原理图、电气元件布置图和电气安装接线图。

电气原理图是根据系统的工作原理,采用电气元件展开的形式绘制的。图中只包括所有电气元件的导电部件和接线端点之间的相互关系,并不按照各电气元件的实际布置位置和实际接线情况来绘制,也不反映电气元件的大小。

(1) 电气原理图分为主电路和控制电路。主电路是从电源到电动机绕组的大电流通过的路径,是强电流通过的部分,在原理图的左边(或上部)。控制电路是通过弱电流的电路,一般由按钮、电气元件的线圈、接触器的辅助触点、继电器的触点、控制变压器等电气

106

元件组成,包括控制、照明、信号显示及电路保护等环节,在原理图的右边(或下部)。

(2)原理图中,各电气元件采用国家统一的图形和文字符号。属于同一电器的线圈和触点,都用同一个文字符号表示。各电气元件的导电部件(如线圈和触点)的位置,都绘制在它们完成作用的地方(故同一电气元件的各个部件可不在一起)。

(3)原理图中,各电气的触点是没有外力作用或没有通电时的原始状态。如按钮、行程开关的触点按不受外力作用时的状态绘制;控制器按手柄处于零位时的状态绘制;继电器、接触器的触点,按线圈未通电时的状态绘制。

2. 实训目的

(1)认识常用的低压控制电器,会使用。

(2)熟悉三相异步电动机的点动、长动原理,能根据电气原理图接线。

(3)加深对"自锁"的理解。

3. 实训仪器与器件

(1)三相鼠笼式异步电动机 1 台。

(2)交流接触器 3 台。

(3)热继电器 1 个。

(4)熔断器 2 个。

(5)按钮开关 2 个。

(6)刀开关 1 个。

(7)自动空气开关 1 个。

(8)绝缘导线若干。

(9)万用表 1 个。

(10)工具:测电笔、电式钳、剥线钳、电工刀、螺钉旋具(一字形和十字形)。

4. 实训原理——电动机的启动分析

电动机接通电源,转速由零上升到稳定值的过程为启动过程。

在电动机接通电源的瞬间(即转子尚未转动时),$n=0$,$s=1$,定子电流(即启动电流)I_{st}很大。启动电流虽很大,但启动时间很短(仅几分之一秒到几秒),而且随着电动机转速的上升,电流会迅速减小,故对于容量不大且不频繁启动的电动机影响不大。

电动机的启动电流过大,会产生较大的线路压降,则直接影响接在同一线路上的其他负载的正常工作。例如,可能使运行中的电动机转速下降,甚至停转等。

电动机的启动电流大,但启动转矩却不大,通常 $T_{st}/T_N=1.1\sim2.0$。启动转矩太小,就很难带负载启动,或延长了启动时间;而启动转矩过大,就会冲击负载,甚至损坏负载。这说明异步电动机的启动性能较差。因此,异步电动机的启动要根据电网及电动机的容量及负载的情况来选择启动方式。

三相异步电动机一般有全压直接启动和降压启动两种方式。较大容量(大于 10kW)的电动机因启动电流较大(可达额定电流的 4~7 倍),一般采用降压启动方式来降低启动电流。

5. 实训内容

启动时直接给电动机加额定电压即直接启动,或称为全电压启动。一般来讲,电动机的容量不大于直接供电变压器容量的 20%～30% 时,可直接启动。

　　1) 直接用开关启动电动机

　　按图 4-23(a)所示电路接线,检查无误后,将开关合上。此电路适用于小容量电动机(如普通机床上的冷却泵、小型台钻和砂轮机等),电动机的启停由开关直接控制。

　　2) 单向全电压连续启动控制

　　先按图 4-23(b)所示接好主电路,再按图 4-23(c)所示接好控制线路。这是采用接触器直接启动的电动机全电压启动控制线路。

　　主电路由自动开关 QF(具有短路、过载等保护作用)、接触器 KM 的主触点与电动机 M 组成。控制电路是由启动按钮 SB2、停止按钮 SB1、接触器 KM 的线圈及其辅助常开触点组成的。在图 4-23(c)所示电路中,1、2 线为此控制电路的电源,通常由变压器供给。

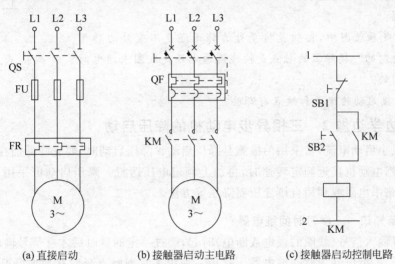

(a) 直接启动　　　(b) 接触器启动主电路　　　(c) 接触器启动控制电路

图 4-23　单向全电压启动控制线路

　　检查无误后,先接通控制回路电源,按下启动按钮 SB2,检查接触器 KM 是否动作;按下 SB1,断开 KM。连接主电路,检查无误后,合上空气开关,利用 SB2 和 SB1 来通断电动机。

　　线路的工作过程分析如下:

　　(1) 按下启动按钮 SB2,接触器 KM 的线圈通电,其主触点闭合,电动机启动运行。同时,与 SB2 并联的 KM 辅助常开触点闭合,将 SB2 短接。KM 辅助常开触点的作用是,松开启动按钮 SB2 后,仍可使 KM 线圈通电,电动机继续运行。简述如下:

　　　　　　　　　　　　　　　　┌── KM主触点闭合　　　M旋转
按下SB2 ── KM线圈通电 ┤
　　　　　　　　　　　　　　　　└── KM自锁触点闭合 ─────┘

这种依靠接触器自身的辅助触点来使其线圈保持通电的电路称为自锁或自保电路。带有自锁功能的控制线路具有欠压保护作用,起自锁作用的辅助触点称为自锁触点。

　　(2) 按停止按钮 SB1,接触器 KM 线圈断电,电动机 M 停止转动。此时 KM 的自锁触点断开,松手后 SB1 虽又闭合,但 KM 的线圈不能自行通电。简述如下:

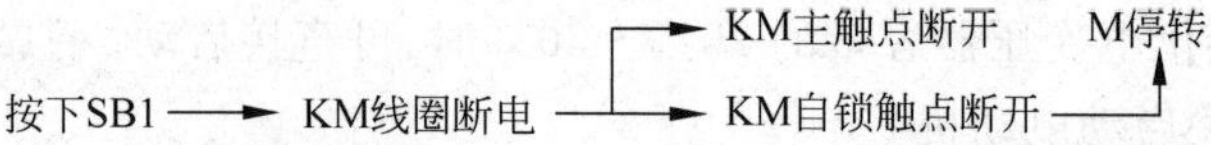

按下SB1 ⟶ KM线圈断电 ⟶ KM主触点断开 ⟶ M停转
⟶ KM自锁触点断开 ⟶

3）点动控制

图 4-24 所示是一种最简单的点动控制电路,其主电路如图 4-23(b)所示。

（1）按下启动按钮 SB,接触器 KM 线圈通电,KM 主触点闭合,电动机 M 通电启动。

（2）松开按钮 SB,KM 线圈断电,KM 主触点断开,电动机 M 断电停转。

由线路分析可知,按下按钮,电动机转动,松开按钮,电动机停转,这种控制即为点动控制。

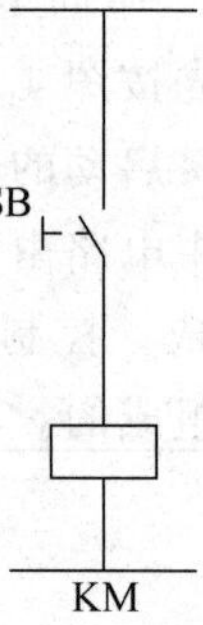

想一想:

（1）电气原理图中,按钮是按受外力作用还是不受外力作用时的状态绘制的? 接触器的触点是按线圈通电还是线圈未通电时的状态绘制的?

（2）直接启动的优点和缺点有哪些?

图 4-24   点动控制线路

4.2.3   边学边做 2   三相异步电动机的降压启动

为了减小启动电流,常采用的措施是降压启动。降压启动时,要先降低加在定子绕组上的电压,当电动机接近额定转速时,再加上额定电压运行。降压启动可采用星-角形启动、定子电路串电阻或利用自耦变压器降压等方法。

1. 预备知识——学习时间继电器

从获得输入信号(线圈的通电或断电)时起,经过一定的延时后才有信号输出(触点的闭合或断开)的继电器为时间继电器。它是一种用来实现触点延时接通或断开的控制电器。按其动作原理与构造不同,可分为电磁式、空气阻尼式、电动式及晶体管式等类型。随着科学技术的发展,现代机床中,时间继电器已逐步被可编程序器件所代替。

空气阻尼式时间继电器是利用空气阻尼作用获得延时的,有通电延时和断电延时两种类型。图 4-25 所示为 JS7-A 系列时间继电器的结构示意图,它主要由电磁系统、延时机构和工作触点三部分组成。

如图 4-25(a)所示,当线圈 1 得电后衔铁(动铁芯)3 吸合,活塞杆 6 在塔形弹簧 8 的作用下带动活塞 12 及橡皮膜 10 向上移动,橡皮膜下方空气室的空气变得稀薄形成负压,活塞杆只能缓慢移动,其移动速度由进气孔的气隙大小决定。经过一段时间延时后,活塞杆通过杠杆 7 压动微动开关 15,使其触点动作,起到通电延时作用。

将电磁机构翻转 180°安装后,可得到图 4-25(b)所示的断电延时型时间继电器。其结构、工作原理与通电延时型相似,微动开关 15 在吸引线圈断电后延时动作。当衔铁吸合时推动活塞复位,排出空气。当衔铁释放时活塞杆在弹簧的作用下使活塞向下移动,实现断电延时。

在线圈通电和断电时,微动开关 16 在推板 5 的作用下都能瞬时动作,其触点即为时间继电器的瞬动触点。

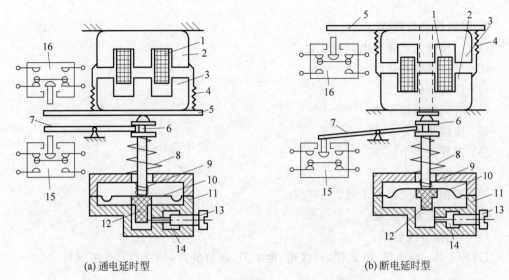

(a) 通电延时型　　　　　　　　　　　(b) 断电延时型

图 4-25　JS7-A 系列时间继电器动作原理图

1—线圈；2—铁芯；3—衔铁；4—复位弹簧；5—推板；6—活塞杆；7—杠杆；8—塔形弹簧；9—弱弹簧；
10—橡皮膜；11—空气室壁；12—活塞；13—调节螺杆；14—进气孔；15，16—微动开关

空气阻尼式时间继电器结构简单，价格低廉，延时范围为 0.3～180s。但是，延时误差较大，难以精确地整定延时时间，常用于延时精度要求不高的交流控制电路中。

根据通电延时和断电延时两种工作形式，空气阻尼式时间继电器的延时触点有延时断开常开触点、延时断开常闭触点、延时闭合常开触点和延时闭合常闭触点。

目前，常用的时间继电器有晶体管式时间继电器，它具有体积小、延时范围大、延时精度高、寿命长等特点。

时间继电器的图形和文字符号如图 4-26 所示。

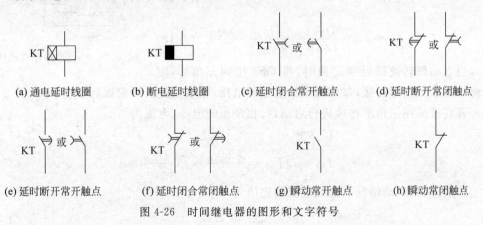

(a) 通电延时线圈　　(b) 断电延时线圈　　(c) 延时闭合常开触点　　(d) 延时断开常闭触点

(e) 延时断开常开触点　　(f) 延时闭合常闭触点　　(g) 瞬动常开触点　　(h) 瞬动常闭触点

图 4-26　时间继电器的图形和文字符号

2. 实训目的

(1) 认识和理解时间继电器，能正确使用。

(2) 熟悉三相异步电动机的降压启动原理，能根据电气原理图接线。

(3) 加深对"互锁"的理解。

3. 实训仪器与器件

(1) 三相鼠笼式异步电动机 1 台。

(2) 交流接触器 3 台。

(3) 热继电器 1 个。

(4) 时间继电器 1 个。

(5) 按钮开关 2 个。

(6) 刀开关 1 个。

(7) 熔断器 2 个。

(8) 三相滑线变阻器 1 台。

(9) 钳形电流表 1 块。

(10) 绝缘导线若干。

(11) 工具：测电笔、电式钳、剥线钳、电工刀、螺钉旋具(一字形和十字形)。

4. 实训原理——电动机的丫-△形降压启动分析

正常运行时定子绕组接成三角形的三相异步电动机,都可采用丫-△形降压启动。

具体做法为,在启动时把定子绕组接成星形使每相绕组的电压为 $U_N/\sqrt{3}$,待转速接近额定值时,再改接成三角形,如图 4-27 所示。这种方法称为星-角(丫-△)形降压启动法,是最为常用的降压启动方法。启动电流和启动转矩分析如下:

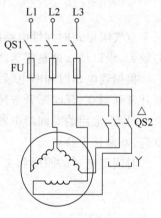

启动时,将开关 QS1 合上,开关 QS2 投向星形,使定子绕组处于星形连接方式启动。每相绕组的电压、电流为

$$U_{\mathrm{YP}} = \frac{U_{\mathrm{L}}}{\sqrt{3}} \tag{4-17}$$

$$I_{\mathrm{YL}} = I_{\mathrm{YP}} = \frac{U_{\mathrm{YP}}}{|Z_{\mathrm{st}}|} = \frac{U_{\mathrm{L}}}{\sqrt{3}\,|Z_{\mathrm{st}}|} \tag{4-18}$$

图 4-27　丫-△形降压启动法

当电动机转速接近额定值时,将 QS2 拉向三角形,定子绕组进入三角形连接,每相绕组加上额定电压,电动机进入额定运行状态。

若直接采用三角形连接进行启动,每相绕组的电压、电流为

$$U_{\triangle\mathrm{P}} = U_{\mathrm{L}} \tag{4-19}$$

$$I_{\triangle\mathrm{L}} = \sqrt{3}\,I_{\triangle\mathrm{P}} = \sqrt{3}\,\frac{U_{\triangle\mathrm{P}}}{|Z_{\mathrm{st}}|} = \sqrt{3}\,\frac{U_{\mathrm{L}}}{|Z_{\mathrm{st}}|} \tag{4-20}$$

显然,两种启动情况下的线电流的比值为

$$\frac{I_{\mathrm{YL}}}{I_{\triangle\mathrm{L}}} = \frac{1}{3} \tag{4-21}$$

可见,采用丫-△形降压启动方法,启动电流为直接全电压启动的 1/3。

对于启动转矩,由于转矩与电压的平方成正比,所以两种启动方法下转矩之比为

$$\frac{T_Y}{T_\triangle} = \frac{(U_{YP})^2}{(U_{\triangle P})^2} = \frac{\left(\frac{U_L}{\sqrt{3}}\right)^2}{U_L^2} = \frac{1}{3} \qquad (4\text{-}22)$$

可见,采用丫-△形降压启动方法,启动转矩也降低为直接全电压启动的 1/3。分析表明,这种启动方法适用于空载或轻载启动。

5. 实训内容

1)丫-△形降压启动控制

图 4-28 所示电路为常用的丫-△形降压启动控制线路。按图 4-28(a)所示电路连接电动机;按图 4-28(b)所示电路连接控制线路。

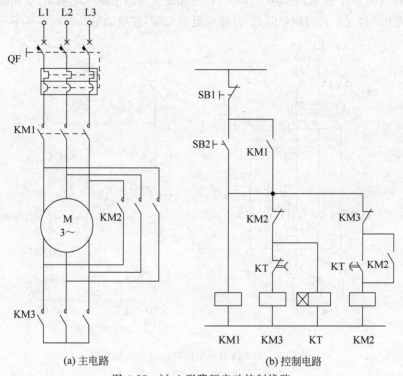

(a) 主电路   (b) 控制电路

图 4-28 丫-△形降压启动控制线路

检查无误后,先调试控制线路,再将主电路电源接通。

按下启动按钮 SB2,接触器 KM1、KM3 线圈通电,其主触点使定子绕组接成星形,电动机降压启动(接触器 KM1 的自锁触点使 KM1、KM3 保持通电),同时时间继电器 KT 线圈通电。经一段时间延时后,电动机已达到额定转速,KT 的延时断开常闭触点断开,使 KM3 断电;而 KT 的延时闭合常开触点闭合,接触器 KM2 线圈通电,使电动机定子绕组由星形转换到三角形连接,实现全电压运行。

在图 4-28(b)所示控制线路中,KM3 动作后,其常闭触点将 KM2 的线圈断电,这样可防止 KM2 的再动作。同样 KM2 动作后,它的常闭触点将 KM3 的线圈断电,也防止了 KM3 的再动作。这种利用两个接触器的辅助常闭触点互相控制的方式称为电气互锁(或联锁),起互锁作用的常闭触点叫互锁触点。这种互锁关系可保证启动过程中 KM2 与

KM3 的主触点不能同时闭合,防止了电源短路。KM2 的常闭触点同时也使时间继电器 KT 断电。简述如下:

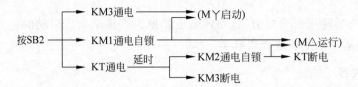

2) 定子绕组串电阻降压启动控制

定子绕组串电阻降压启动控制简单、可靠,电动机的点动控制也常采用这种方法。启动控制线路如图 4-29 所示,电动机启动时,在三相定子绕组中串入电阻 R,从而降低了定子绕组上的电压;经过一段时间延时后,再将电阻 R 切除,使电动机在额定电压下正常运行。

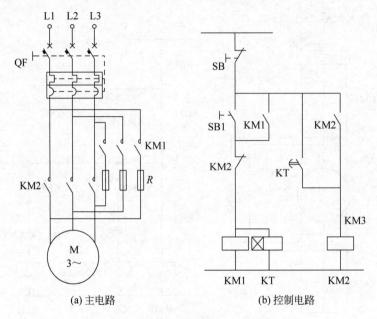

图 4-29　定子绕组串电阻降压启动控制线路

按照图 4-29 所示电路接线,检查无误后,先调试控制线路,再将主电路电源接通。

按下启动按钮 SB1,接触器 KM1 线圈通电,其主触点闭合,电动机 M 的定子绕组串电阻 R 降压启动,KM1 辅助常开触点(自锁触点)使电动机 M 保持降压启动,此时,时间继电器 KT 线圈也通电。延时一段时间后(2s 左右),KT 的延时闭合常开触点闭合,KM2 线圈通电,其主触点闭合,短接电阻 R;KM2 常闭辅助触点断开,使 KM1 断电,电动机 M 全电压运行。同时,KM2 自锁触点(短接 KT 的延时闭合常开触点)使电动机 M 保持全电压运行。简述如下:

问题的解决

通过"边学边做 1"和"边学边做 2"我们知道,电动机的控制是靠低压电器组成的主电路和控制电路实现的。三相异步电动机的启动包括直接启动和降压启动。容量及负载较大的电动机必须实行绕组串电阻启动或丫-△形启动。电路和控制电路通常需要开关、熔断器、热继电器、按钮、接触器等电气元件实现,这些电器元件在选择和使用时,要注意其容量及使用场合。

4.3 边学边做 3 三相异步电动机的正反转控制

问题的提出

在实际应用中,往往要求生产机械改变运动方向,如机床主轴的顺逆旋转、工作台的左右移动等,这就要求电动机能实现正转、反转两个方向的运转。那么,电动机如何实现正反转的控制呢? 需要哪些电气元件?

任务目标

(1) 掌握"互锁"的应用。

(2) 掌握电动机"正—停—反""正—反—停"及正反转自动循环控制的方法。

1. 预备知识——学习行程开关

行程开关又称限位开关,是根据运动部件的位置切换电路控制的电器件,主要用来控制运动部件的运动方向、行程大小或进行位置保护。行程开关按其工作原理可分为机械式行程开关和电子式行程开关。常用的机械式行程开关有按钮式和滚轮式两种,如图 4-30(a)~(c)所示。

行程开关的结构、工作原理与按钮相同,区别是行程开关不靠手动而是利用运动部件上的挡块碰压使触点动作,其结构示意图如图 4-30(d)所示。它也分为自动复位式和自锁(非自动复位)式两种。

行程开关的文字及图形符号如图 4-30(e)、图 4-30(f)所示。

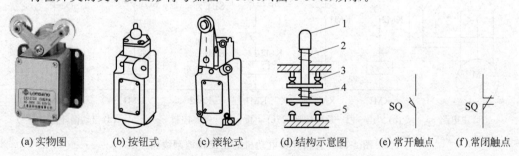

| (a) 实物图 | (b) 按钮式 | (c) 滚轮式 | (d) 结构示意图 | (e) 常开触点 | (f) 常闭触点 |

图 4-30 行程开关实物、结构示意图及文字、图形符号

1—触点;2—弹簧;3—常闭触点;4—触点弹簧;5—常开触点

2. 实训目的

(1) 认识行程开关,注意其与撞块之间的动作关系,能正确使用。

(2) 熟悉三相异步电动机的正反转运行原理,能根据电气原理图接线。

（3）加深对"互锁"的理解。

3. 实训仪器与器件

（1）三相鼠笼式异步电动机 1 台。

（2）交流接触器 2 台。

（3）热继电器 2 只。

（4）按钮开关 3 个。

（5）行程开关 2 个。

（6）刀开关 1 个。

（7）熔断器 2 个。

（8）绝缘导线若干。

（9）万用表 1 只。

（10）工具：测电笔、电式钳、剥线钳、电工刀、螺钉旋具（一字形和十字形）。

4. 实训原理——电动机的正反转控制分析

由三相异步电动机的工作原理可知，只要将电动机接在三相电源中的任意两根电线对调，即改变电源的相序，就可以实现电动机的反转。

如图 4-31(a)所示的主电路中，电动机的正反转是通过两个接触器 KM1、KM2 的主触点改变电动机定子绕组的电源相序而实现的。在图 4-31 中，接触器 KM1 为正向接触器，控制电动机 M 正转；接触器 KM2 为反向接触器，控制电动机 M 反转。

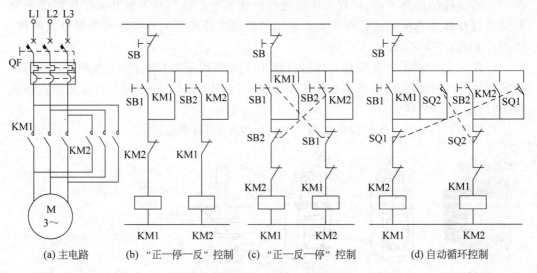

图 4-31　三相异步电动机的正反转控制线路

5. 实训内容

1）电动机的"正—停—反"控制

按照图 4-31(b)所示电路接线，检查无误后，先调试控制线路，再将主电路电源接通。按下启动按钮 SB1（或 SB2），接触器 KM1（或 KM2）线圈通电，KM1（或 KM2）的主触点使电动机正转(或反转)启动,其自锁触点使电动机正转(或反转)运行。由于 KM1、KM2 两个接触器的常闭触点起互锁作用,即当一个接触器通电时,其常闭触点断开,使另一个接触器线圈不能通电。电动机换向时,必须先按停止按钮 SB,使接触器线圈断开,即断开互锁点,才能反方向启动。这样的线路常称为"正—停—反"控制线路。工作过程分析如下:

$$按 SB1 \rightarrow KM1 通电自锁 \rightarrow M 正转运行$$
$$按 SB \ \ \rightarrow KM1 断电 \rightarrow M 停转$$
$$按 SB2 \rightarrow KM2 通电自锁 \rightarrow M 反转运行$$

2) 电动机的"正—反—停"控制

按照图 4-31(c)所示电路接线。此时,将启动按钮 SB1、SB2 换成复合按钮,意在用复合按钮的常闭触点来断开转向相反的接触器线圈的通电回路。检查无误后,先调试控制线路,再将主电路电源接通。

当按下 SB1(或 SB2)时,首先是按钮的常闭触点断开,使 KM2(或 KM1)线圈断电,同时按钮的常开触点闭合使 KM1(或 KM2)线圈通电吸合,电动机反方向运转。此电路由于在电动机运转时可按反转启动按钮直接换向,因此常称为"正—反—停"控制线路。工作过程分析如下:

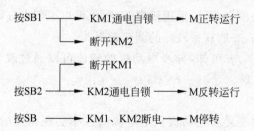

虽然采用复合按钮也能起到互锁作用,但只靠按钮互锁而不用接触器常闭触点进行互锁是不可靠的。因为当接触器主触点被强烈的电弧"烧焊"在一起或者接触器机构失灵时,会使衔铁卡在吸合状态,此时,如果另一只接触器动作,就会造成电源短路事故。有接触器常闭触点互锁,则只要一个接触器处在吸合状态位置时,其常闭触点必然将另一个接触器线圈电路切断,故能避免电源短路事故的发生。

3) 电动机的正反转自动循环控制

按图 4-31(d)所示电路接线。此电路是用行程开关实现电动机正反转的自动循环控制线路,常用于机床工作台的往返循环控制。当运动到达一定的行程位置时,利用挡块压行程开关来实现电动机的正反转。在图 4-31(d)中,SQ1 与 SQ2 分别为工作台右行与左行限位开关,SB1 与 SB2 分别为电动机正转与反转启动按钮。

如图 4-31(d)所示控制线路,按正转启动按钮 SB1,接触器 KM1 通电并自锁,电动机正转,工作台右移。当工作台运动到右端时,挡块压下右行限位开关 SQ1,其常闭触点使 KM1 断电,同时其常开触点使 KM2 通电并自锁,电动机反转,使工作台左移。当运动到挡块压下左行限位开关 SQ2 时,使 KM2 断电,KM1 又通电,电动机又正转,使工作台右移,这样一直循环下去。SB1 为自动循环停止按钮。

此控制线路只适用于往返运动周期较长而且电动机的轴有足够强度的传动系统中。因为工作台往返一次,电动机要进行两次换向,这将出现较大的启动电流和机械冲击。

问题的解决

通过"边学边做"我们知道,三相异步电动机的正反转是通过改变电动机电源的相序来实现的。在工业生产中电动机的正反转控制应用很广,如刨床的往复运动,在控制线路中要注意正反向的"互锁"关系。

4.4　三相异步电动机的变速控制

问题的提出

在负载不变的情况下,人为地改变电动机的转速,以满足各种生产机械需求,这就是调速。怎样实现这种"调速"呢?

任务目标

(1)掌握调速的几种方法。

(2)通过学习了解哪些场合需要调速。

电动机的调速分析

电动机调速的方法很多,可以采用机械调速,也可以采用电气调速。采用电气调速可大大简化机械变速机构,并能获得较好的调速效果。

由式 $n=(1-s)60f_1/p$ 可知,异步电动机的转速可以通过改变频率 f_1、磁极对数 p 和转差率 s 三种方法实现。

1)变频调速

变频调速是通过改变异步电动机供电电源的频率实现调速的。图 4-32 所示为变频调速装置的方框图,变频调速装置主要由整流器和逆变器组成。通过整流器先将 50Hz 的交流电变换成电压可调的直流电,直流电再通过逆变器变成频率连续可调的三相交流电。在变频装置的支持下,实现了三相异步电动机的无极调速。

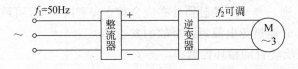

图 4-32　变频调速方框图

2)变极调速

改变电动机每相绕组的连接方法可以改变定子磁极对数 p,极对数的改变可使电动机的同步转速发生改变,从而达到改变电动机转速的目的。

定子绕组的变极是通过改变定子绕组线圈端部的连接方式实现的,它只适合于鼠笼式异步电动机,因为笼型转子的极对数能自动地保持与定子极对数相等。

所谓改变定子绕组线圈端部的连接方式,实质就是把每相绕组中的半相绕组改变电流方向(半相绕组反接)实现变极的,如图 4-33 所示。

把 U 相绕组分成两半,即线圈 U_1、U_2 和 U_1'、U_2',图 4-33(a)所示为两线圈正向串联,

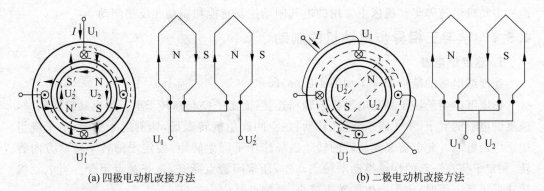

(a)四极电动机改接方法   (b)二极电动机改接方法

图 4-33 U 相绕组的改接方法

得 $p=2$,为四极电动机。图 4-33(b)所示为两线圈反向并联,得 $p=1$,为二极电动机。

由于磁极对数 p 只能成倍变化,所以这种方法不能实现无级调速。目前已生产的变极调速电动机有双速、三速、四速等多速电动机。

3)变转差率调速

变转差率调速只适用于绕线转子电动机。在电动机转子绕组电路中接入一个调速电阻,通过改变电阻即可实现调速。

问题的解决

通过学习可知,依据 $n=(1-s)60f_1/p$ 公式,电动机的调速有变频调速、变极调速及变转差率调速等。不同的调速方法适合不同的场合,目前应用较多的是变频调速,如冰箱、空调、机床等,可采用变频器实现。

4.5 三相异步电动机的制动

问题的提出

已经学习了电动机的启动原理和控制方法,如何让正在运行的电动机立刻停转? 只停掉电源,电动机在惯性作用下还会旋转,怎样实现这个"立刻"呢?

任务目标

(1)认识与制动控制相关的常用电气元件——速度继电器。

(2)理解制动的概念。

(3)掌握电动机反接制动的控制方法。

(4)掌握电动机能耗制动的控制方法。

电动机的制动分析

电动机制动方法一般分为机械制动和电气制动两种。

机械制动是利用机械装置使电动机迅速停转,常用机械抱闸、液压制动器等机械装置。机械抱闸装置一般由制动电磁铁和闸瓦制动器组成,可分为通电制动和断电制动。制动时将制动电磁铁的线圈通电或断电,通过机械抱闸使电动机制动。

电气制动实质上是在电动机停车时产生一个与转子原来转动方向相反的制动转矩,

迫使电动机迅速停车。机床上常用的电气制动控制有能耗制动和反接制动。

4.5.1　学习三相异步电动机的制动

1. 速度继电器

速度继电器的结构原理图如图 4-34(a)所示。

速度继电器的转子轴与电动机的轴相连接,而定子空套在转子上。当电动机转动时,速度继电器的转子(永久磁铁)随之转动,在空间产生旋转磁场,切割定子绕组,定子绕组中感应出电流。此电流又在旋转的转子磁场作用下产生转矩,使定子随转子转动方向旋转,和定子装在一起的摆锤推动动触点动作,使常闭触点断开,常开触点闭合。当电动机转速低于某一值时,定子产生的转矩减小,动触点复位。

速度继电器的图形及文字符号如图 4-34(b)~(d)所示。

2. 反接制动

图 4-35 所示是反接制动原理图。当电动机须停转时,将三根电源线中的任意两根对调位置而使旋转磁场反向(方向为 n_0'),此时产生一个与转子惯性旋转方向相反的电磁转矩(受力方向为 F'),从而使电动机迅速减速。当转速接近零时必须立即切断电源,否则电动机将会反转。

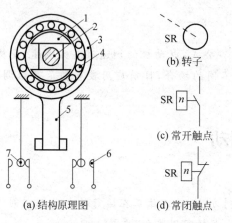

(a) 结构原理图　　(d) 常闭触点

(b) 转子

(c) 常开触点

图 4-34　速度继电器结构原理图、图形及文字符号

1—转子;2—电动机轴;3—定子;4—绕组;

5—摆锤;6—静触点;7—动触点

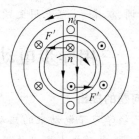

图 4-35　反接制动原理图

反接制动时,由于旋转磁场的相对速度很大,定子电流也很大,因此制动迅速。反接制动时冲击较大,对传动部件有害,能量消耗也较大。通常仅适用于不经常启动、制动的10kW 以下的小容量电动机。为了减小冲击电源,可在主回路中串入电阻 R 来限制反接制动的电流。

反接制动分为时间原则方式和速度原则方式,机床中广泛采用后者。

图 4-36(a)所示为电动机单向反接制动的主电路。速度继电器 SR 安装在电动机轴端上,与电动机同步。电动机正常运转时,转速较高,速度继电器 SR 的动合触点闭合,为接触器 KM2 线圈通电做准备,即为反接制动做准备。在图 4-36(a)中,三相绕组

都串接了制动电阻(在实际应用中常采用只在其中任意两相绕组中串接电阻的方法进行制动)。

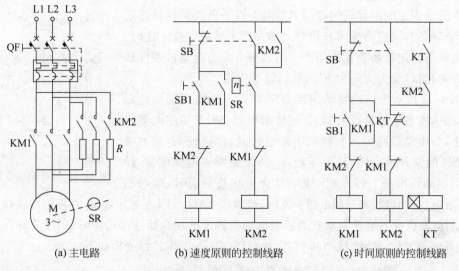

图 4-36　反接制动控制线路

图 4-36(b)所示为电动机速度原则的反接制动控制线路。停车时,按下复合按钮 SB,KM1 线圈断电,电动机脱离三相电源作惯性转动。同时接触器 KM2 线圈通电并自锁,使电动机定子绕组中三相电源的相序改变,电动机进入反接制动状态,转速迅速下降。当电动机转速接近零时,速度继电器 SR 的常开触点复位,KM2 线圈断电,切断了电动机的反相序电源,反接制动结束。工作过程分析如下:

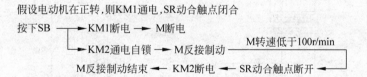

图 4-36(c)所示为时间原则方式下的反接制动控制线路(用时间继电器进行控制)。停车时,按下复合停止按钮 SB,接触器 KM1 断电释放,电动机脱离三相电源,接触器 KM2 和时间继电器 KT 同时通电并自锁,KM2 主触点闭合,使电动机定子绕组中三相电源的相序改变,电动机进入反接制动状态,转速迅速下降。延时一段时间(转子转速接近于零时),时间继电器延时断开常闭触点断开,KM2 线圈断电,断开反接制动电源,KM2 常开辅助触点复位,KT 线圈断电,电动机反接制动结束。工作过程分析如下:

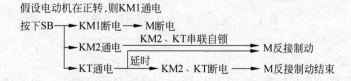

3. 能耗制动

图 4-37 所示为能耗制动的原理图。当电动机断电后,立即向定子绕组中通入直流电而产生一个固定的不旋转的磁场 B。由于转子仍以惯性转速运转,转子导条与固定磁场间有相对运动并产生感应电流。这时,转子电流与固定磁场相互作用产生的转矩方向与电动机惯性转动的方向相反(受力方向为 F'),起到制动作用。

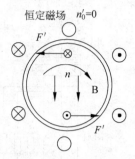

图 4-37 能耗制动原理图

图 4-38 所示为能耗制动速度原则方式下的能耗制动控制线路(用速度继电器进行控制)。速度继电器 SR 安装在电动机轴端上,与电动机同步。电动机正常运转时,转速较高,速度继电器 SR 的常开触点闭合,为接触器 KM2 线圈通电做准备,即为能耗制动做准备。停车时,按下复合停止按钮 SB1,接触器 KM1 断电,电动机脱离三相电源。此时,接触器 KM2 线圈通电并自锁,直流电源被接入定子绕组,电动机进入能耗制动状态。当电动机转子的惯性转速接近零时(低于 100r/min),SR 常开触点复位,KM2 线圈断电,能耗制动结束。工作过程分析如下:

假设电动机在正转,则KM1通电,SR动合触点闭合

按下SB1 → KM1断电 → M断电

　　　　 → KM2通电自锁 → M能耗制动 → M转速低于100r/min

M能耗制动结束 ← KM2断电 ← SR动合触点断开

能耗制动的特点是制动平稳准确、耗能小,但需配备直流电源。

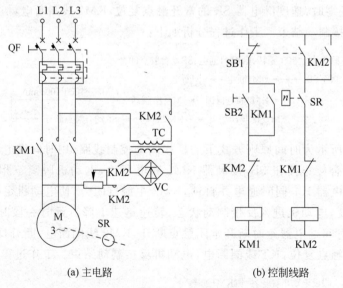

(a) 主电路 (b) 控制线路

图 4-38 速度原则的能耗制动控制线路

4. 回馈制动

回馈制动又称再生发电制动,图 4-39 所示为回馈制动原理图。当电动机的转速 n 超过 n_0 时,就进入了再生发电制动状态。

电动机在带动具有位能的负载时,如起重机下放重物或机车下坡时,其动力矩往往大于牵引力矩,此时,出现电动机转子转速大于旋转磁场转速的情况。由于 $n > n_0 (s < 0)$,转子导体感应出图 4-39 所示方向的电流,产生了与转子转向相反的力 F'。这时,电动机进入发电制动状态,将电动机释放的位能转换为电能反馈到电网中去。

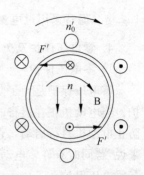

图 4-39　回馈制动原理图

如前所述电动机的调速,当双速电动机从高速调到低速的过程中,由于磁极对数的加倍,旋转磁场转速立即减半,但是,电动机转子的速度由于惯性只能逐渐减速,因而也出现 $n > n_0$ 的再生发电制动状态。

4.5.2　三相异步电动机的保护环节

为了确保设备长期、安全、可靠、无故障地运行,机床电气控制系统都必须有保护环节,用以保护电动机、电网、电气控制设备及人身的安全。电气控制系统中常用的保护环节有短路保护、过载保护、过电流保护、零电压保护和欠电压保护以及弱磁保护等。

1. 短路保护

电动机绕组或导线的绝缘损坏或者线路发生故障时,都可能造成短路事故。短路时,若不迅速切断电源,会产生很大的短路电流,使电气设备损坏。常用的短路保护元件有熔断器 FU 和自动开关 QF。

短路时,熔断器由于熔体熔断而切断电路,起保护作用;自动开关在电路出现短路故障时可自动跳闸,起保护作用。

2. 过载保护

三相异步电动机的负载突然增加、断相运行或电网电压降低都会引起过载。电动机长期超载运行,其绕组温升将超过允许值,会造成绝缘材料变脆、变硬、减少寿命,甚至造成电动机损坏,因此要进行过载保护。常用的过载保护元件是热继电器 FR 和自动开关 QF。

由于热继电器的热惯性较大,不会受电动机短时过载冲击电源或短路电流的影响而瞬时动作,热继电器具有过载保护作用,而不具有短路保护作用。选择时需注意,作为短路保护,熔断器熔体的额定电流一般不应超过热继电器发热元件额定电流的 4 倍。

3. 过电流保护

过大的负载转矩或不正确的启动方法会引起电动机的过电流故障。过电流一般比短路电流要小,产生过电流比发生短路的可能性更大,尤其是在频繁正反转启动、制动的重复短时工作中更是如此。过电流保护主要应用于直流电动机或绕线式异步电动机。对于三相鼠笼式异步电动机,由于其短时过电流不会产生严重后果,故可不设置过电流保护。

过电流保护元件是过电流继电器。将过电流继电器线圈串接于被保护的主电路中,其常闭触点串接于接触器控制电路中。当电流达到定值时,过电流继电器动作,其常闭触点断开,切断控制电路电源,接触器断开电动机的电源而起到保护作用。

过电流继电器同时也起着短路保护作用,一般过电流的动作值为启动电流的

1.2倍。通常采用过电流继电器 KI 和接触器 KM 配合使用。

4. 零电压保护及欠电压保护

1) 零电压保护

零电压保护是为了防止电网失电后电动机停转、恢复供电时又自行启动而实行的保护。当电动机正在运行时,如果电源电压因某种原因消失,那么在电源电压恢复时,必须防止电动机自行启动。否则,将可能造成生产设备的损坏,甚至发生人身事故。而对电网来说,若同时有许多电动机自行启动,会引起过电流,还会使电网电压瞬间下降,因此要进行零电压保护。

2) 欠电压保护

欠电压保护是为了防止电源电压降到允许值以下造成电动机损坏而实行的保护。当电动机正常运转时,如果电源电压过分地降低,将引起一些电器释放,造成控制线路工作不正常,可能发生事故。对电动机来说,如果电源电压过低而负载不变时,会造成电动机绕组电流增大,使电动机发热甚至烧坏,还会引起转速下降甚至停转,因此要进行欠电压保护。

一般通过接触器 KM 的自锁环节来实现电动机的零电压保护、欠电压保护,也可用自动开关 QF 来进行保护。

问题的解决

使电动机立刻停转的控制称为制动,有机械制动和电气制动。电气制动的实质是在电动机停车时产生一个与转子原来转动方向相反的制动转矩,迫使电动机迅速停车,常用的有反接制动和能耗制动。制动时,用时间继电器或速度继电器实现时间原则或速度原则的电气制动。

习题 4

4.1　填空。

(1) 三相异步电动机产生的电磁转矩是由于_____的相互作用。

(2) 三相异步电动机的转动方向决定于_____。

(3) 三相异步电动机在运行中提高其供电频率,电动机的转速将_____。

(4) 某三相异步电动机的电源频率为 50Hz,额定转速为 2850r/min,则其极对数为_____。

4.2　简述三相异步电动机的结构。

4.3　旋转磁场是如何产生的?电磁转矩与定子电压 U_1 有何关系?

4.4　说明电动机型号 Y160L-4 的意义。

4.5　某三相异步电动机铭牌上标识的数据为 2.8kW、Y-△、220V/380V、10.9A/6.3A、1370r/min、50Hz、$\cos\varphi=0.9$,说明这些数据的意义。

4.6　三相异步电动机断了一根电源线后,为什么不能启动?而在运行时断了一根线,为什么仍能继续转动?转动情况如何?

4.7　已知 Y132S-4 型三相异步电动机的额定技术数据为：额定功率 $P_N = 5.5 \text{kW}$，额定电压 $U_N = 380\text{V}$，额定转速 $n_N = 1440\text{r/min}$，额定工作时的效率 $\eta = 85\%$，定子功率因数 $\cos\varphi = 0.83$，启动能力 $T_{st}/T_N = 1.5$，过载系数 $\lambda = 2.2$，工频 $f_1 = 50\text{Hz}$，启动电流比 $I_{st}/I_N = 7.0$。试求：

(1) 额定转差率 s_N。

(2) 额定电流 I_N。

(3) 额定转矩 T_N。

(4) 最大转矩 T_M。

(5) 直接启动转矩 T_{st}。

(6) 直接启动电流 I_{st}。

4.8　一台三相异步电动机的额定功率为 15kW，额定电压为 220V/380V，接法为 Y-△，额定转速为 1450r/min，额定效率为 90%，额定功率因数为 0.8，试求：

(1) 额定运行时的输入功率。

(2) 定子绕组接成 Y 形和 △ 形的额定电流。

(3) 额定转矩。

4.9　熔断器与热继电器用于保护交流三相异步电动机时，能不能互相取代？为什么？

4.10　中间继电器和接触器有何异同？在什么条件下可以用中间继电器来代替接触器启动电动机？

4.11　电动机的启动电流很大，当电动机启动时，热继电器会不会动作？为什么？

4.12　画出时间继电器触点及线圈的图形符号。

4.13　既然在电动机的主电路中装有熔断器，为什么还要装热继电器？装有热继电器是否可以不装熔断器？为什么？

4.14　机床继电器—接触器控制线路中一般应设哪些保护？各有什么作用？短路保护和过载保护有何区别？零电压保护的目的是什么？

4.15　什么叫"自锁""互锁(联锁)"？举例说明各自的作用。

4.16　画出异步电动机 Y-△ 形启动的控制线路，并说明其优缺点及适用场合。

4.17　什么叫反接制动？什么叫能耗制动？各有什么特点及适应场合如何？

第 5 章

常用半导体

电子技术是研究电子器件及由它们构成的电子电路的应用。当前,电子器件已从电真空器件(电子管)、分立半导体器件(二极管、三极管等)发展到大规模集成电路和超大规模集成电路。虽然现在的电子电路绝大部分使用集成电路,但二极管、三极管是构成集成电路的基础,了解常用电子器件的基本结构、工作原理,掌握其特性和参数并学会合理地选用器件,是深入学习电子电路的基础。本章将介绍几种常用半导体器件的原理、特性及应用。

5.1 晶体二极管

问题的提出

图 5-1 所示的电子表是人们日常生活中最为常见的。电子表的数字显示是由发光二极管——一种特殊的二极管实现的。

怎样使用发光二极管? 发光二极管有哪些特点? 此外,还有哪些特殊的二极管? 都适用于哪些场合? 其主要特点是什么?

图 5-1 数字式电子表

任务目标

(1) 理解 PN 结的单向导电原理。

(2) 能识别各种不同的二极管,并可判断二极管性能的好坏。

(3) 掌握特殊的常用二极管的应用方法。

(4) 能识别三极管的类型和管脚并判断三极管性能的好坏。

(5) 了解场效应管和晶闸管的特性。

5.1.1 晶体二极管的结构和特性

晶体二极管是由半导体材料制成的。

1. 半导体

物质按其导电能力的不同,可以分为导体、绝缘体和半导体三类。半导体的导电能力介于导体和绝缘体之间。半导体在常态下导电能力非常微弱,但在掺杂、受热、光照等条件下,其导电能力大大加强。常用的半导体材料有硅(Si)和锗(Ge)等。

当纯净、结构完整的半导体被制成晶体时,称为本征半导体。如本征半导体硅和锗

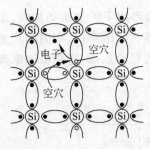

图 5-2 电子空穴对的形成

（四价元素）的原子排列就由杂乱无章的状态变成非常整齐的状态，每个原子最外层的四个价电子不仅受自身原子核的束缚，还与相邻的四个原子形成共价键结构。处于共价键结构中的最外层的价电子由于受原子核的束缚较弱，当它们获得一定能量（热能或光能）后，就可以挣脱原子核的束缚形成自由电子，同时，在原来共价键的位置上留下一个空位，称为"空穴"，如图 5-2 所示。所以，本征半导体中的电子和空穴都是成对出现的，称为电子空穴对。

2. PN 结

1）PN 结的形成

在本征半导体中掺入杂质，就称为杂质半导体。杂质半导体的导电能力较本征半导体大大提高。

将磷（P）、砷（As）等五价元素少量地掺入硅和锗的本征半导体中（如硅＋磷），可以形成 N 型半导体。这种半导体中，电子为多数载流子（简称多子），空穴为少数载流子（简称少子）。

将硼（B）、镓（Ga）等三价元素少量地掺入本征半导体中（如锗＋硼），可以形成 P 型半导体。P 型半导体中空穴为多数载流子，电子为少数载流子。

经过特殊的生产工艺，在一块半导体晶片材料上，一部分形成 P 型半导体；另一部分形成 N 型半导体，在 P 型和 N 型半导体的交界处，由于空穴和电子不同区域的浓度差引起扩散，就会形成一个特殊性质的区域——空间电荷区，称为 PN 结，如图 5-3 所示。这个空间电荷区形成了一个由 N 区指向 P 区的电场，称为内电场；而这个电荷区称为耗尽层或阻挡层。

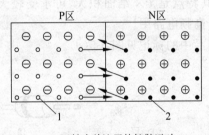

(a) PN结中载流子的扩散运动

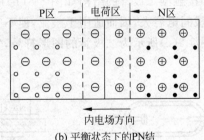

(b) 平衡状态下的PN结

图 5-3 PN 结的形成

1—空穴；2—自由电子

内电场对多数载流子的扩散运动起阻挡作用，而对少数载流子（P 区的电子和 N 区的空穴）则推动它们越过 PN 结，进入对方。这种少数载流子在内电场的作用下有规则的运动称为漂移运动。在没有外加电压的情况下，最终扩散运动和漂移运动达到了动态平衡，PN 结的宽度保持一定而处于稳定状态。

2）PN 结的单向导电性

在 PN 结两端加上不同极性的电压，PN 结会呈现出不同的导电特性。在 PN 结的外电源正端接 P 区，负端接 N 区，即加正向偏置电压时，如图 5-4(a)所示，则阻挡层变窄，内电场被削弱,PN结处于低阻导通状态,多数载流子在外电场的作用下扩散运动加强,形成较大的正向电流,称为"导通"。而加入反向偏置电压时,如图5-4(b)所示,则阻挡层变宽,内电场被增强,PN结处于高阻截止状态,只有少数载流子的漂移运动,这种反向电流非常小,称为"截止"。这就是PN结的"单向导电性"。

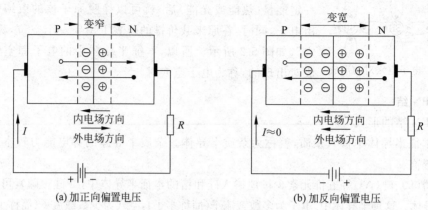

(a) 加正向偏置电压　　　　　　　　(b) 加反向偏置电压

图 5-4　PN结加偏置电压

3. 二极管的结构

在PN结的两端加上电极,P区为阳极,N区为阴极,用管壳封装,就成为半导体二极管,又称晶体二极管,简称二极管。二极管按其结构的不同可以分为点接触型和面接触型。

点接触型二极管的结构如图5-5(a)所示,其特点是PN结的面积和极间电容均很小,不能承受高的反向电压和大电流,主要适用于高频检波、小电流整流等场合,或作为数字电路中的开关器件。

面接触型二极管的结构如图5-5(b)所示,其特点是PN结面积大,可承受较大的电流,其极间电容大,因而适用于整流,但不宜用于高频电路中。

图5-5(c)所示为二极管的图形符号,实际产品中的标记见图5-5(d)。

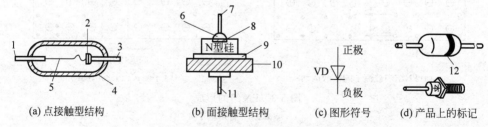

(a) 点接触型结构　　　(b) 面接触型结构　　　(c) 图形符号　　　(d) 产品上的标记

图 5-5　半导体二极管的结构及符号

1,7—阳极引线;2—N型锗片;3,11—阴极引线;4—外壳;5—金属触丝;6—铝合金小球;
8—PN结;9—金钾合金;10—底座;12—阴极绕线(负极)

4. 二极管的伏安特性

二极管按其制造的材料可以分为硅二极管和锗二极管。在第1章中,已做过二极管的伏安特性测试,测得的特性曲线如图5-6所示,它反映了二极管两端电压与流过二极管电流的关系。

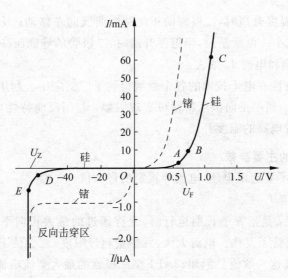

图 5-6　二极管的伏安特性曲线

1) 正向偏置时的特性

死区(OA 段)。A 点对应的电压称为死区电压 U_T。此区间,正向电压较小,外电场不足以克服 PN 结内电场对多数载流子扩散运动的阻碍作用,正向电流近似为零。硅管的 U_T 为 0.5V 左右,锗管的 U_T 为 0.1V 左右。

缓冲带(AB 段)。当正向电压大于死区电压时,电流随着电压的上升逐渐增大。当正向偏置电压达到导通电压,二极管进入导通状态,曲线陡然上升。

正向导通区(BC 段)。特性曲线陡直,当电流在允许的范围内变化时,其两端的电压变化很小,表现出很好的恒压特性,称为正向管压降 U_F。硅管的 U_F 为 0.7V 左右,锗管的 U_F 为 0.3V 左右。

2) 反向偏置时的特性

反向截止区(OD 段)。当反向电压增加时,反向电流增加极少。此区间,反向电压增强了 PN 结内电场的阻碍作用,使多子扩散几乎不能进行,但少子在内电场作用下更容易通过 PN 结,形成很小的反向电流。即使再增加反向电压,反向电流仍保持基本不变。此电流称为反向饱和电流 I_S。I_S 越大,表明二极管的单向导电性能越差。此时二极管呈现很高的电阻,在电路中相当于一个断开的开关,呈截止状态。

反向击穿区(DE 段)。当反向电压增加到一定值时,反向电流急剧加大,这种现象称为反向击穿。发生击穿时所加的电压称为反向击穿电压 U_Z。这时电压的微小变化会引起电流的很大变化,表现出很好的恒压特性。同样,若对反向击穿后的电流不加限制,PN 结也会因过热而烧坏,这种情况称为热击穿。

由于半导体的热敏特性,使二极管对温度很敏感,温度对二极管伏安特性的影响如图 5-7 所示。

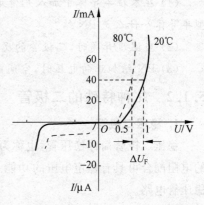

图 5-7　温度对二极管伏安特性的影响

由图 5-7 可见,温度升高时,二极管的正向特性曲线向左移动;反向特性曲线向下移动;反向击穿电压减小。也就是说,当温度升高时,二极管的导通压降 U_F 降低,反向击穿电压 U_Z 减小,反向饱和电流 I_S 增大。

二极管的以上特性在电子技术的各个领域得到了广泛应用。利用二极管的单向导电性可实现整流、检波;利用正向恒压特性可实现限幅;利用反向特性可制成稳压二极管;利用温度特性可实现电路的温度补偿。

5. 晶体二极管的主要参数

使用二极管时,不要超出电压、电流等规定的最大值。

1)最大整流电流 I_{FM}

最大整流电流 I_{FM} 是指管子长期运行时,允许通过的最大正向平均电流。因为电流通过 PN 结时要引起管子发热。电流太大,发热量超过限度,就会使 PN 结烧坏。使用时应注意电流不要超过这一数值。例如,2AP1 型二极管的最大整流电流为 16mA。

2)最大反向电流(或称反向饱和电流)I_{RM}

在室温下,二极管未击穿时的反向电流值称为反向饱和电流。该电流越小,管子的单向导电性能就越好。由于温度升高,反向电流会急剧增加,因而在使用二极管时要注意环境温度的影响。

3)反向击穿电压(齐纳电压)U_Z

反向击穿电压 U_Z 是指二极管反向击穿时的电压值。击穿时,反向电流剧增,使二极管的单向导电性被破坏,甚至因过热而烧坏。

4)最高反向工作电压 U_{RM}

最高反向工作电压 U_{RM} 是一个极限工作参数,工作在此电压下,二极管不会被击穿,但不能长时间工作,通常取反向击穿电压 U_Z 的一半。例如,2AP1 的最高反向工作电压规定为 20V,而实际反向击穿电压可大于 40V。

注意:在使用二极管时,应特别注意不要超过最大整流电流和最高反向工作电压,否则管子容易损坏。

想一想:

(1)在本征半导体中加入几价元素可以形成 N 型半导体?加入几价元素可以形成 P 型半导体?什么是 PN 结?

(2)当温度升高时,二极管的反向饱和电流将怎样变化?

(3)PN 结加正向电压时,空间电荷区将如何变化?

5.1.2　几种特殊的二极管

1. 稳压二极管

稳压二极管简称稳压管,也称为齐纳二极管,是一种特殊的二极管,在电路中与适当的电阻配合可具有稳定电压的功能。图 5-8 所示为稳压管的伏安特性曲线、图形符号及稳压管电路。

稳压管的伏安特性曲线与普通二极管的伏安特性曲线类似,主要区别是稳压管的反

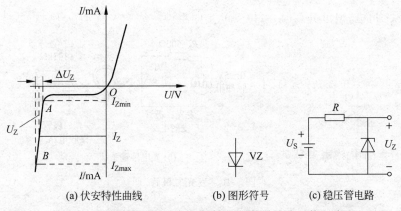

(a) 伏安特性曲线　　　(b) 图形符号　　　(c) 稳压管电路

图 5-8　稳压管的伏安特性曲线、图形符号及稳压管电路

向击穿特性曲线比普通二极管的更陡,如图 5-8(a)所示。在正常情况下,稳压二极管工作在反向击穿区,由于特性曲线很陡,反向电流在很大范围内变化时,端电压变化很小,因而具有稳压作用。

图 5-8(a)中的 U_Z 表示反向击穿电压,当电流的增量 ΔI_Z 很大时,只引起很小的电压变化 ΔU_Z。只要反向电流不超过其最大稳定电流,就不会形成破坏性的热击穿。因此,在电路中应与稳压管串联一个具有适当阻值的限流电阻,如图 5-8(c)所示。

2. 光电二极管

光电二极管的结构与普通的结构基本相同,只是在它的 PN 结处,通过管壳上的一个玻璃窗口能接收外部的光照。光电二极管的 PN 结在反向偏置状态下运行,其反向电流随光照强度的增加而上升。图 5-9(a)所示为光电二极管的特性曲线,图 5-9(b)所示为其图形符号,图 5-9(c)所示为其等效电路。光电二极管的主要特点是其反向电流与光照程度成正比。

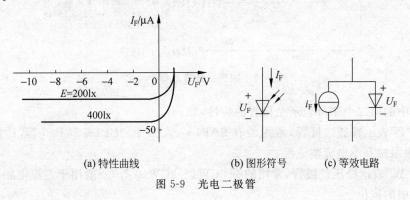

(a) 特性曲线　　　(b) 图形符号　　　(c) 等效电路

图 5-9　光电二极管

3. 发光二极管 LED

发光二极管 LED 是一种能把电能转换成光能的特殊器件。这种二极管不仅具有普通二极管的正、反向特性,而且当给管子施加正向偏压时,管子还会发出可见光和不可见光。目前应用的有红、黄、绿、蓝、紫等颜色的发光二极管。此外,还有变色发光二极管,即当通过二极管的电流改变时,发光颜色也随之改变。图 5-10(a)所示为发光二极管的图形符号。

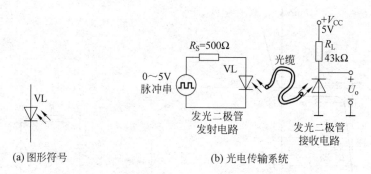

(a) 图形符号   (b) 光电传输系统

图 5-10　发光二极管

发光二极管常用来作为显示器件,除单个使用外,也常做成七段式或矩阵式器件。发光二极管的另一个重要用途是将电信号变为光信号,通过光缆传输,然后再用光电二极管接收,再现电信号。图 5-10(b)所示为发光二极管发射电路通过光缆驱动的光电二极管电路。在发射端,一个 0～5V 的脉冲信号通过 500Ω 的电阻作用于发光二极管(VL),这个驱动电路可使 VL 产生一个数字光信号,并作用于光缆。由 LED 发出的光约有 20% 耦合到光缆。在接收端,传送的光中约有 80% 耦合到光电二极管,以致在接收电路的输出端复原为 0～5V 电压的脉冲信号。

4. 国产二极管的型号命名

国产二极管的型号命名一般由五部分组成,如图 5-11 所示。

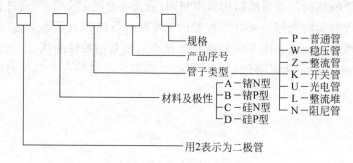

图 5-11　国产二极管的型号命名

型号中的第二个字母表示二极管的特性,如:

(1)“P”表示普通二极管,常用的有 2AP1～2AP9 和 2CP1～2CP20 等,适用于高频检波、鉴频限幅和小电流整流等。

(2)“W”表示稳压二极管,常用的有 2CW1～2CW10 等,一般用于直流电路的稳压或电子线路中的嵌位。

(3)“Z”表示整流二极管,常用的有 2CZ11～2CZ27 等,能实现不同功率的整流。

(4)“K”表示开关二极管,常用的有 2AK1～2AK4 等,一般用于计算机及开关电路中。

(5)“U”表示发光二极管,有很多种型号,如 2CU1 等,一般用于光电继电器、光电触发器及光电转换等自动测控系统中。

想一想：稳压区是稳压管的什么工作区域？

问题的解决

发光二极管是一种特殊的晶体二极管，除具有二极管的基本特性，如正向导通、反向截止等特点外，还具有其特殊性，即加正向电压时，管子还会发出可见光和不可见光，可以依此特性制成七段显示器或矩阵显示器，图 5-1 所示数字电子表就是利用七段显示器实现的。

此外，还有稳压二极管、光电二极管等。稳压二极管工作的特点是其工作在反向击穿区，反向电流变化时，端电压变化很小，故具有稳压作用。

光电二极管的管壳上有一个玻璃窗口能接收外部的光照，在反向偏置状态下运行，其反向电流随光照强度的增加而上升，故用光的强弱控制电流。

5.2 晶体三极管

问题的提出

在一块半导体晶片材料上，一部分用 P 型，另一部分用 N 型，可形成具有一定特殊性质的 PN 结，由此可制成具有单向导电性的二极管。如果在一块半导体晶体里用两组 P 型半导体像三明治片一样夹住 N 型使之形成 PNP 型半导体，或用 N 型夹住 P 型形成 NPN 型半导体，那么是不是可以称为三极管呢？会有怎样的特性？利用这个三极管，如何将只能用耳机才能听到的弱信号转换成可以驱动扬声器的强信号？

任务目标

(1) 熟悉三极管的种类和表示符号。

(2) 理解三极管的工作原理。

(3) 能对三极管的好坏及极性进行判别。

(4) 能正确使用常用电子仪器。

5.2.1 三极管的结构和特性

由两个 PN 结、三个电极组成的半导体称为晶体三极管，简称三极管或晶体管。图 5-12 所示为几种常见的三极管。图 5-12(a) 所示为小功率晶体管，图 5-12(b) 所示为中等功率晶体管，图 5-12(c) 所示为大功率晶体管。

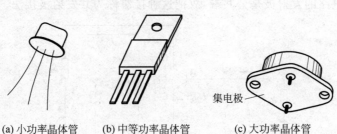

(a) 小功率晶体管　　(b) 中等功率晶体管　　(c) 大功率晶体管

集电极

图 5-12　几种常见的三极管

1. 三极管的结构及类型

根据 P、N 两种杂质半导体排列方式的不同，三极管可以分为 PNP、NPN 两种，其结构和图形符号如图 5-13 所示。

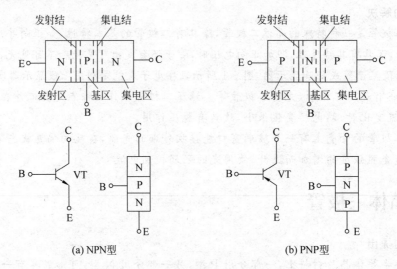

(a) NPN型　　　　　　　　(b) PNP型

图 5-13　三极管结构示意图和表示符号

　　三极管的基区很薄(一般仅有一到几十微米)。无论是 NPN 型的三极管还是 PNP 型的三极管,都有基区、发射区和集电区三个区,从三个区分别引出 B、E、C 三个极。基区和发射区之间的结称为发射结,基区和集电区之间的结称为集电结。

　　根据基片材料的不同,可以将三极管分为锗管和硅管两大类。目前国内生产的硅管多为 NPN 型(3D 系列),锗管多为 PNP 型(3A 系列);根据频率特性,可将三极管分为高频管和低频管;根据功率大小,可将三极管分为大功率管、中功率管和小功率管。

2. 三极管的特性曲线

　　三极管的特性曲线是用来表示三极管各电极的电压和电流之间相互关系的,也可用伏安特性曲线表示。特性曲线可以通过实验或通过查半导体手册获得。

　　以 NPN 型三极管为例,将其接成如图 5-14 所示电路。电路中,把三极管接成两个回路,一个是基极与发射极的回路,称为输入回路;另一个是集电极与发射极的回路,称为输出回路。此电路的发射极是公共端,故把这种接法称为共发射极接法。

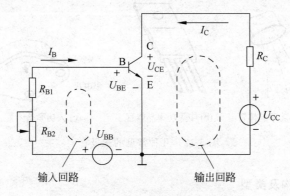

图 5-14　NPN 型三极管共发射极电路

1) 输入特性曲线

输入特性曲线是指当集—射极电压 U_{CE} 为常数时,输入电路中基极电流 I_B 与基—射极电压 U_{BE} 之间的关系曲线,如图 5-15 所示。

由图 5-15 可见,输入特性曲线形状与二极管的伏安特性曲线相类似。当 $U_{CE} \geqslant 1V$ 时,即使 U_{CE} 改变,其曲线也基本重合,而且在实际使用中,U_{CE} 总是大于 1V,因此只绘制一条曲线。

由图 5-15 可见,只有 U_{BE} 大于 0.5V(死区电压)后,三极管才会产生基极电流 I_B。死区电压与二极管类似,硅管为 0.5V 左右,锗管为 0.2V 左右。

2) 输出特性曲线

输出特性曲线是指当基极电流 I_B 为常数时,输出电路中集电极电流 I_C 与集—射极电压 U_{CE} 之间的关系曲线,如图 5-16 所示。

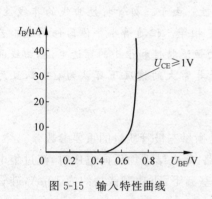

图 5-15　输入特性曲线

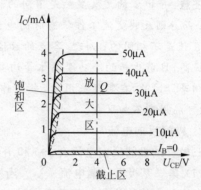

图 5-16　输出特性曲线

由图 5-16 可见,在不同的 I_B 下可得到不同的曲线,且其形状基本上是相同的。可将输出特性曲线分为三个区。

(1) 放大区。输出特性曲线较为平坦的区域称为放大区。在放大区中有 $I_C = \beta I_B$,即 I_C 受 I_B 控制。要使三极管工作于放大区,必须满足发射结正偏、集电结反偏的条件。

(2) 截止区。$I_B = 0$ 曲线以下的区域为截止区。$I_B = 0$ 时的 I_C 很小,为穿透电流(I_{CEO}),输出特性曲线是一条几乎与横轴重合的直线。在此区域,三极管的发射结反向偏置(也可为零偏)、集电结反向偏置,集电极与发射极之间相当于开关的断开状态。

(3) 饱和区。当 U_{CE} 比较小,且 $U_{CE} < U_{BE}$ 时,集电结处于正向偏置状态($U_{CB} = U_{CE} - U_{BE} < 0$),$I_C$ 随 U_{CE} 的增加迅速上升而与 I_B 不成比例,这一区域称为饱和区。常把 $U_{CE} \approx U_{BE}$ 定为放大状态与饱和状态的分界点,叫作临界饱和。在饱和区,三极管的发射结和集电结均为正偏,集电极 C 与发射极 E 之间的压降称为饱和压降,记作 $U_{CE(sat)}$,一般硅管为 0.3V,锗管为 0.1V。饱和时,集电极与发射极之间相当于开关的闭合状态。

总之,三极管工作在放大区时,具有电流放大作用;三极管工作在截止区和饱和区时,具有开关作用。

3. 三极管的主要参数

三极管的参数反映其性能指标,可作为工程上选用三极管的依据。其主要参数有电流放大系数、极间反向电流以及极限参数等。

1) 电流放大系数

电流放大系数分直流电流放大系数和交流电流放大系数。以共发射极为例,讨论电流放大系数。

(1) 直流电流放大系数 $\bar{\beta}$ 为三极管的集电极电流 I_C 与基极电流 I_B 之比,即

$$\bar{\beta} \approx \frac{I_C}{I_B} \tag{5-1}$$

(2) 交流电流放大系数 β 为集电极电流的变化量 ΔI_C 与基极电流的变化量 ΔI_B 之比,即

$$\beta \approx \frac{\Delta I_C}{\Delta I_B} \tag{5-2}$$

注意: β 和 $\bar{\beta}$ 的定义显然是不同的。$\bar{\beta}$ 反映直流工作状态时集电极电流与基极电流之比;而 β 则反映交流工作状态时的电流放大特性。由于三极管特性曲线的非线性,各点的 $\bar{\beta}$ 值是不相同的;同理,各点的 β 值也不一定相等。但随着半导体器件制造工艺水平的提高,目前生产的小功率晶体管均具有良好的恒流特性和很小的穿透电流,曲线间距基本相等。因此,在实际应用中,当工作电流不是非常大的情况下可认为 $\beta \approx \bar{\beta}$,且为常数,故可混用而不加区分。

2) 极间反向电流

三极管的极间反向电流有 I_{CBO} 和 I_{CEO},它们是衡量三极管质量的重要参数。

(1) 集—基极反向漏电流 I_{CBO}。当发射极开路、集电结上加反向电压时,流过集电结的反向饱和电流称为集—基极反向漏电流 I_{CBO}。室温下,小功率锗管约为 $10\mu A$,硅管的 I_{CBO} 则小于 $1\mu A$。

(2) 集—射极反向漏电流 I_{CEO}。当基极开路时,集电极直通到发射极的反向电流称为集—射极反向漏电流 I_{CEO}。由于它是从集电区穿过基区流向发射区的电流,所以又叫穿透电流,且有

$$I_{CEO} = (1 + \bar{\beta}) I_{CBO} \tag{5-3}$$

I_{CBO} 和 I_{CEO} 均随温度的上升而增大。所以其值越小,三极管的工作越稳定。

3) 极限参数

极限参数是指三极管工作时允许加在各极上的极限值。使用三极管时,若超过这些极限值,将会使管子性能变劣,甚至损坏。

(1) 集电极最大允许电流 I_{CM}。集电极电流 I_C 超过一定值时,β 将明显下降,当 β 下降到正常值的 2/3 时所对应的集电极电流值称为最大允许集电极电流 I_{CM}。工作时若 $I_C > I_{CM}$,三极管不一定会损坏,但 β 明显下降。

(2) 集电极最大允许功率损耗 P_{CM}。三极管工作时,U_{CE} 的大部分降在集电结上,因此集电极功率损耗(简称功耗)$P_C = U_{CE} I_C$,近似为集电结功耗,它将使集电结温度升高而使三极管发热。P_{CM} 就是由允许的最高集电结温度决定的最大集电极功耗,工作时的 P_C 必须小于 P_{CM}。

(3) 反向击穿电压 $U_{(BR)CEO}$、$U_{(BR)CBO}$、$U_{(BR)EBO}$。$U_{(BR)CEO}$ 为基极开路时集电结不致击穿,允许加在集电极—发射极之间的最高电压;$U_{(BR)CBO}$ 为发射极开路时集电结不致击穿,

允许加在集电极—基极之间的最高反向电压；$U_{(BR)EBO}$ 为集电极开路时发射结不致击穿，允许加在发射极—基极之间的最高反向电压。三者的大小如下：

$$U_{(BR)CBO} > U_{(BR)CEO} > U_{(BR)EBO}$$

根据三个极限参数 I_{CM}、P_{CM} 和 $U_{(BR)CEO}$ 可以确定三极管的安全工作区，如图 5-17 所示。由图可知 $I_{CM} = 25mA$，$P_{CM} = 250mW$，$U_{(BR)CEO} = 50V$。三极管工作时必须保证能工作在安全区内，并留有一定的余量。

想一想：

（1）三极管有哪三种工作状态？作为"开关"使用时工作在哪种工作状态？

（2）三极管的电流放大条件是什么？

（3）在一块正常工作的放大电路板上，测得两个晶体管的三个电极的电位分别是 $-0.7V$、$-1V$、$-6V$ 和 $2.5V$、$3.2V$、$9V$，试判别管子的三个电极，并说明它们是 PNP 型还是 NPN 型？是硅管还是锗管？

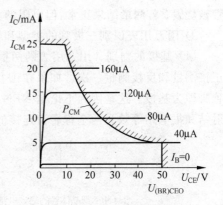

图 5-17　三极管的安全工作区

5.2.2　动手做 1　晶体管的简单测试

预习要求

（1）复习万用表的使用方法及注意事项。

（2）复习二极管和三极管的特性和参数。

1．实训目的

（1）二极管和三极管管脚的识别方法。

（2）能用万用表判断二极管和三极管的性能好坏。

2．实训仪器与器件

（1）万用表 1 台。

（2）二极管若干。

（3）三极管若干。

3．实训原理和方法

用万用表对晶体管进行测试只是一种简易的测试方法。测量时应把万用表的选择开关拨在"欧姆"挡，最好是选用 $R \times 100\Omega$ 或 $R \times 1k\Omega$ 的测量范围。

1）用万用表识别二极管的管脚

用万用表判断二极管的正负极的依据是二极管的单向导电性。

（1）二极管正负极的判别。

将万用表拨到 $R \times 100\Omega$ 或 $R \times 1k\Omega$ 欧姆挡，用黑表笔（万用表内电池的正极，插在"COM"插孔中）搭在二极管的一端，用红表笔（万用表内电池的负极）搭在二极管的另一端时，若电阻较小，再将两表笔对调，电阻较大时，则黑表笔搭接的管脚为二极管的正极（P）；

另一端为负极(N)。

(2) 二极管性能好坏的判断。

若测量结果是电阻全为 0,说明二极管被击穿;若测量结果是电阻全为∞,说明二极管被烧毁;若测量结果正常,但电阻的大小差值不大,说明二极管的单向导电性差。

2) 用万用表识别三极管的类型和管脚

(1) 基极的判别。用万用表的两根表笔分别对晶体管的三个管脚中的任意两个进行正接测量和反接测量一次。如果在正、反接时测量的电阻均较大,则此次测量中所空下的管脚即为基极。这是因为不论是 NPN 型晶体管还是 PNP 型晶体管,都可以把它们的发射结和集电结等效为两个背靠背连接的二极管,如图 5-18 所示。

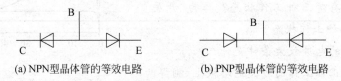

(a) NPN型晶体管的等效电路   (b) PNP型晶体管的等效电路

图 5-18   三极管发射结、集电结的等效电路图

当万用表的一根表笔和基极相接而另一根表笔和其他任一极相接时,则在正、反接的过程中总有一次测得的是二极管的正向电阻,其值很小。当万用表的两根表笔和集电极及发射极相接时,不论是正接还是反接,总是一个正向电阻和一个反向电阻相串联,测得的阻值必然远大于一般二极管的正向阻值。

(2) 类型的判别。当基极判定后,可用黑表笔接基极,把红表笔分别与另外两个极相接,若测得两个阻值都小,即为 NPN 型晶体管;若测得两个阻值都大,则为 PNP 型晶体管。

(3) 集电极与发射极的判别。以 NPN 型为例,在基极判别后,将万用表的两个表笔搭接到另外两个管脚上测试。用手指(手指的表皮相当于 $100\text{k}\Omega$ 的电阻)握住基极和假定的集电极,如图 5-19 所示(注意两电极不能相碰);再将表笔进行对调进行测试。比较两次的阻值大小,阻值小的一次测试中,黑表笔所接的管脚为集电极,另一管脚为发射极。这是因为三极管正向电流放大系数比反向电流放大系数大。

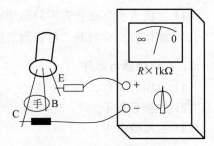

图 5-19   使用万用表判别集电极和发射极

对于 PNP 型晶体三极管也采用同样的方法,只是以红表笔接假定的基极,测得两阻值均较小时,红表笔所接的管脚就是基极。判断发射极与集电极时,选阻值小的一次测试,红表笔所接的管脚为集电极,另一管脚为发射极。

3) 三极管的性能判别

(1) 穿透电流 I_{CEO} 的测量。

如图 5-20 所示,将万用表拨到 $R\times100\Omega$ 或 $R\times1\text{k}\Omega$ 欧姆挡。用黑、红表笔分别搭接

在集电极和发射极上测三极管的反向电阻。性能较好的管子的反向电阻应大于 $50k\Omega$,阻值越大,说明穿透电流越小,管子性能也就越好。

若测量的阻值为 0,说明管子被击穿或管脚短路。

(2) 电流放大系数 β 的测量。

将万用表置于 $R\times100\Omega$ 或 $R\times1k\Omega$ 欧姆挡,黑表笔接集电极,红表笔接发射极。在基极—集电极间接入 $100k\Omega$ 的电阻(或用手指),如图 5-21 所示,则万用表的指针将向右偏转,偏转越大,说明 β 值越大。

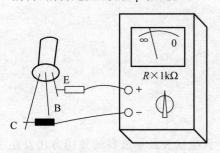
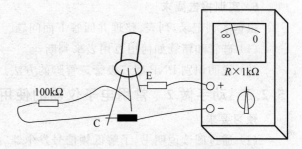

图 5-20　使用万用表测量穿透电流　　　　图 5-21　使用万用表测量电流放大倍数

(3) 稳定性能。

在测试穿透电流的同时,用手捏住管壳,管子由于受人体温度的影响,所测的反向电阻将减小。若万用表指针变化不大,说明管子的稳定性较好;若万用表指针迅速右偏,说明管子稳定性较差。

4. 实训内容

(1) 用万用表识别二极管的管脚,记录于表 5-1 中。

表 5-1　二极管管脚的识别

序　号	二　极　管	测量结果
1	A ⊂▭► B	A:　　　　　B:
2	A ▭⊫ B	A:　　　　　B:

(2) 用万用表识别三极管的管脚,记录于表 5-2 中。

表 5-2　三极管管脚的识别

序　号	三　极　管	测量结果
1	(A B C 引脚图)	类型:　　　　材料: A:　　　B:　　　C:
2	(A B C 引脚图)	类型:　　　　材料: A:　　　B:　　　C:

5. 注意事项

(1) 测量时万用表选择开关最好置于 $R\times100\Omega$ 或 $R\times1\mathrm{k}\Omega$ 欧姆挡。因为在更高的欧姆挡($R\times10\mathrm{k}\Omega$),万用表内可能串联有电压较高的电池,会导致晶体管的 PN 结反向击穿;而在较低的欧姆挡($R\times1\Omega$),由于万用表内串联的电阻很小,可能会使小功率管的电流过大而导致 PN 结烧坏。

(2) 用手指的表皮代替 $100\mathrm{k}\Omega$ 电阻握住基极和集电极时,不能将两电极相碰。

6. 实训报告要求

根据实训记录,列表、整理并回答下面问题。

(1) 硅管和锗管如何用万用表来判断?

(2) 说明识别 PNP 型三极管三管脚的方法。

5.2.3 动手做2 常用电子仪器的使用

预习要求

(1) 通过阅读说明书,了解低频信号发生器、晶体管毫伏表及示波器的使用方法及注意事项。

(2) 复习正弦交流信号的三要素。

1. 实训目的

(1) 能正确使用示波器观察电子信号的波形。

(2) 掌握用示波器测量交流电的频率、周期及信号的峰—峰值的方法。

(3) 掌握函数信号发生器和晶体管毫伏表的使用方法。

2. 实训仪器与器件

(1) 函数信号发生器1台。

(2) 示波器1台。

(3) 晶体管毫伏表1台。

3. 实训仪器设备的使用方法

直流信号、正弦交流信号、方波信号是电路中常用的电源信号,可由直流稳压电源、函数信号发生器提供。测试和观察这些信号的幅度常用数字万用表、毫伏表(交流电压表)和示波器等仪器,其性能比较如表 5-3 所示。

表 5-3　数字万用表、交流电压表和示波器的性能比较

仪　器	测量电压范围	频　率　范　围	输　入　阻　抗
数字万用表	700V(峰值)	700V 量程: 40～100Hz 其余量程: 40～400Hz	400mV 量程>100MΩ 其余量程为 10MΩ
交流电压表	$100\mu\mathrm{V}\sim300\mathrm{V}$(有效值)	5Hz～1MHz	2MΩ
示波器	40V(峰—峰值)	0～20MHz	电阻 1MΩ,电容 20pF

人们平常所用的万用表是以测量 50Hz 交流电频率为标准设计的,而交流电的频率范围很宽(高到数千兆赫兹,低到几赫兹)。因此,对于这些高频或低频信号的交流电压使

用普通万用表是难以测量的；此外,有些交流信号的幅值很小(甚至可以小到微伏),再高灵敏度的万用表也无法测量；而且交流信号的波形种类也很多(除了正弦波外,还有方波、锯齿波、三角波等)。因此,上述这些交流电压必须用专门的电子电压表来测量。例如,ZN2270 型超高频毫伏表、DW3 型甚高频微伏表、DA-16 型晶体管毫伏表。

1) DA-16 型毫伏表的使用

晶体管毫伏表是一种常用的电子测量仪器,主要用来测量正弦交流电压的有效值。

(1) DA-16 型晶体管毫伏表简介。DA-16 型晶体管毫伏表是一种常用的低频电子电压表,其电压测量范围为 $100\mu\text{V}\sim300\text{V}$,共分 11 挡量程。各挡量程上并列有分贝数(dB),可用于电压测量,被测电压的频率范围为 $20\text{Hz}\sim1\text{MHz}$,输入阻抗大于 $1\text{M}\Omega$。图 5-22 所示是 DA-16 型晶体管毫伏表的外形图,与普通万用表有些相似,但其输入线用同轴屏蔽电缆,电缆的外层是接地线,其目的是为了减小外来感应电压的影响。电缆端接有两个鳄鱼夹子,用来做输入接线端。毫伏表需要交流 220V 的工作电源。

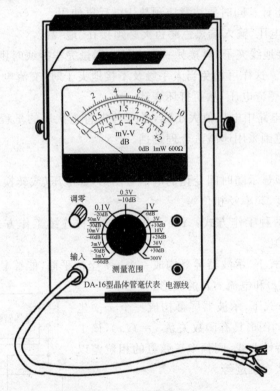

图 5-22 DA-16 型晶体管毫伏表

(2) DA-16 型晶体管毫伏表的读数。图 5-23 所示为毫伏表的刻度面板。面板共有 3 条刻度线,第 1、2 条刻度线用来观察电压值指示数,与量程转换开关对应时,标有 0~10 的第 1 条刻度线适用于 0.1、1、10 量程挡；标有 0~3 的第 2 条刻度线适用于 0.3、3、30、300 量程挡。毫伏表的第 3 条刻度线用来表示测量电平的分贝值,它的读数与上述电压读数不同,它是以表针指示的分贝读数与量程开关所指的分贝数的代数和来表示的。例如,量程开关置于+10dB,表针指在-2dB 处,则被测电平值为+10dB+(-2dB)=8dB。

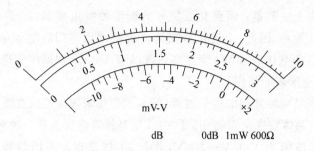

图 5-23　毫伏表的刻度面板

（3）晶体管毫伏表的使用注意事项。

① 毫伏表使用前应垂直放置以保证精度,且在不通电的情况下先进行机械调零。

② 仪器在通电之前一定要将输入电缆的红、黑鳄鱼夹相互短接,以防止通电时外干扰过大而打弯表头指针。同时要注意应预热 10s 后再使用。

③ 若要测量高电压,输入端黑色鳄鱼夹必须接在"地"端。

④ 接线时,先接地线夹子,再接另一个夹子。测量完毕拆线时则要相反,先拆另一个夹子,再拆地线夹子。这样可避免当人手触及不接地夹子时,交流电通过仪表与人体构成回路,形成十几伏的感应电压,从而打坏表针。

⑤ 当不知被测电路中电压值大小时,必须首先将毫伏表的量程开关置最高量程,然后根据表针所指的范围采用递减法合理选挡。

2）示波器的使用

示波器可直观地显示随时间变化的电信号图形,如电压(或转换成电压的电流)波形,并可测量电压的幅度、频率及相位等。

示波器主要有两种工作方式:Y-t 工作方式(又称连续工作方式)和 X-Y 工作方式(又称水平工作方式)。

（1）Y-t 工作方式下,示波器屏幕构成一个 y-t 坐标平面,能够显示时间函数 $y=f(t)$ 的波形,例如电压 $u(t)$ 和电流 $i(t)$ 的波形。

（2）X-Y 工作方式下,示波器屏幕构成一个 x-y 坐标平面,屏幕上显示的图形具有函数关系 $y=f(x)$,该工作方式可测定元件特性曲线、同频率正弦量的相位差以及二维状态向量的状态轨迹等。

4. 实训内容

将毫伏表、信号发生器及示波器按图 5-24 所示进行接线,按以下步骤进行测量。

1）用毫伏表测量信号发生器输出电压(正弦信号)

（1）用专用连接线将毫伏表的输出端与信号发生器"电压"输出端连接。

（2）毫伏表接上电源,量程旋至"10V"挡,开启毫伏

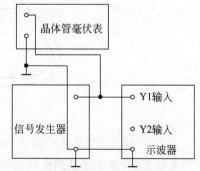

图 5-24　毫伏表、信号发生器及示波器的连接图

表开关。

(3) 将信号发生器"输出衰减 dB"旋钮旋至"0"位置,幅度旋钮旋至最小位置(最左边)。合上信号发生器电源开关,调节"幅度"旋钮,使毫伏表的指示为 4V。

(4) 调节信号发生器"Hz"波段,旋至"100Hz"位置,调整"正弦波频率调节"旋钮(×1、×0.1、×0.01 旋钮),使频率显示约为 200Hz 左右。

(5) 保持"幅度"旋钮不动,改变信号发生器衰减(dB)旋钮,使其分别为 0dB、20dB、40dB、60dB,用毫伏表测量各输出电压的大小,填入表 5-4 中。

表 5-4　信号发生器衰减后的电压值

信号发生器输出衰减位置/dB	0	20	40	60
毫伏表读数/V				

注意：改变 dB 旋钮时,如果毫伏表指针摆动太小、不易读数,必须换小量程,再读数。

(6) 毫伏表量程旋至"10V"挡,信号发生器"衰减旋钮"(dB)旋至"0"位置,调节输出使毫伏表指针指向 4V,按表 5-5 依次改变信号发生器的频率,记下毫伏表读数。

表 5-5　不同频率下的电压值

次数	1	2	3	4
信号发生器频率/Hz	300	500	1000	2000
毫伏表读数/V				

备注：如果信号发生器的频率不能调到表中所列频率,请将表中频率改写为你所调节到的频率。

2) 用示波器测量正弦信号的幅度和频率、周期

(1) 示波器在接通电源前,应先根据表 5-6 所列示波器上各旋钮(或按钮)的作用及位置调节好各旋钮(或按钮)的位置,使之在屏幕上显示出一条细而清晰的水平扫描线。

表 5-6　示波器上各旋钮(或按钮)的作用及位置

按钮名称或符号	作　　用	位置
AC/DC 输入耦合方式	视输入信号选取,AC 为交流信号,DC 为直流信号,上为接地	上
V/DIV 灵敏度选择开关	控制输入信号的选择高度	1V
拉 Y2(X)	推拉式开关,用于比较两输入信号	推入
显示方式开关	视选取输入端子而定	Y1
垂直移位	调节波形在垂直方向中的位置	居中
AC/DC/自激	视输入信号选取,以求波形稳定	自激
+/−	触发极性选择	+
内/外	触发信号源选择开关	内
电平	与 t/DIV 配合使用能使波形稳定	

续表

按钮名称或符号	作　　用	位置
t/DIV 扫描速率开关及微调(红色)	改变扫描电压周期,与微调钮配合使用并控制波形个数	1ms
水平移位	调节波形在水平方向中的位置	居中
辉度	调节荧屏显示信号的亮度	居中
聚焦,辅聚焦	调节扫描线的粗细清晰程度	居中
荧屏刻度照明	使刻度清晰	居中

(2) 用专用线将示波器 Y1 输入端与信号发生器"电压输出"端连接。

(3) 将信号发生器"Hz"频率范围旋钮旋至 100 挡,调节×1、×0.1、×0.01 频率旋钮,显示约 400Hz(如果调不到正好 400Hz,可以大于或小于 400Hz)。

(4) 调节示波器的"T/C"旋钮(红色是频率微调,不可用力过猛,只能轻调),使示波器显示 2～3 个完整波形,按表 5-7 各项进行测量。

表 5-7　电压峰—峰值和周期

信号发生器 输出信号	次数	1	2	3	4
	f/Hz	100	300	1000	2000
电压测量	V/DIV 值/(V/div)				
	正峰—负峰之间格数				
	正峰—负峰值 V_{P-P}/V				
	有效值/V				
周期测量	t/DIV 值/(ms/div 或 μs/div)				
	两个峰值的水平距离/div				
	周期 T/s 或 ms				
	频率 f/Hz				

5. 注意事项

(1) 注意使用万用表和晶体管毫伏表测量交流电时,读数都是有效值,而且它们的测试对象仅限于正弦交流电。示波器可测量各种信号波形,它的读数为峰—峰值。

(2) 晶体管毫伏表不能用来测量直流电压。

6. 实训报告要求

1) 根据实训记录、列表、整理、计算数据,分析误差原因。

2) 回答问题。

(1) 要使示波器在观察波形时做到以下几点,应对应调节哪些旋钮(或按钮)?

① 波形清晰、线条均匀、亮度适中。

② 波形在屏幕中央,大小适中。

③ 显示 2～4 个完整波形。

④ 调节波形幅度合适。

⑤ 波形稳定。

(2) 使用毫伏表 mV 挡量程(如 10mV、100mV)后,应如何处理才能更好地保护毫伏表?

　　问题的解决

　　根据 P、N 两种杂质半导体排列方式的不同,可制成 PNP、NPN 两种三极管。

　　三极管的特性包括输入特性和输出特性。输入特性类似二极管的伏安特性,有死区电压;输出特性分为放大区、饱和区和截止区。三极管工作在饱和区和截止区,则具有开关特性;三极管工作在放大区,则具有放大功能。

5.3　其他半导体

　　问题的提出

　　前文所述的晶体三极管的放大区有 $I_C = \beta I_B$ 的关系式,即它是电流控制元件,那么,有没有电压控制元件呢?

　　人们知道,晶体管的工作电流不大,只适合于在弱电回路中工作。那么,在强电领域调压、逆变及开关作用时用什么器件?与晶体管有哪些相近的地方?

　　任务目标

　　(1) 熟悉场效应管及晶闸管的种类和表示符号。

　　(2) 理解场效应管及晶闸管的工作原理。

　　(3) 了解场效应管及晶闸管的特性和参数。

5.3.1　场效应管的结构和特性

　　场效应管也是具有三个电极的晶体三极管,但它与普通晶体管不同。普通晶体管中两种载流子(电子和空穴)参与导电,称为双极型晶体管;场效应管只靠一种载流子导电,故称为单极型晶体管。普通晶体管是电流控制元件,具有输入电阻低($10^2 \sim 10^4 \Omega$)、热稳定性差(载流子受温度影响)等特点;而场效应管是电压控制元件,具有输入电阻高($10^9 \sim 10^{14} \Omega$)、热稳定性好(只有一种载流子)、噪声低、抗干扰性强等特点,且比双极型三极管省电。

　　场效应管按其结构的不同,可分为结型场效应管(JFET)和绝缘栅型场效应管(IGFET)。结型场效应管和绝缘栅型场效应管又都可分为 N 沟道(电子导电)和 P 沟道(空穴导电)两种,每种又分为增强型和耗尽型。绝缘栅 N 沟道增强型场效应管在大规模和超大规模集成电路中应用较为广泛。

　　1. 场效应管的结构及工作原理

　　图 5-25 所示为 N 沟道增强型场效应管的结构和图形符号。它是以一块掺杂浓度较低的 P 型硅作衬底,利用扩散的方法在 P 型硅中制成两个高掺杂的 N^+ 区,然后在 P 型硅表面生成一层很薄的二氧化硅(SiO_2)层,并在其上以及 N^+ 区表面分别接上 3 个铝电极,形成栅极 G、源极 S 和漏极 D。因栅极与其他电极及硅片之间是绝缘的,所以称绝缘栅场效应管,又称金属-氧化物-半导体场效应管(MOSFET),简称 MOS 管。工作时,在漏极、源极之间形成的导电沟道称为 N 沟道。

　　由图 5-25(a)可知,源极 S 和漏极 D 之间是两个反相串联的 PN 结,不论源极、漏极之间电压如何,总有一个 PN 结处于反向偏置,则源极、漏极处于高阻状态,即 $I_D \approx 0$。

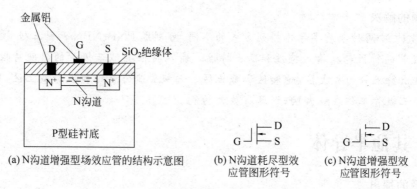

(a) N沟道增强型场效应管的结构示意图　　(b) N沟道耗尽型效应管图形符号　　(c) N沟道增强型效应管图形符号

图 5-25　N 沟道增强型场效应管的结构及图形符号

2. 场效应管的特性

1) 转移特性

在漏极电源 U_{DS} 为常数的条件下,漏极电流 I_D 与栅、源电压 U_{GS} 之间的关系为

$$I_D = f(U_{GS}) \mid_{U_{DS}=常数} \tag{5-4}$$

称为场效应管的转移特性,其曲线如图 5-26(a)所示。

2) 漏极特性

当栅源电压 U_{GS} 一定时,漏极电流 I_D 与漏源电压 U_{DS} 之间的关系称为场效应管的漏极特性,其曲线如图 5-26(b)所示。

由图 5-26(a)可知,当 $U_{GS}=0$ 时,场效应管不能导通,$I_D=0$。如果在栅、源极之间加一正向电压 U_{GS},在 U_{GS} 的作用下,会产生垂直于衬底表面的电场。随着 U_{GS} 的增加,负电荷数量也增多,当积累的负电荷足够多时,使两个 N^+ 沟道形成导电沟道,漏、源之间便有电流出现。

在 U_{DS} 一定的情况下,用 $U_{GS(th)}$ 表示管子的临界开启电压。当 $U_{GS} < U_{GS(th)}$ 时,随 U_{GS} 增加,I_D 也随之增大。

综上所述,场效应管的漏极电流 I_D 受栅源电压 U_{GS} 的控制,即 I_D 随 U_{GS} 变化而变化。因此,场效应管是一种电压控制器件。

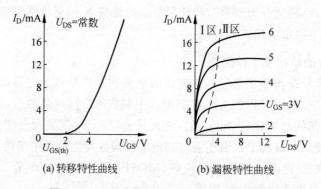

(a) 转移特性曲线　　(b) 漏极特性曲线

图 5-26　N 沟道增强型场效应管的特性曲线

3. 场效应管的主要参数

1) 开启电压 $|U_{GS}|$

当 U_{DS} 为常数时,沟道能将漏、源极连接起来的 $|U_{GS}|$ 最小值,称为开启电压。

2) 低频跨导 g_m

低频跨导 g_m 表示当 U_{DS} 为定值时,漏极电流 I_D 的变化量 ΔI_D 与引起这个变化的栅-源电压 U_{GS} 的变化量 ΔU_{GS} 的比值,表示为

$$g_m = \frac{\Delta I_D}{\Delta U_{GS}}\bigg|_{U_{DS}=常数} \tag{5-5}$$

g_m 的单位为微安/伏($\mu A/V$)或毫安/伏(mA/V),是衡量场效应管栅-源电压 U_{GS} 对漏极电流 I_D 控制能力的重要参数。

3) 漏源击穿电压 $U_{(BR)DS}$

漏源击穿电压 $U_{(BR)DS}$ 是指管子发生击穿、I_D 急剧上升时的 U_{DS} 值,$U_{DS} < U_{(BR)DS}$。

4) 最大耗散功率 P_{DM}

最大耗散功率 P_{DM} 是指场效应管所能承受的最大功率。$P_D = I_D U_{DS} < P_{DM}$,不能超过 P_{DM},否则会烧坏管子。

想一想:

(1) 场效应管与普通的晶体管有什么不同?

(2) 场效应管的导电沟道是指什么?

(3) 当场效应管的漏极直流电流 I_D 从 2mA 变为 4mA 时,它的低频跨导 g_m 将怎样变化?

5.3.2 晶闸管的结构和特性

晶闸管又称可控硅,英文缩写为 SCR,是由三个 PN 结构成的一种大功率半导体器件,多用于可控整流、逆变、调压等电路,也可以作为无触点开关。常见的晶闸管有螺栓型、平板型等,如图 5-27 所示。

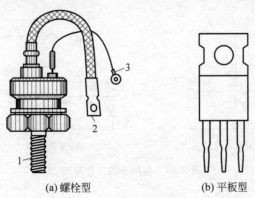

(a) 螺栓型　　　　　　(b) 平板型

图 5-27　晶闸管的外形

1—阳极 A;2—阴极 C;3—控制极 G

1. 晶闸管的基本结构

晶闸管由 P_1、N_1、P_2、N_2 四层半导体材料交替组成,其结构、等效电路和图形符号如图 5-28 所示。P_1 层引出的电极为阳极 A,N_2 层引出的电极为阴极 C,由中间 P_2 层引出

的电极为控制极 G。为了更好地理解晶闸管的工作原理,常将其 N_1、P_2 两个区域分解成两部分,分别构成一个 NPN 型和一个 PNP 型的三极管。分解后的情况如图 5-28(b)所示。用三极管符号表示等效电路,如图 5-28(c)所示,晶闸管的符号如图 5-28(d)所示。

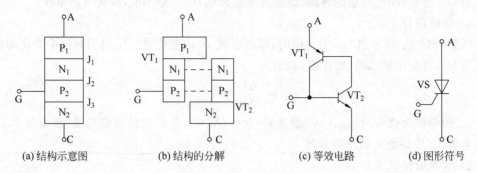

(a)结构示意图   (b)结构的分解   (c)等效电路   (d)图形符号

图 5-28   晶闸管的结构、等效电路和图形符号

2. 晶闸管的工作原理

晶闸管的工作原理如图 5-29 所示。当晶闸管的阳极 A 和阴极 C 之间加正向电压而控制极不加电压时,晶闸管处于反向偏置,管子不导通,称为阻断状态。当 A 与 C 之间加正向电压且 G 与 C 之间也加正向电压时,晶闸管导通。若 VT_2 管的基极电流为 I_{B2},则其集电极电流为 $\beta_2 I_{B2}$;VT_1 管的基极电流 I_{B1} 等于 VT_2 管的集电极电流 $\beta_2 I_{B2}$,因而 VT_1 管的集电极电流 I_{C1} 为 $\beta_1\beta_2 I_{B2}$;该电流又作为 VT_2 管的基极电流,再一次进行上述放大过程,形成正反馈。在很短的时间内(一般不超过几微秒),两只管子均进入饱和状态,使晶闸管完全导通,这个过程称为触发导通过程。晶闸管一旦导通,控制极就失去控制作用,管子依靠内部的正反馈始终维持导通状态。晶闸管导通后,阳极和阴极之间的电压一般为 $0.6 \sim 1.2$V,电源电压几乎全部加在负载电阻 R 上;阳极电流 I_A 因型号不同可达几十至几千安。

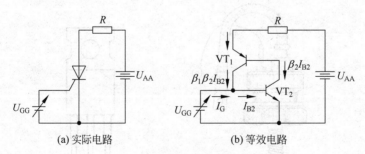

(a)实际电路   (b)等效电路

图 5-29   晶闸管的工作原理

当阳极电流 I_A 减小到小于一定数值 I_H 时,晶闸管正反馈不能维持,管子将关断,这种关断称为正向阻断,I_H 称为维持电流;如果在阳极和阴极之间加反向电压,晶闸管也将关断,这种关断称为反向阻断。因此,控制极只能通过加正向电压控制晶闸管从阻断状态变为导通状态;而要使晶闸管从导通状态变为阻断状态,则必须通过减小阳极电流或改变 A-C 电压极性的方法实现。

3. 晶闸管的伏安特性

晶闸管的伏安特性是指以晶闸管的控制极电流 I_G 为参变量,阳极电流 I_A 与 A-C 间电压 U_{AC} 的关系。图 5-30 所示为不同触发电流 I_G 下的伏安特性曲线。

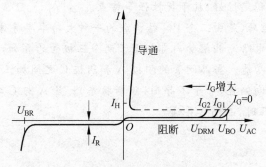

图 5-30　晶闸管的伏安特性曲线

$U_{AC}>0$ 时的伏安特性称为正向特性。从图 5-30 所示的伏安特性曲线可知,当 $I_G=0$ 时,U_{AC} 逐渐增大,在一定限度内,I 为很小的正向电流,曲线与二极管的反向特性曲线类似;当 U_{AC} 增大到一定数值后,晶闸管导通,I 骤然增大,U_{AC} 迅速下降,曲线与二极管的正向特性类似;电流的急剧增大容易造成晶闸管损坏,应当在 A-C 所在回路加电阻(通常为负载电阻)限制阳极电流。使晶闸管从阻断到导通的 A-C 电压 U_{AC} 称为转折电压 U_{BO}。正常工作时,应在控制极和阴极间加触发电压,因而 I_G 大于零;且 I_G 越大,转折电压越小,如图 5-30 所示。

$U_{AC}<0$ 时的伏安特性称为反向特性。从图 5-30 所示的伏安特性曲线可知,晶闸管的反向特性与二极管的反向特性相似。当晶闸管的阳极和阴极之间加反向电压时,由于 J_1 和 J_3 均处于反向偏置,因而只有很小的反向电流 I_R;当反向电压增大到一定数值时,反向电流骤然增大,管子被击穿。

4. 晶闸管的主要参数

(1) 额定正向平均电流 I_F。是指在环境温度小于 40℃ 和标准散热条件下,允许连续通过晶闸管阳极的工频(50Hz)正弦波半波电流的平均值。

(2) 维持电流 I_H。是指在控制极开路且规定的环境温度下,晶闸管维持导通时的最小阳极电流。正向电流小于 I_H 时,管子自动阻断。

(3) 触发电压 U_G 和触发电流 I_G。是指在室温下,当 $U_{AC}=6V$ 时,使晶闸管从阻断到完全导通所需最小的控制极直流电压和电流。一般的,U_G 为 1~5V,I_G 为几十至几百毫安。

(4) 正向重复峰值电压 U_{DRM}。是指控制极开路的条件下,允许重复作用在晶闸管上的最大正向电压。一般的,$U_{DRM}=U_{BO}\cdot 80\%$,U_{BO} 是晶闸管在 I_G 为零时的转折电压。

(5) 反向重复峰值电压 U_{RRM}。是指控制极开路的条件下,允许重复作用在晶闸管上的最大反向电压。一般的,$U_{RRM}=U_{BO}\cdot 80\%$。

除以上参数外,还有正向平均电压、控制极反向电压等。

想一想:

(1) 晶闸管的导通条件和关断条件分别是什么?

(2) 为什么晶闸管导通之后,控制极就失去了控制作用?

问题的解决

场效应管是一种单极型晶体管,有 $\Delta I_D = g_m \Delta U_{GS}$ 的关系式,因此是电压控制器件。它具有输入电阻高、热稳定性好、抗干扰性强等特点。

晶闸管又称为可控硅,是由三个 PN 结构成的一种大功率半导体器件,应用于强电领域的调压、逆变及开关电路。晶闸管内部相当于两个三极管的叠加,与晶体管的开关作用类似,具有导通和关断功能。当晶闸管的阳极 A 和阴极 C 之间加正向电压而控制极不加电压时,晶闸管处于反向偏置,管子不导通(阻断状态);当 A 与 C 之间加正向电压且 G 与 C 之间也加正向电压时,晶闸管导通。

习题 5

5.1 一只硅二极管在正向电压 $U_D = 0.6\text{V}$ 时,正向电流 $I_D = 10\text{mA}$,当 U_D 增大到 0.66V(增加 10%)时,则电流 I_D 是多少?

5.2 如题 5.2 图所示,已知 $u_i = 10\sin\omega t\,(\text{V})$,试画出 u_i 与 u_o 的波形。设二极管正向导通电压不计。

5.3 电路如题 5.3 图所示,已知 $u_i = 5\sin\omega t\,(\text{V})$,二极管导通电压 $U_D = 0.7\text{V}$。试画出 u_i 与 u_o 的波形,并标出幅值。

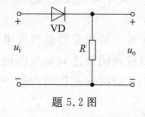
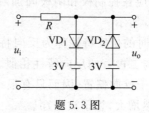

题 5.2 图   题 5.3 图

5.4 在题 5.4 图中,试求下列情况下输出端 Y 的电位 V_Y。

① $V_A = V_B = 0\text{V}$;② $V_A = +3\text{V}, V_B = 0\text{V}$;③ $V_A = V_B = +3\text{V}$。二极管的正向压降可忽略不计。

5.5 在题 5.5 图所示电路中,设二极管为理想二极管,且 $u_i = 220\sqrt{2}\sin\omega t\,(\text{V})$,两个照明灯皆为 220V、40W。

(1) 试分别画出输出电压 u_{o1} 和 u_{o2} 的波形。

(2) 哪盏照明灯亮些? 为什么?

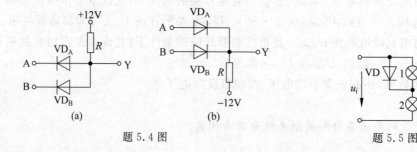

(a)   (b)

题 5.4 图   题 5.5 图

5.6 如题 5.6 图所示,输入电压 u_{11} 与 u_{12} 的波形如题 5.6 图(b)所示,二极管导通电压 $U_D = 0.7V$。试画出输出电压 u_o 的波形,并标出幅值。

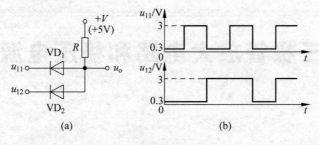

(a)   (b)

题 5.6 图

5.7 二极管 2CP1 的伏安特性如题 5.7 图所示,试求:

(1) $I = 0.4mA$ 时的直流电阻值和交流电阻值。

(2) 反向击穿电压值。

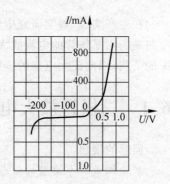

题 5.7 图

5.8 某晶体管的 $P_{CM} = 100mW$,$I_{CM} = 20mA$,$U_{(BR)CEO} = 15V$,试问在下述情况下,哪种工作是正常的? ① $U_{CE} = 3V$,$I_C = 10mA$; ② $U_{CE} = 2V$,$I_C = 40mA$; ③ $U_{CE} = 16V$,$I_C = 5mA$。

5.9 有两个晶体管分别接在放大电路中,今测得它们管脚的电位分别如题 5.9 表所示,试判断管子的三个管脚,并说明是硅管还是锗管;是 NPN 型还是 PNP 型。

题 **5.9** 表

管脚	1	2	3	管脚	1	2	3
电位/V	−6	−2.3	−2	电位/V	4	3.4	9

第 6 章

三极管放大电路和稳压电源

在生产实践、科学研究中经常需要对微弱的信号放大后进行观察、测量和利用。放大电路是利用晶体管的电流放大作用将微弱的电信号转变为较强的电信号,去控制较大功率的负载,因此放大电路的应用十分广泛。晶体三极管还可用于振荡、开关电路等。

6.1 三极管放大电路基础

问题的提出

扩音机是一个典型的信号放大电子设备,其大致工作过程如图 6-1(a)所示。麦克风把声音转换成微弱的对应变化的电信号,经电子线路放大后,变成大功率的电信号,推动扬声器(喇叭)还原为强大的声音信号。图 6-1(b)所示是其结构框图,主要部分是放大器。最简单的放大器如图 6-1(c)所示,由一个晶体三极管实现。那么,常用的三极管放大电路还有哪些? 又是怎样实现信号放大的?

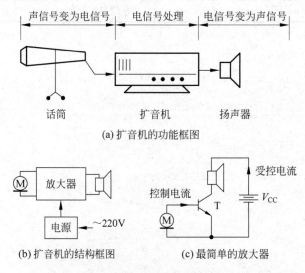

(a) 扩音机的功能框图

(b) 扩音机的结构框图　　　(c) 最简单的放大器

图 6-1　扩音机的功能、结构框图和最简单的放大器

任务目标

（1）掌握三极管放大电路的组成和工作原理。

（2）掌握放大电路的主要性能指标。

（3）掌握静态工作点对放大电路工作性能的影响，会用电路分析法和图解法分析和计算放大电路的静态工作点和动态特性。

（4）学会测量和计算交流放大电路的电压放大倍数。

6.1.1 单管放大电路

以三极管为核心，外接电源、电阻、电容等元件可构成放大电路。以一个三极管为放大元件构成的放大电路叫作单管放大电路。图 6-2(a)所示为单管放大电路方框图，分为输入回路与输出回路两部分。

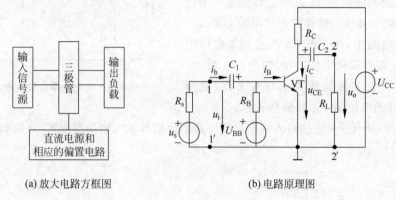

(a) 放大电路方框图　　　　　　(b) 电路原理图

图 6-2　单管放大电路

1. 放大电路的组成

如图 6-2(b)所示的基本交流放大电路中，1-1′端为放大电路的输入端，接交流信号源 u_s；2-2′端为放大电路的输出端，接负载电阻 R_L（扬声器、继电器线圈等）。

1）输入回路

信号源 u_s 和信号源内阻 R_s 的作用是给放大电路的输入端即三极管的发射结提供一定频率和幅度的交流电压信号 $u_{be}=u_i$。

耦合电容 C_1 起隔直流通交流的作用。一方面隔断信号源与放大电路之间的直流通路；另一方面沟通信号源和放大电路之间的交流通路。因此，常采用几至几十微法的电容器，对交流信号频率呈现的容抗近似为零，可视为短路。

基极电源 U_{BB} 和基极偏置电阻 R_B 的作用是给发射结提供正向偏置电压，并给基极提供合适的偏置电流 I_B，使晶体三极管有合适的静态工作点。因此，常采用几十至几百千欧的电阻。

2）输出回路

对于集电极电源 U_{CC} 和集电极负载电阻 R_C，电源 U_{CC} 除为输出信号提供能量外，还通过 R_C 给集电结提供反向偏置电压，使晶体三极管处于放大状态，一般为几伏至几十伏；集电极电阻 R_C 可将集电极电流的变化变换为电压的变化，以实现放大电路的电压放大，一般为几千欧至几十千欧。

耦合电容 C_2 的作用与 C_1 相似，一方面隔断放大电路与负载之间的直流通路，使晶体三极管的静态工作点不受影响；另一方面沟通放大电路与负载之间的交流通路，使放大电路的输出信号毫无损失地加到负载两端。

对于负载电阻 R_L，在实际电路中，它可以是扬声器、继电器线圈等的交流阻抗，一般为几百至几千欧。

3）三极管

晶体三极管 VT 是放大电路的核心，具有电流放大的作用，可实现用输入端能量较小的信号去控制电源 U_{CC} 供给的能量，以便在输出端获得一个能量较大的信号，可以把它看成是一个控制元件。这就是晶体三极管放大作用的实质。

在实际电路中，往往把 R_B 改接到集电极电源 U_{CC} 上，以省去基极电源 U_{BB}，如图 6-3 所示。此简化电路以公共接地端为电压参考点，电源 U_{CC} 用其对地的电位值 V_{CC} 和极性表示。

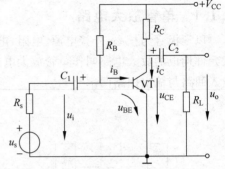

图 6-3   简化的单管放大电路

除此之外，还有信号直接输入输出和变压器耦合信号输入输出等形式，分别如图 6-4(a) 和图 6-4(b) 所示。

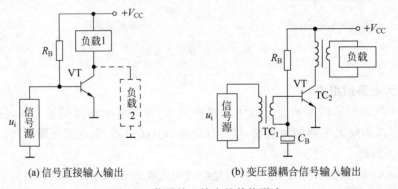

(a)信号直接输入输出　　　　　　　(b)变压器耦合信号输入输出

图 6-4   信号输入输出的其他形式

2. 放大电路中电压和电流符号的规定

在分析放大电路时，会用到各种交直流分量，其名称、符号如表 6-1 所示。

表 6-1   放大电路中电压和电流的符号

名　　称	直流值	交 流 分 量		总电压或电流
		瞬时值	有效值	瞬时值
基极电流	I_B	i_b	I_b	i_B
集电极电流	I_C	i_c	I_c	i_C
发射极电流	I_E	i_e	I_e	i_E
集—射极电压	U_{CE}	u_{ce}	U_{ce}	u_{CE}
基—射极电压	U_{BE}	u_{be}	U_{be}	u_{BE}

3. 放大电路的工作原理

如前所述,三极管有三个工作区。在图 6-3 所示的电路中,若 R_B、R_C 和 V_{CC} 取合适的值,可使三极管工作在放大区域。

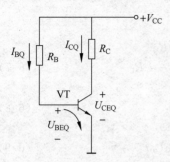

图 6-5　放大器的直流通路

1) 静态工作情况分析

无输入信号,即 $u_i = 0$ 时放大器的工作状态称为静态,此时电路中只有直流分量,故电容 C_1、C_2 模拟开路,则可将图 6-3 所示电路画成如图 6-5 所示的直流通路。这时的基极电流 I_B、集电极电流 I_C、基极发射极电压 U_{BE} 和集电极发射极电压 U_{CE} 用 I_{BQ}、I_{CQ}、U_{BEQ} 和 U_{CEQ} 表示。它们在三极管特性曲线上确定的点就称为静态工作点,用 Q 表示。这些电压和电流值都是在无信号输入时的数值,所以叫静态电压和静态电流。

如图 6-5 所示直流通路中,根据基尔霍夫定律可得

$$I_{BQ} = (V_{CC} - U_{BEQ})/R_B \approx V_{CC}/R_B \tag{6-1}$$

$$U_{CEQ} = V_{CC} - I_{CQ}R_C \tag{6-2}$$

式(6-1)中,由于 $V_{CC} \gg U_{BEQ}$(硅管 $U_{BEQ} \approx 0.7V$,锗管 $U_{BEQ} \approx 0.3V$),故 U_{BEQ} 可忽略不计。

由三极管的放大特性可知

$$I_{CQ} = \beta I_{BQ} \tag{6-3}$$

因此,由静态值(U_{BEQ},I_{BQ})和(U_{CEQ},I_{CQ})可分别在输入特性曲线和输出特性曲线上确定出相应的静态工作点。

2) 动态工作情况分析

有交流信号输入时的工作状态为动态。若此时的交流信号如图 6-6(a)所示,为 $u_i = U_{im}\sin\omega t(\text{V})$,则此电压信号 u_i 将与静态正偏压 U_{BEQ} 相串联作用于晶体管发射结上,加在发射结上的电压瞬时值为

$$u_{BE} = U_{BEQ} + u_i = U_{BEQ} + U_{im}\sin\omega t \tag{6-4}$$

对应的波形如图 6-6(b)所示。

如果选择适当的静态工作点,U_{im} 又限制在一定范围之内,则此电压产生的基极总电流 i_B 也是由静态基极电流 I_{BQ} 和 u_i 引起的基极交流电流 i_b 的叠加,即

$$i_B = I_{BQ} + i_b = I_{BQ} + I_{bm}\sin\omega t \tag{6-5}$$

对应的波形如图 6-6(c)所示。

由于晶体管的电流放大作用,集电极电流 i_C

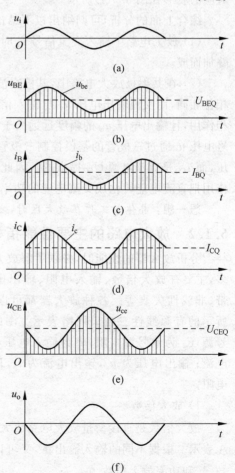

图 6-6　放大电路各极电流电压波形

受基极电流 i_B 控制,即

$$i_C = \beta i_B = \beta(I_{BQ} + i_b) = \beta I_{BQ} + \beta i_b = I_{CQ} + i_c = I_{CQ} + I_{cm}\sin\omega t \tag{6-6}$$

对应的波形如图 6-6(d)所示,i_C 也是集电极静态电流 I_{CQ} 和交流电流 i_c 的叠加,即

$$i_C = I_{CQ} + i_c$$

相应的集射极电压 u_{CE} 为

$$u_{CE} = V_{CC} - i_C R_C = V_{CC} - (I_{CQ} + i_c)R_C$$
$$= (V_{CC} - I_{CQ} R_C) - i_c R_C = U_{CEQ} - i_c R_C \tag{6-7}$$

根据叠加原理,仍有

$$u_{CE} = U_{CEQ} + u_{ce} \tag{6-8}$$

因此,有

$$u_{ce} = -i_c R_C = -R_C I_{cm}\sin\omega t = I_{cm}R_C\sin(\omega t - \pi) \tag{6-9}$$

对应的波形如图 6-6(e)所示。

由于 C_2 的隔直通交作用,u_{CE} 中的直流不能输出,则负载电阻 R_L 上只有放大后的交流信号 u_{ce},即输出电压 u_o,即

$$u_o = u_{ce} = -i_c R_C = I_{cm}R_C\sin(\omega t - \pi) \tag{6-10}$$

对应的波形如图 6-6(f)所示。

综合上面的分析,可归纳出以下结论。

(1) 放大电路中输入交流信号 u_i 时,i_B、i_C、u_{BE} 和 u_{CE} 都是由静态直流分量和交流分量叠加而成。

(2) 在共射极放大电路中,基极交流电流 i_b、集电极交流电流 i_c 与输入信号电压 u_i 的相位相同,而交流输出电压 u_o 与输入信号 u_i 的相位相反。这就是共射极放大电路的倒相作用,且输出电压 u_o 的幅度远远大于 u_i。因此,放大电路工作原理实质是用微弱的信号电压 u_i 通过三极管的基极控制三极管集电极电流 i_C,i_C 在 R_L 上形成压降作为输出电压,而 I_{CQ} 是直流电源 U_{CC} 提供的。因此,三极管的输出功率实际上是利用三极管的控制作用把直流电能转化成交流电能的功率。

想一想:晶体管工作在放大区时,发射结电压和集电结电压偏置情况怎样?

6.1.2　放大电路的主要性能指标

分析放大器的性能时,必须了解放大器有哪些性能指标。衡量放大器性能的指标很多,主要有放大倍数、输入电阻、输出电阻、通频带、非线性失真等。各种放大器都可以用图 6-7 所示的有源线性二端口网络表示。图中 u_s 为信号源,R_s 为信号源内阻,u_i 为输入电压,i_i 为输入电流;输出电压为 u_o,输出电流为 i_o,R_L 为负载电阻。

图 6-7　放大电路二端口网络示意图

1) 放大倍数

放大倍数是直接衡量放大电路放大能力的重要指标,其值为输出量与输入量之比,用 A 表示。根据不同的输入输出量,又可以将放大倍数分为电压放大倍数 A_u、电流放大倍数 A_i 和功率放大倍数 A_p。

电压放大倍数 A_u 是输出电压有效值 U_o 与输入电压有效值 U_i 之比,即 $A_u = U_o/U_i$;电流放大倍数 A_i 是输出电流有效值 I_o 与输入电流有效值 I_i 之比,即 $A_i = I_o/I_i$;功率放大倍数为输出功率 P_o 与输入功率 P_i 之比,即 $A_p = P_o/P_i$。

2) 输入电阻

放大电路与信号源相连接就成为信号源的负载,必然从信号源索取电流,电流的大小表明放大电路对信号源的影响程度。输入电阻 r_i 是从放大电路输入端看进去的等效电阻,定义为输入电压有效值 U_i 和输入电流有效值 I_i 之比,即

$$r_i = \frac{U_i}{I_i} \tag{6-11}$$

r_i 越大,表明放大电路从信号源索取的电流越小,放大电路所得到的输入电压 U_i 越接近信号源电压 U_s,即信号源内阻上的电压越小,信号电压损失越小。如果信号源内阻 R_s 为一常量,为了使输入电流大一些,则应使 r_i 小一些。因此,放大电路输入电阻的大小要视需要而定。

3) 输出电阻

任何放大电路的输出电路都可以等效成一个有内阻的电压源,从放大电路输出端看进去的等效内阻称为输出电阻 r_o。

r_o 的测量方法与求电池内阻的方法相同,空载时测得输出电压为 U'_o,接入负载时的输出电压为 U_o,则有

$$U_o = \frac{R_L}{r_o + R_L} U'_o \tag{6-12}$$

由式(6-12)可求得

$$r_o = \left(\frac{U'_o}{U_o} - 1\right) R_L \tag{6-13}$$

当采用恒压源时,放大器的输出电阻越小越好,就如希望电池的内阻越小越好一样,可以增加输出电压的稳定性,即改善负荷性能。

4) 通频带

因为放大器中有电容元件,三极管极间也存在电容,有的放大器电路中还有电感元件,电容和电感对不同频率的交流电有不同的阻抗,所以放大器对不同频率的交流信号有不同的放大倍数。一般情况下,当频率太高或太低时放大倍数都要下降,只有对某一频率段放大倍数才较高且保持不变。设这时放大倍数为 A_{um},当放大倍数下降为 $\frac{|A_{um}|}{\sqrt{2}}$ 时,所对应的频率分别叫作上限频率 f_H 和下限频率 f_L。上、下限频率之间的范围称为放大器的通频带,如图 6-8 所示。

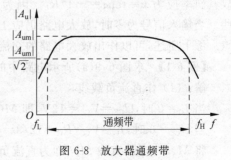

图 6-8　放大器通频带

6.1.3　放大电路的图解分析法

在三极管特性曲线上,用作图的方法来分析放大电路的工作情况称为图解法。利用图解法分析电路的优点是直观且物理意义清楚。

1. 静态工作情况分析

图 6-9(a)所示为单管放大电路,根据前面分析可知,由静态值(U_{BEQ}, I_{BQ})和(U_{CEQ}, I_{CQ})可分别在输入特性曲线和输出特性曲线上确定出相应的静态工作点。

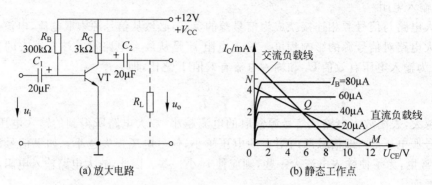

(a) 放大电路　　　　　(b) 静态工作点

图 6-9　放大电路直流图解分析

根据式(6-2)可得

$$I_C = \frac{V_{CC}}{R_C} - \frac{U_{CEQ}}{R_C} \tag{6-14}$$

由于式(6-14)是一个直线方程,当 V_{CC} 确定后,这条直线完全由直流负载电阻 R_C 确定,所以把这条直线叫作直流负载线。作直流负载线时,应先找出两个特殊点 $M(0, V_{CC})$ 和 $N(V_{CC}/R_C, 0)$,将 M、N 连接,如图 6-9(b)所示。其直流负载线的斜率为

$$k = \tan\alpha = \frac{-1}{R_C} \tag{6-15}$$

利用式(6-1)求得 I_{BQ} 的近似值(对于 U_{BEQ},硅管一般取 0.7V,锗管取 0.3V)。在输出特性曲线上,确定 $I_B = I_{BQ}$ 的一条曲线。该曲线与直线 M、N 的交点 Q 就是静态工作点。Q 点所对应的静态值 I_{CQ}、I_{BQ}、U_{CEQ} 也就求出来了。

直流负载线反映静态时电流 I_C 与电压 U_{CE} 的变化关系,交流负载线则反映动态时电流 i_C 与电压 u_{CE} 的变化关系。在图 6-9(a)中,对于交流信号 C_2 视作短路,R_L 与 R_C 并联,故其斜率应为 $k = \tan\alpha = -1/R_L'$。因为 $R_L' < R_C$,所以交流负载线要比直流负载线陡一些。当输入信号为零时,放大电路仍应工作在静态工作点 Q,可见交流负载线也要通过 Q 点。综上所述,可以作出放大电路的交流负载线,如图 6-9(b)所示。

【例 6-1】　求图 6-9(a)所示电路中的静态工作点,设 $\beta = 50$, $R_L = 3k\Omega$。

解:(1)作直流负载线

当 $I_C = 0$ 时,$U_{CE} = V_{CC} = 12V$,即 $M(0, 12)$;

当 $U_{CE} = 0$ 时,$I_C = V_{CC}/R_C = 12/3 = 4(mA)$,即 $N(4, 0)$;

将 M、N 连接,直线 MN 即为直流负载线。

(2)求静态电流

$$I_{BQ} = \frac{V_{CC} - U_{BEQ}}{R_B} = \frac{12 - 0.7}{300 \times 10^3} \approx 0.04(mA) = 40(\mu A)$$

如图 6-9(b)所示,$I_{BQ} = 40\mu A$ 的输出特性曲线与直流负载线 MN 交于 $Q(6, 2)$,即静

态值为 $I_{BQ}=40\mu A$，$I_{CQ}=2mA$，$U_{CEQ}=6V$。

2. 动态工作情况分析

1）由输入特性曲线找 i_B 的变化规律

设输入信号 $u_i=0.02\sin\omega t(V)$，则晶体三极管发射结上的总电压 $u_{BE}=U_{BEQ}+u_i=0.7+0.02\sin\omega t(V)$，在 $0.68\sim0.72V$ 之间变化，如图 6-10 所示的①图所示。由于晶体三极管工作在输入特性曲线的线性区，随着 u_{BE} 的变化，工作点沿着 $Q\to Q_1\to Q\to Q_2\to Q$ 往复变化，故 i_B 随 u_i 按正弦规律变化，变化范围为 $20\sim60\mu A$，即 $i_B=I_{BQ}+i_b=40+20\sin\omega t$ (μA)，如图 6-10 的②图所示。

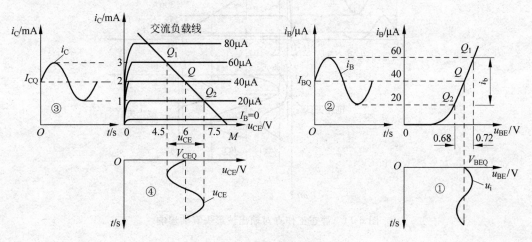

图 6-10　三极管交流图解分析

2）由输出特性曲线找 i_C 和 u_{CE} 的变化规律

当 i_B 在 $20\sim60\mu A$ 之间变化时，在输出特性曲线上，晶体三极管即工作在 $20\sim60\mu A$ 之间。输出端开路时，晶体三极管外部电路 i_C 与 u_{CE} 的关系为 $u_{CE}=V_{CC}-i_CR'_C$，其变化轨迹与直流负载线重合。在 $i_B=20\mu A$ 时，晶体三极管工作于 Q_2 点，$i_B=60\mu A$ 时，工作于 Q_1 点。随着 u_i 的变化，工作点仍沿着 $Q\to Q_1\to Q\to Q_2\to Q$ 的轨迹往复变化，这就找到了 i_C 与 u_{CE} 的变化规律。可见，放大电路只能在负载线上的 Q_1Q_2 段之间工作，其工作点沿着负载线在 Q_1 与 Q_2 之间移动，我们把 Q_1 到 Q_2 之间的范围称为动态工作范围。由此，我们可画出相应的 i_C 与 u_{CE} 的波形，如图 6-10 中的③图所示。由图可知，i_C 的变化范围在 $1\sim3mA$ 之间，因此 $i_c=\sin\omega t(mA)$。u_{CE} 的变化范围在 $3\sim9V$ 之间，如图 6-10 中的④图所示，因此 $u_o=u_{CE}=3\sin(\omega t-\pi)(V)$。此时，放大电路对输入信号 u_i 的电压放大倍数为

$$A_u=\frac{U_{om}}{U_{im}}=\frac{-3}{0.02}=-150 \tag{6-16}$$

式（6-16）中的负号说明 u_o 与 u_i 相位相反。

3. 非线性失真

当电路静态工作点设置不合适或者信号太大，超出了晶体管特性曲线上的线性范围时，电路出现失真现象，这种失真通常称为非线性失真。

在图 6-11 中,如果选用 Q_1 作为静态工作点,因其位置太高,在 u_i 的正半周期,晶体管进入饱和区工作,此时 i_B 虽然正常,但 i_{C1} 的正半周和 u_{CE1} 的负半周出现失真。这种失真是因为三极管进入饱和引起的,所以称为"饱和失真"。

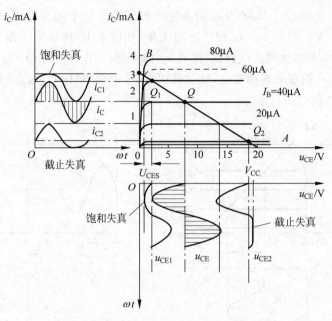

图 6-11　静态工作点对输出波形失真的影响

如果选用 Q_2 作为静态工作点,由于其位置过低,即使输入的是正弦电压,但在它的负半周,晶体管进入截止区工作,i_{C2} 的负半周和 u_{CE2} 的正半周被削平,出现失真。因为这是晶体管的截止引起的,故称为"截止失真"。

6.1.4　微变等效电路分析法

用图解法进行交流分析具有直观的优点,但图解法较麻烦,而且输入信号过小时,作图的精度较低。当输入交流信号足够小时,通常用微变等效电路法进行分析。

1. 三极管的微变等效电路

1) 输入端等效

如果输入信号很小,可以认为三极管在静态工作点附近的工作段是线性的。如图 6-12(a)所示,u_{CE} 为常数的条件下,当晶体管在静态工作点上叠加一个交流信号时,有输入电压的微小变化量 Δu_{BE} 以及相应的基极电流变化量 Δi_B。这样,从 B、E 看进去,三极管就是一个线性电阻,如图 6-13(a)所示。则晶体管的交流(或动态)输入电阻 r_{be} 为

$$r_{be} \approx \frac{\Delta u_{BE}}{\Delta i_B} \approx \frac{u_{be}}{i_b} \approx \frac{u_i}{i_B} \tag{6-17}$$

低频小功率管的输入电阻常采用下式计算:

$$r_{be} = 300 + \frac{(\beta+1)U_T}{I_{EQ}} = 300 + \frac{(\beta+1)\times 26}{I_{EQ}}(\Omega) \tag{6-18}$$

式中:I_{EQ}——射极静态电流;

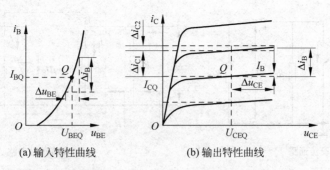

(a) 输入特性曲线　　　　　(b) 输出特性曲线

图 6-12　三极管的特性曲线

　　U_T——温度电压当量，常温下为 26mV。

2）输出端等效

图 6-12(b) 所示是三极管的输出特性曲线簇，若是在小范围内，可以认为曲线间相互平行、间隔均匀，且与 u_{CE} 轴线平行。u_{CE} 为常数的条件下，当基极电流有一增量 Δi_B 时，由于 i_B 对 i_C 的控制作用，i_C 必产生更大的增量

$$\Delta i_{C1} = \beta \Delta i_B \tag{6-19}$$

　　式(6-19)表明，从晶体管输出端 C、E 看进去的电路可以用一个大小为 $\beta\Delta i_B$ 或 βi_b 的受控源来等效，如图 6-13(b) 所示。其中，r_{ce} 为晶体管输出电阻，有

$$r_{ce} = \left. \frac{\Delta u_{CE}}{\Delta i_{C2}} \right|_{i_B = 常数} \tag{6-20}$$

　　r_{ce} 是由于输出特性曲线不平坦所致，即 u_{CE} 增大时 i_C 也稍有增大。当输出特性曲线较平坦时，r_{ce} 很大，可认为是 ∞，可将图 6-13(b) 中的 r_{ce} 开路。

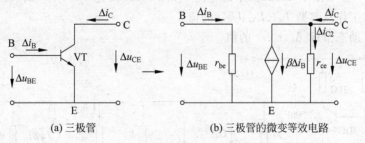

(a) 三极管　　　　　(b) 三极管的微变等效电路

图 6-13　三极管和微变等效电路

2. 放大电路的微变等效电路

　　根据放大电路的交流通路和三极管的微变等效，可以得到图 6-14(a) 所示放大电路的微变等效电路，如图 6-14(b) 所示。

1）放大电路电压放大倍数

假设在输入端输入正弦信号，图 6-14(b) 所示电路中的电压表示为

$$U_i = I_b r_{be}$$

$$U_o = -I_c R'_L = -\beta I_b R'_L$$

则
$$A_u = \frac{U_o}{U_i} = \frac{-\beta R'_L}{r_{be}} \tag{6-21}$$

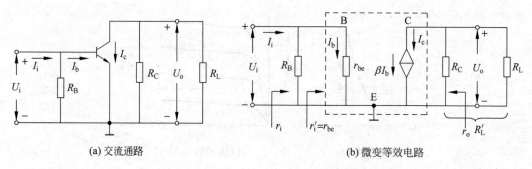

(a) 交流通路　　　　　　　　　(b) 微变等效电路

图 6-14　基本放大电路的交流通路及微变等效电路

式中：
$$R'_L = R_L \mathbin{/\!/} R_o$$

当负载开路时
$$A_u = \frac{U_o}{U_i} = \frac{-\beta R_C}{r_{be}} \tag{6-22}$$

2）放大电路的输入电阻

放大电路对于信号源来说是一个负载，可以用一个电阻来等效代替。这个电阻是信号源的负载电阻，也就是放大电路的输入电阻 r_i，即

$$r_i = \frac{U_i}{I_i} = R_B \mathbin{/\!/} r_{be} \approx r_{be} \tag{6-23}$$

3）放大电路的输出电阻

输出电阻是由输出端向放大电路看进去的动态电阻，因 r_{be} 远大于 R_C，所以

$$r_o = R_C \mathbin{/\!/} r_{ce} \approx R_C \tag{6-24}$$

【例 6-2】　在如图 6-15(a)所示的电路中，若 $\beta = 50$，$U_{BE} = 0.7V$。试求：

（1）静态工作点参数 I_{BQ}、I_{CQ}、U_{CEQ} 的值。

（2）计算动态指标 A_u、r_i、r_o 的值。

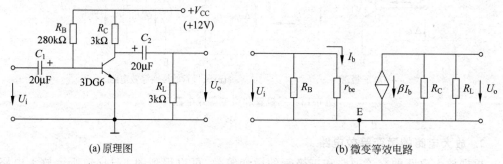

(a) 原理图　　　　　　　　　(b) 微变等效电路

图 6-15　用微变等效电路求动态指标

解：（1）求静态工作点参数。

$$I_{BQ} = \frac{V_{CC} - 0.7}{R_B} = \frac{12 - 0.7}{280 \times 10^3} \approx 0.04(\mathrm{mA}) = 40(\mu\mathrm{A})$$

$$I_{CQ} = \beta I_{BQ} = 50 \times 0.04 = 2(\mathrm{mA})$$

$$U_{CEQ} = V_{CC} - I_{CQ}R_C = 12 - 2 \times 10^{-3} \times 3 \times 10^3 = 6(\mathrm{V})$$

画出微变等效电路,如图 6-15(b)所示。

$$r_{be} = 300 + \frac{(\beta + 1) \times 26}{I_E} = 300 + \frac{51 \times 26}{2} = 963(\Omega) \approx 0.96(\text{k}\Omega)$$

(2) 计算动态指标。

$$A_u = \frac{-\beta R'_L}{r_{be}} = \frac{-50 \times (3 /\!/ 3)}{0.96} \approx -78.1$$

$$r_i = R_B /\!/ r_{be} \approx r_{be} = 0.96(\text{k}\Omega)$$

$$r_o = R_C = 3\text{k}\Omega$$

想一想:

(1) 交流放大电路中为什么要设置静态工作点?

(2) 通常希望放大电路的输入电阻大一些还是小一些? 为什么? 输出电阻呢? 为什么?

6.1.5　动手做　单管交流放大电路

预习要求

(1) 理解静态工作点的概念、电路参数对静态工作点的影响、静态工作点与波形失真的关系。

(2) 回顾单管放大电路静态工作点的计算和分析方法;分析图 6-16 所示单管放大电路的工作原理,指出各元器件的作用并说明元器件值大小对放大器特性的影响。

(3) 令 $\beta = 100$,计算图 6-16 所示放大电路的静态工作点、电压放大倍数、输入电阻和输出电阻。

(4) 分析电压放大倍数 A_u、输出电压 U_o、负载 R_L 的关系。

1. 实训目的

(1) 训练电子电路布线、安装等基本技能,能正确使用仪表对放大电路静态工作点、电压放大倍数、输入电阻和输出电阻等进行测量。

(2) 通过实训,进一步加深对单管交流放大电路工作原理的理解。

(3) 观察静态工作点对放大电路工作性能的影响,熟悉放大电路静态工作点的调整与测试方法。

(4) 测量交流放大电路的电压放大倍数,观察负载电阻变化时对电压放大倍数的影响。

2. 实训仪器与器件

(1) 直流稳压电源 1 台。

(2) 信号发生器 1 台。

(3) 电子交流毫伏表 1 台。

(4) 电子示波器 1 台。

(5) 万用表 1 台(或直流电流表 10mA、直流电压表 0~15V/30V)。

(6) 三极管 3DG6(或 3DG12 等)1 只。

(7) 电阻插块(1/8W)10kΩ、4.7kΩ、1kΩ、2kΩ、5.1kΩ 各 1 块,电位器插块 10kΩ 1 块。

(8) 电解电容 10μF/16V 2 只、47μF/16V 1 只。

（9）插座板 1 块。

3. 实训内容

1）静态工作点的调整

（1）按图 6-16 连接线路，输出端（E、F 端）接示波器（U_o），输入端（A、B 端）接信号发生器（U_i）。

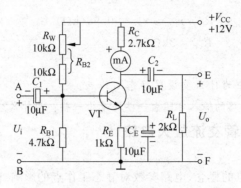

图 6-16   单管放大电路

（2）合上 DC 直流电源开关，缓缓调节电压输出旋钮，使输出电压为直流 12V。

（3）合上正弦信号发生器和示波器的电源，调节示波器显示一条水平线。

（4）调节频率旋钮，使输出频率显示 1000Hz 左右（可稍大或稍小），调节信号发生器输出电压，在示波器上明显看到波形的幅度变化。

（5）继续增大信号发生器输出电压，直到示波器上波形开始失真，此时通过调整电位器 R_W 来调整静态工作点，使波形不失真，恢复正常。

（6）增大 U_i，再调节电位器 R_W，直到波形无失真且幅度最大为止。此时，放大电路的静态工作点达到最佳状态。注意，如调节电位器 R_W 无法使波形不失真时，应减少 U_i 值。

（7）撤去信号发生器，用导线将 A、B 端短接，并用直流电压表测量 U_{BQ}、U_{CQ}、U_{EQ}（各管脚对地电压），用电流表 mA 挡测量 I_{CQ}，计算静态工作点并填入表 6-2 中。

表 6-2   静态工作点测量

方法＼内容	V_{CC}/V	U_{BQ}/V	U_{EQ}/V	U_{BEQ}/V	U_{CEQ}/V	I_{CQ}/A
理论估算值						
测量值						

2）测量电压放大倍数 A_u，并观察负载 R_L 对 A_u 的影响

（1）重新接通信号发生器，用毫伏表测量输出电压 U_i 为 10mV，调节频率使输出频率为 1kHz。

（2）用示波器观察放大器输出端（E 端）的输出电压波形，此时放大器的电位器保持原来的位置不动，以便使调节好的静态工作点不变。

（3）在输出波形不失真的情况下，用毫伏表测量放大器输出端的电压 U_o。（$A_u = U_o/U_i$）。

（4）R_L 值由 2kΩ 改为 5.1kΩ，再测量 U_o，计算出 A_u 值，以上数据填入表 6-3 中。

表 6-3 不同负载下的电压放大情况

负载电阻 $R_L/kΩ$	输入电压 U_i/mV	输出电压 U_o/mV	电压放大倍数 A_u
2			
5.1			

3）观察静态工作的位置与波形失真的关系

负载电阻 R_L 仍为 2kΩ，输入信号 U_i 为 10mV，$f = 1000\text{Hz}$ 左右，此时放大器波形不失真（用示波器观察），保持 U_i、R_L 不变。

（1）改变 R_W 的阻值并调整到最大（往左旋到底），观察输出波形是否出现失真，绘出此波形，填入表 6-4 中。

（2）R_W 的阻值调整到最小（往右旋到底），观察输出波形是否出现失真，绘出此波形，填入表 6-4 中。

表 6-4 不同 R_B 下的输出电压波形

	R_W 最大	R_W 最小
波形		

（3）若波形失真不明显，可适当加大输入电压 U_i。

（4）测量电压放大倍数、输入电阻及输出电阻时，将信号发生器输出信号调到频率为 1kHz、幅度为 50mV 左右并接到放大器的输入端，然后用示波器观察输出电压 u_o 波形没有失真时，用交流电子毫伏表测量电压 U_i 和 U_o，断开 R_L 后测出输出电压 U_{oc}，均记于表 6-4 中。根据有关公式计算出 A_u、r_i、r_o 并与理论估算值进行比较。

4）测量最大不失真输出电压幅度

调节信号发生器的输出，使 U_s 逐渐增大，用示波器观察输出电压的波形，直到输出波形刚要出现失真瞬间即停止增大 U_s，这时示波器所显示的正弦波电压幅度即为放大电路的最大不失真输出电压幅度 U_{om}，将该值记于表 6-5 中。然后继续增大 U_s，观察此时输出电压波形的变化。

表 6-5 动态测量

U_s/mV	U_i/mV	U_o/mV	U_{oc}/V	U_{om}/V

4. 注意事项

（1）检查各元器件的参数是否正确，测量三极管的 $β$ 值。

（2）按图 6-16 所示电路在插座板上接线；安装完毕后，应认真检查接线是否正确、牢固。

（3）测静态工作点电压要用万用表直流挡。

5. 实训报告要求

(1) 整理测试数据,分析静态工作点 A_u、r_i、r_o 的测量值与理论估算值存在差异的原因。

(2) 回答下列问题。

① 静态工作点是否仅与 R_W 有关?还与哪些参数和因素有关?

② 负载电阻 R_L 对 A_u 有何影响?还有其他因素影响 A_u 吗?

③ 改善波形失真可采取什么措施?

6.1.6 多级放大电路

1. 多级放大电路的组成

大多数电子电路的放大系统需要把微弱的毫伏或微伏级信号放大到足够大的输出电压和电流信号去推动负载工作。从单级放大电路的放大倍数来看,仅几十倍到一百多倍,输出的电压和功率不大,因此需要采用多级放大器,以满足放大倍数和其他性能方面的要求。多级放大电路大多采用一些基本单元放大电路为基体,按不同功能要求组合级联,也可采用集成运算放大电路取代。图 6-17 所示为声控自动门的声控电路,是一个典型的多级放大电路。

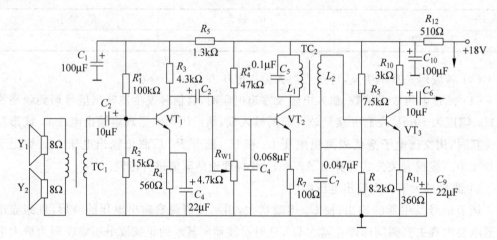

图 6-17　声控电路中的多级放大电路

声控自动门装置用于汽车、电瓶车出入频繁的厂房车库大门的自动开关控制。在汽车行至距大门约 30m 处,驾驶员按喇叭声持续 3s 以上,大门自动打开。汽车进门延续数秒钟后,大门又自动关闭。对其他非喇叭声或小于持续 3s 的喇叭声响不起控制作用。图 6-17 所示的多级放大电路中由三个单管(三极管)放大电路组成,包括声电转换、前置放大级和选频放大级等部分。

一般多级放大电路的组成方框图如图 6-18 所示。

根据信号源和负载性质的不同,对各级电路有不同要求。多级放大电路的第一级称为输入级(或前置级),一般要求有尽可能高的输入电阻和低的静态工作电流,以减小输入级的噪声;中间级主要提高电压放大倍数,但级数过多易产生自激振荡;推动级(或称激励级)输出一定幅度信号推动功率放大电路工作;功率输出级则以一定功率驱动负载工作。

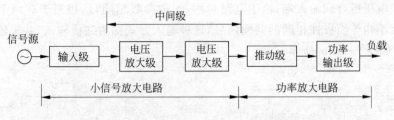

图 6-18　多级放大电路的组成方框图

2. 多级放大电路的增益

对于 n 级电压放大电路,其总的放大倍数 A_u 是各级电压放大倍数的乘积,即

$$A_u = A_{u1} \cdot A_{u2} \cdot \cdots \cdot A_{un} = \prod_{k=1}^{n} A_{uk} \tag{6-25}$$

对电压放大倍数 A_u 取对数表示,其单位则为贝尔(Bel),为了减小单位,常取用分贝,简写为 dB($1\text{dB}=10^{-1}\text{Bel}$)。当放大倍数用分贝单位表示时,称为增益。放大器的电压增益为

$$A_u = 20\lg \frac{U_o}{U_i} (\text{dB}) \tag{6-26}$$

当输出量小于输入量时,增益为负值,称为衰减。

用增益表示多级放大电路的总电压放大倍数时,可把各级电压放大倍数的乘积转化为各级放大电路的电压增益之和,即

$$\begin{aligned} A_u &= 20\lg A_u = 20\lg(A_{u1} \cdot A_{u2} \cdot \cdots \cdot A_{un}) \\ &= A_{u1} + A_{u2} + \cdots + A_{un} \end{aligned} \tag{6-27}$$

A_u 每增加十倍,电压增益增加 20dB。

3. 差动放大电路

多级放大电路易出现零点漂移现象。零点漂移是指放大器的输入信号为零时,输出不为零的现象,简称零漂,也称为温漂。为抑制零漂,多级放大电路第一级的晶体管通常选用高质量的硅管,或利用二极管、热敏元件进行补偿,应用更多的是差动放大电路,它也成为集成运算放大器的基本组成单元。

图 6-19 所示是一个基本差动放大电路,输入信号由两个三极管的基极输入,输出电压取自两管的集电极。电路结构对称,两个三极管的特性及对应电阻元件参数相同,两管的静态工作点也必然相同。

1) 差模输入信号

大小相等而极性相反的两个输入信号称为差模输入信号。当输入信号 u_{id} 直接加到放大电路的两个输入端时,如图 6-19(a)所示,由于电路对称,则两管输入分别为

$$u_{id1} = \frac{1}{2} u_{id}, \quad u_{id2} = -\frac{1}{2} u_{id} \tag{6-28}$$

可见 u_{id1} 和 u_{id2} 是差模信号,这种输入方式叫差模输入,常用 u_{id} 表示差模输入信号。

2) 共模输入信号

大小相等而极性相同的两个输入信号称为共模输入信号。将差动放大电路的两个三

极管的温漂电压折合到输入端,由于电路对称,元件参数相同,就相当于在两个管子的输入端加上大小相等而极性相同的共模信号,这种输入方式称为共模输入,共模输入信号常用 u_{ic} 表示,如图 6-19(b)所示。

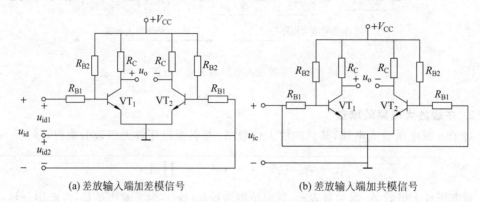

(a) 差放输入端加差模信号　　　　　　　　(b) 差放输入端加共模信号

图 6-19　差动放大电路

因此,差动放大电路对共模信号没有放大能力,而是具有抑制共模信号的能力,这就是其抑制零漂的能力。

3) 共模抑制比 K_{CMR}

共模抑制比 K_{CMR} 的表达式为

$$K_{CMR} = \left| \frac{A_d}{A_c} \right| \tag{6-29}$$

或

$$K_{CMR} = 20\lg \left| \frac{A_d}{A_c} \right| \tag{6-30}$$

其单位为分贝(dB)。

共模抑制比越大,表示差动放大电路对共模信号的抑制能力越强。因此,可用 K_{CMR} 来反映差动放大电路的质量。在理想状态下,由于 $A_c \approx 0$,所以 $K_{CMR} \approx \infty$。

问题的解决

最基本的三极管放大电路就是单管放大电路。通过学习可知,放大电路的工作原理是:用微弱的信号电压 u_i 通过三极管的基极控制三极管集电极电流 i_C,i_C 在 R_L 上形成压降作为输出电压。i_C 包括交流电流 i_c 和直流电流 I_{CQ},而 I_{CQ} 是直流电源 V_{CC} 提供的。也就是说,三极管的输出功率实际上是利用三极管的控制作用把直流电能转化成交流电能的功率。因此,可以将微弱的电信号(转换的声音信号)放大为可驱动扬声器的大信号。

6.2　稳压电源

问题的提出

日常生活中常用到直流稳压电源,如手机、复读机等,这些直流稳压电源是怎样工作的? 怎样获得直流稳压电压?

任务目标

(1) 了解生活中常用的稳压电源。

(2) 了解整流、滤波和稳压电路的工作原理。

(3) 熟悉集成稳压电源的主要元件,能应用集成稳压器获得直流稳压电源。

直流稳压电源一般由变压器、整流电路、滤波电路和稳压电路四部分组成。在电路中,变压器将常规的交流电压(220V/380V)变换成所需要的交流电压;整流电路将交流电压变换成单方向脉动的直流电压;滤波电路再将单方向脉动的直流电压中所含的大部分交流成分滤掉,得到一个较平滑的直流电压;稳压电路用来消除由于电网电压波动、负载改变对其产生的影响,从而使输出电压稳定。

6.2.1　整流电路

所谓"整流",就是利用二极管的单向导电特性把交流电变成单向脉动的直流电。

1. 单相半波整流电路

图 6-20 所示为单相半波整流电路及其波形图。

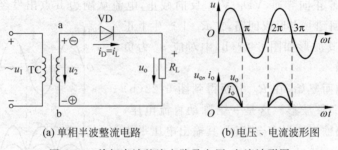

(a) 单相半波整流电路　　　(b) 电压、电流波形图

图 6-20　单相半波整流电路及电压、电流波形图

当变压器负边电压 u_2 在正半周期时,其极性为上正下负,即 a 点的电位高于 b 点,二极管正向导通。此时负载电阻 R_L 上的电压为 u_o,电流为 i_D。在电压的负半周期时,a 点的电位低于 b 点,二极管反向截止,R_L 上没有电压。因此,在交流电一个周期内负载 R_L 上只有半个周期导通,也就是整流电路仅利用了电源电压 u_2 的半个波,故称半波整流,如图 6-20(b)所示。这种单向脉动输出电压常用一个周期的平均值来表示,即

$$U_o = \frac{1}{2\pi}\int_0^\pi \sqrt{2}U_2\sin\omega t\,\mathrm{d}(\omega t) = \frac{\sqrt{2}}{\pi}U_2 \approx 0.45U_2 \tag{6-31}$$

流过负载的平均电流为

$$I_D = I_L = \frac{U_o}{R_L} = 0.45\frac{U_2}{R_L} \tag{6-32}$$

二极管截止时承受的最大反向电压为

$$U_{RM} = \sqrt{2}U_2 \tag{6-33}$$

这样,根据二极管最大平均整流电流 $I_F \gg I_D$ 和 U_{RM} 就可以选择合适的整流器件了。

2. 单相桥式整流电路

单相桥式整流电路如图 6-21 所示。图中 4 个整流二极管 $VD_1 \sim VD_4$ 接成桥形,其中一条对角线接变压器的次级,另一条对角线接负载电阻 R_L,但两者不能互换。

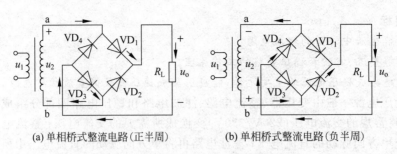

(a) 单相桥式整流电路(正半周)   (b) 单相桥式整流电路(负半周)

图 6-21   单相桥式整流电路图

在 u_2 的正半周时,如图 6-21(a)所示,变压器副边绕组 a 点电压为正,b 点电压为负,二极管 VD_1、VD_3 导通,电流从副边 a 点出发经 VD_1、R_L、VD_3 到副边 b 点,再回到 a 点形成回路,在 R_L 上产生上正下负的电压 u_o,其波形如图 6-21(b)中对应 u_2 为正半周的波形所示。在整个正半周,二极管 VD_2、VD_4 处于反向偏置而截止。

当 u_2 为负半周时,如图 6-21(b)所示,变压器副边绕组 a 点电压为负,b 点电压为正,二极管 VD_2、VD_4 正向导通,VD_1、VD_3 反向截止,电流从副边 b 点出发经 VD_2、R_L、VD_4 到副边 a 点,再回到 b 点形成回路,在 R_L 上产生上正下负的电压 u_o,其波形如图 6-22(b)中对应 u_2 为负半周的波形所示。

上述过程周而复始,在 R_L 上便得到图 6-22(b)中所示的 u_2 的完整波形。这是一个脉动直流电压,与全波整流电路输出波形完全相同,其输出电压平均值 U_o 为

$$U_o = \frac{1}{2\pi}\int_0^{2\pi}|u_2|\,\mathrm{d}(\omega t) = \frac{1}{\pi}\int_0^{\pi}\sqrt{2}U_2\sin\omega t\,\mathrm{d}(\omega t)$$

$$= \frac{2}{\pi}\sqrt{2}U_2 \approx 0.9U_2$$

流过负载的平均电流为

$$I_o = \frac{U_o}{R_L} = \frac{0.9U_2}{R_L} \qquad (6\text{-}34)$$

整流二极管所承受的最大反向电压 U_{RM} 为

$$U_{RM} = \sqrt{2}U_2 \qquad (6\text{-}35)$$

式中: U_2 ——变压器二次电压有效值。

流过二极管的单向电流及二极管承受的反向电压波形如图 6-22(c)和图 6-22(d)所示。

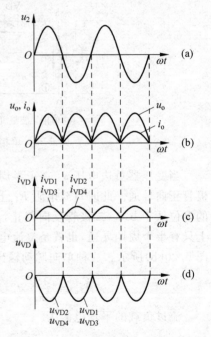

图 6-22   单相桥式整流电路波形图

想一想:单相半波整流、全波整流及桥式整流电路中,流过每个二极管的平均电流相同吗? 每个管子承受的反相电压相同吗?

6.2.2   滤波电路

所谓"滤波",就是利用电容和电感的电抗作用滤掉整流后的交流成分,使输出的直流电压平滑,并提高负载上电压的整流平均值。滤波电路一般由电容、电感及电阻元件组

成。常用的滤波电路如图 6-23 所示。

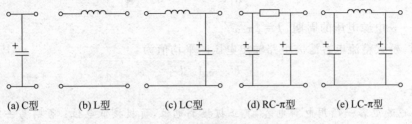

(a) C型   (b) L型   (c) LC型   (d) RC-π型   (e) LC-π型

图 6-23 常用的滤波电路

1) 电容滤波电路(C 型滤波)

图 6-24 所示为桥式整流电容滤波电路,它利用电容充放电作用使输出电压 u_o 比较平滑。

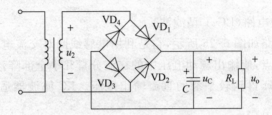

图 6-24 桥式整流电容滤波电路

由于电容的容抗为 $X_C = 1/2\pi fC$,故直流不能通过($X_C = \infty$)。而对于交流,只要 C 足够大(如几百微法至几千微法),X_C 则很小,可以近似看成短路,即被电容 C 旁路,此时流过 R_L 的电流基本是一个平滑的直流电流,达到了滤除交流成分的目的。从电容的特性看,由于电容两端电压不能突变,故负载两端的电压也不会突变,因此使输出电压平滑,达到滤波目的。滤波过程及波形如图 6-25 所示。图中虚线所示是原来不加滤波电容时的输出电压波形,实线所示为加了滤波电容之后的输出电压波形。输出电压的大小显然与 R_L、C 有关。

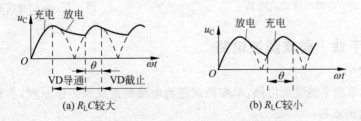

(a) $R_L C$较大   (b) $R_L C$较小

图 6-25 电容滤波电路 $R_L C$ 变化时的输出电压波形

放电时间常数为

$$\tau_d = R_L C \tag{6-36}$$

显然 τ_d 决定着滤波效果。τ_d 越大,放电越慢,电压 u_o 越高,滤波效果越好。

τ_d 通常为

$$\tau_d = R_L C \geqslant (3 \sim 5)\frac{T}{2} \tag{6-37}$$

式中：T——电源电压的周期，$T = 2\pi/\omega$。

此时，桥式整流电容滤波电路输出电压的平均值为

$$U_o = 1.2U_2 \tag{6-38}$$

注意：

(1) 滤波电容一般用电解电容，其正极接高电位，负极接低电位；否则易击穿、爆裂。

(2) 选二极管参数时，正向平均电流的参数应选大一些。因为开始时电容 C 上的电压为零，通电后电源经整流二极管给 C 充电，通电瞬间二极管流过短路电流(称浪涌电流)，通常是正常工作电流 I_o 的 $5 \sim 7$ 倍。

总之，电容滤波电路比较简单，直流电压较高，纹波也较小；缺点是输出特性较差，适用于小电流的场合。

2) 电感电容滤波电路(LC-T 型滤波)

电感电容滤波电路如图 6-26 所示，它是利用电感线圈对交流电具有较大的阻抗而对直流的电阻很小的特点，使输出脉动电压中的交流分量几乎全部降落在电感上，经电容滤波，再次滤掉交流分量，得到较平滑的直流输出电压。LC 滤波器适用于电流较大、负载变化较大的场合。

3) 复式 π 型滤波电路(LC-π 型滤波)

π 型滤波电路如图 6-27 所示，它等效于先 C 滤波后，再经过 L、C 滤波。因此，π 型滤波电路的滤波效果比 LC 滤波器更好，输出电压也较高；但输出电流较小，带负载能力较差。

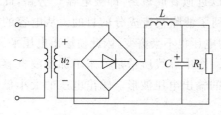

图 6-26 电感电容滤波电路

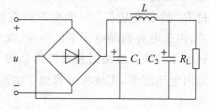

图 6-27 π 型滤波电路

6.2.3 动手做 整流滤波电路

预习要求

(1) 复习单相半波整流电路、单相桥式整流电路的组成及工作原理，负载电压的平均值及输入和输出波形。

(2) 复习电容滤波电路，理解负载电压波形及负载电压与输入电压的关系。

1. 实训目的

(1) 学习晶体二极管单相半波整流电路、单相桥式整流电路的连接。

(2) 观察单相半波整流电路、单相桥式整流电路的输入、输出波形，并验证输入、输出电压间的量值关系。

(3) 观察电容滤波效果。

2. 实训仪器与器件

(1) 连续可调电源 1 台。

(2) 示波器 1 台。

(3) 万用表 1 台。

(4) 晶体二极管插块(2CZ544)4 块。

(5) 电阻插块 2 块。

(6) 电容插块 2 块。

3. 实训仪器设备的使用方法

1) 交流电压的测量

用万用表测量晶体二极管的正向电阻和反向电阻,填入表 6-6 中(万用表转换开关旋至"Ω"挡,选好合适量程,测反向电阻选 1kΩ 量程,测量前要调零,读取第一行刻度)。测完电阻即刻把万用表旋至交流电压量程最大挡,待用。注意,要先熟悉万用表的使用方法及使用注意事项,以防烧坏万用表。

表 6-6 二极管的正反向电阻

二极管	VD_1	VD_2	VD_3	VD_4
正向电阻/kΩ				
反向电阻/Ω				

2) 单相半波整流电路

(1) 将二极管插块 2CZ544 和 4.7kΩ 电阻插块固定在台面插孔中,按图 6-28 所示连接线路。

(2) 调节连续可调电源,输出 6V 交流电压,由交流电压表(50V)进行监测。

(3) 用万用表直流电压挡位测量负载电阻的电压平均值,填入表 6-7 中。

(4) 用示波器观察输入端的交流 6V 电压的波形和负载电压的波形,并绘出波形图(填入表 6-7 中)。

3) 单相桥式整流电路

(1) 按图 6-29 所示连接桥式整流电路,检查无误后,在 ab 输入端接上 9V 交流电压。

(2) 用万用表交流电压挡位测量 ab 端电压 U_i,用万用表直流电压挡位测量负载电压 U_o,填入表 6-7 中。

(3) 用示波器观察 ab 端电压波形和负载电压 U_o 波形,绘出负载电压波形(填入表 6-7 中)。

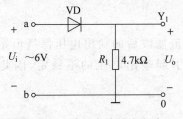

图 6-28 单相半波整流电路

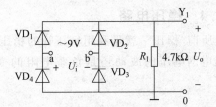

图 6-29 单相桥式整流电路

表 6-7　整流电路电压值及波形

整流类型	输入电压 U_i/V	负载电压 U_o/V	U_i/U_o	负载电压波形
半波整流				
桥式整流				

4）电容滤波电路

（1）按图 6-30 所示的电容滤波电路连接线路，接入一个 $470\mu F$ 的电容，然后用示波器观察负载电压波形，用万用表直流电压挡位测量负载电压并绘出负载电压波形（填入表 6-8 中）。

（2）按图 6-31 所示的 π 型滤波电路连接线路，检查无误后，在 ab 输入端接上 9V 交流电；用示波器观察负载电压波形，用万用表直流电压挡位测量负载电压并绘出负载电压波形（填入表 6-8 中）。

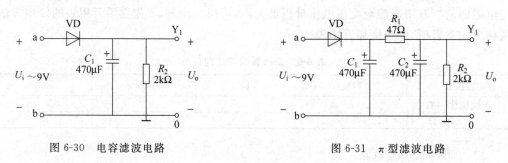

图 6-30　电容滤波电路　　　　图 6-31　π 型滤波电路

表 6-8　滤波电路输出电压及波形

滤波类型	负载电压 U_o/V	负载电压波形
电容滤波		
π 型滤波		

4. 实训报告要求

（1）将各实训结果分别记录在表格中。

（2）回答下列问题。

① 在实训中实际测量的情况是 $U_i<0.45U_o$（单相半波）和 $U_i<0.9U_o$（单相桥式），与理论计算不符，原因何在？

② 实训中，在接入电容滤波器后，对单相桥式整流电路是否还存在 $U_i=U_o$ 的理论计算关系？影响输出电压的因素有哪些？

6.2.4　稳压电路

所谓"稳压"，就是利用稳压管的稳压作用使整流滤波后的输出电压保持恒定。无论是电网电压的波动还是负载电阻的变化，都会引起输出电压的不稳定，因此必须稳压。

1. 并联型稳压二极管稳压电路

稳压电路种类很多,并联型稳压二极管稳压电路是其中最简单的一种,如图 6-32 所示。下面分析其工作原理。

(1) 设 R_L 不变,电网电压升高使 U_i 升高,导致 U_o 升高,而 $U_o = U_Z$。根据稳压管的特性,当 U_Z 升高一点时,I_Z 将会显著增加,这样必然使电阻 R 上的压降增大,吸收了 U_i 的增加部分,从而保持 U_o 不变;反之亦然。

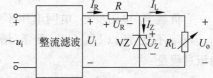

图 6-32　并联型稳压二极管稳压电路

$$U_i \uparrow \xrightarrow{U_o = U_i - U_R} U_o \uparrow = U_Z \uparrow \to I_Z \uparrow \xrightarrow{I_R = I_Z + I_L} I_R \uparrow \to U_R \uparrow$$

(2) 设电网电压不变,当负载电阻 R_L 阻值增大时,I_L 减小,限流电阻 R 上压降 U_R 将会减小。由于 $U_o = U_Z = U_i - U_R$,所以导致 U_o 升高,即 U_Z 升高,这样必然使 I_Z 显著增加。由于流过限流电阻 R 的电流为 $I_R = I_Z + I_L$,这样可以使流过 R 上的电流基本不变,导致压降 U_R 基本不变,则 U_o 也就保持不变;反之亦然。

$$R_L \uparrow \to U_o \uparrow = U_Z \uparrow \to I_Z \uparrow \xrightarrow{I_R = I_Z + I_L} I_R \uparrow \to U_R \uparrow \xrightarrow{U_o = U_i - U_R} U_o \downarrow 稳定$$

在实际使用中,这两个过程是同时存在的,而两种调整也同样存在。因而,无论是电网电压波动还是负载变化,都能起到稳压作用。

注意:稳压二极管的这种稳压调节能力是极有限的,它只适用于负载电流变化小(一般为几十毫安)、稳压要求不高的场合。

2. 串联型晶体管稳压电路

并联型稳压二极管稳压电路输出电流较小,输出电压不可调,不能满足多数场合下的应用。串联型稳压电路是以稳压管稳压电路为基础,利用晶体管的电流放大作用,增大负载电流;在电路中引入深度电压负反馈使输出电压稳定;并且,通过改变反馈网络参数使输出电压可调。

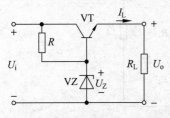

图 6-33　串联型晶体管稳压电路

如图 6-33 所示的串联型晶体管稳压电路中,负载电流最大变化范围等于稳压管的最大稳定电流和最小稳定电流之差,即 $I_{Zmax} - I_{Zmin}$,因此扩大负载电流最简单的方法是利用晶体管的电流放大作用,将稳压管稳定电路的输出电流放大后,再作为负载电流。电路采用射极输出形式,因而引入了电压负反馈,可以稳定输出电压,其稳压原理如下。

三极管的 U_{CE} 会随基极电流 I_B 改变而改变,所以只要调整 I_B 即可控制 U_{CE} 的变化。在图 6-33 所示电路中,有

$$U_Z = U_o + U_{BE} \tag{6-39}$$

$$U_o = U_i - U_{CE} \tag{6-40}$$

当电网电压上升引起整流输出电压 U_i 上升,导致稳压器输出电压 U_o 上升时,由于稳压管 VZ 的稳定电压 U_Z 不变,根据式(6-39)可知 U_{BE} 下降,于是三极管 I_B 下降,I_E 下降,

U_{CE}上升。由式(6-40)可知,最终又使U_o下降,保持原输出电压基本不变。稳压过程是:

$$U_i\uparrow \rightarrow U_o\uparrow \rightarrow U_{BE}\downarrow \rightarrow I_B\downarrow \rightarrow U_{CE}\uparrow$$
$$U_o\downarrow \longleftarrow \underline{\hspace{6cm}}$$

当负载R_L电阻变小、电网电压不变时,会引起稳压器输出电压下降,由式(6-39)可知,因U_Z不变,所以U_{BE}上升,使I_B增加,U_{CE}下降,从而维持原输出电压U_o基本不变。稳压过程是:

$$R_L\downarrow \rightarrow U_o\downarrow \rightarrow U_{BE}\uparrow \rightarrow I_B\uparrow \rightarrow U_{CE}\downarrow$$
$$U_o\uparrow \longleftarrow \underline{\hspace{6cm}}$$

由此可见,三极管 VT 起到了调整输出电压的作用,习惯称它为调整管。稳压二极管向调整管基极提供的稳定直流电压称为基准电压。

由稳压管稳压电路输出电流的分析可知,晶体管基极电流的最大变化范围为$I_{Zmax}-I_{Zmin}$。由于晶体管的电流放大作用,图 6-33 所示的负载电流的最大变化范围为$(1+\bar{\beta})(I_{Zmax}-I_{Zmin})$,大大提高了负载电流的调节范围。输出电压为$U_o=U_Z-U_{BE}$。

由于调整管与负载相串联,故称这类电路为串联型稳压电源;由于调整管工作在线性区,故称这类电路为线性稳压电源。

6.2.5　具有放大环节的串联调整型稳压电路

二极管稳压电路和三极管基本串联型稳压电路虽然都能实现稳压作用,但二极管稳压电路输出电压的数值是固定的,并且基本上是由稳压二极管的稳压值所决定的。基本串联型稳压电路虽然带负载能力得到了提高,但其稳压效果比用硅二极管稳压电路还要差一些。改进的办法是在稳压电路中引入放大环节,如图 6-34 所示。

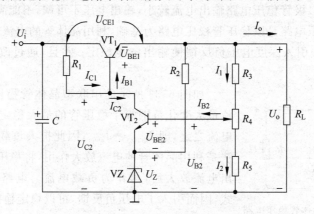

图 6-34　具有放大环节的串联调整型稳压电路

VT_1 为调整管,VT_2 为放大管,R_1是它的集电极电阻。VT_2 的作用是将电路输出电压的变化量和基准电压比较后进行放大,然后再送到调整管进行输出电压的调整。这样,只要输出电压有一点微小的变化,就能引起调整管的U_{CE1}发生较大变化,提高了稳压电路的灵敏度,改善了稳压效果。R_3、R_4 和 R_5组成取样电路,当输出电压变化时,取样电路将其变化量的一部分送到放大管 VT_2 的基极。稳压二极管 VZ 提供了一个基本稳定的基准电压,其稳压原理如下:

当输入电压 U_i 增加或负载电阻 R_L 增加,使输出电压 U_o 增大时,通过取样电路的分压使 VT_2 的基极电位 V_{B2} 升高,而 VT_2 的发射极连接在有稳压二极管提供的基准电压上,因此三极管 VT_2 的发射结电压 $U_{BE2}=V_{B2}-U_Z$ 也升高,于是 VT_2 的集电极电流 I_{C2} 增大,从而使三极管 VT_2 的集电极电位 V_{C2} 降低,继而使调整三极管 VT_1 的输入电压 U_{BE1} 降低,则 VT_1 的集电极电流 I_{C1} 随之减小,三极管 VT_1 的压降 U_{CE1} 升高,使输出电压 U_o 减小,维持了输出电压 U_o 的基本不变。实质上,稳压的过程就是电路通过负反馈使输出电压维持稳定的过程。

$$U_i\uparrow \to U_o\uparrow \to U_{BE2}\uparrow \to I_B\uparrow \to U_{C2}\downarrow (U_{B1}\downarrow) \to I_{C1}\downarrow \to U_{CE}\uparrow$$
$$U_o\downarrow \longleftarrow \quad U_o=U_i-U_{CE1}$$

这种稳压电路的输出电压可以在一定的范围内进行调节,只要改变取样电位器 R_4 滑动端的位置即可实现输出电压的调节。

一个实用的串联调整型稳压电路至少包含调整管、基准电压电路、取样电路和比较放大电路四部分,其方框如图 6-35 所示。

6.2.6　学习集成稳压电路

利用分立元件组装的稳压电源具有输出功率大、灵活、适用性强等优点,但存在体积大、焊点多、调试麻烦和可靠性差等弱点。随着电子电路集成化和功率集成技术的发展,稳压电源中的调整环节、放大环节、基准环节、取样环节和启动保护电路等全部集成在一块半导体硅片上而形成集成稳压器。目前用得最广泛的是串联调整式的三端集成稳压器,分为固定输出三端稳压器和可调输出三端稳压器,它们的外形如图 6-36 所示。

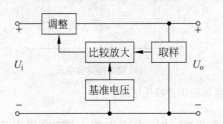

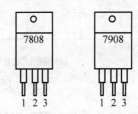

图 6-35　实用的串联调整型稳压电源的方框图　　　　图 6-36　三端集成稳压器

1. 三端集成稳压器的分类

如图 6-36 所示,三端集成稳压器的三端是指电压输入端(管脚 1)、电压输出端(管脚 2)和公共接地端(管脚 3)。目前常见的三端集成稳压器按性能和用途可分为以下几类。

1) 固定输出三端稳压器

固定输出三端稳压器分为正负两种。常用的 78×× 系列稳压器输出的是固定正电压,有 5V、8V、12V、15V、18V 和 24V 等多种,如 7805、7812。其中,78 后面的数字代表该稳压器输出的正电压数值,如 7815 即表示稳压输出为 15V。使用时三端集成稳压器接在整流滤波电路之后,最高输出电压为 35V,为了具有良好的稳压效果,最小输入、输出电压差为 2～3V,最大输出电流为 2.2A。78×× 系列稳压器的管脚 1 为电压输入端,管脚 2 为公共接地端。

79×× 系列稳压器输出固定负电压,此时管脚 1 为公共接地端、管脚 2 为电压输入端、管脚 3 为电压输出端。参数与 78×× 系列基本相同。

2）可调输出三端稳压器

可调输出三端稳压器输出的可调电压也有正负之分，常用的 CW117、CW217、CW317 等稳压器输出可调正电压，此时管脚 1 为调整端、管脚 2 为输出端、管脚 3 为输入端，其输出电压为 1.2～37V 连续可调；CW137、CW237、CW337 等稳压器输出可调负电压，此时管脚 1 为调整端、管脚 2 为输入端、管脚 3 为输出端，其输出电压为 −37～−1.2V 连续可调，最大输出电流为 1.5A。

三端集成稳压器内部电路设计完善，辅助电路齐全，只需连接外围很少的元件就能构成一个完整的稳压电源，并可以实现提高输出电压、扩展输出电流以及输出电压可调等多种功能。

2. 三端集成稳压器的应用

1）输出固定电压的稳压电路

图 6-37(a)所示为 W78×× 系列三端集成稳压器输出固定正电压的稳压电路。输入电压接在 1、2 端，3、2 端输出固定的且稳定的直流电压。输入端的 C_i 用以抵消输入端较长接线的电感效应，防止产生自激振荡，接线不长时可以不用，C_i 的值一般在 $0.1～1\mu F$ 之间。输出端的电容 C_o 用来改善暂态响应，使瞬时增减负载电流时，不致引起输出电压有较大的波动，削弱电路的高频噪声，C_o 一般为 $1\mu F$。根据负载的需要选择不同型号的集成稳压器，如需要 5V 直流电压时，可选用型号为 W7805 的稳压器。

图 6-37(b)所示为 W79×× 系列三端集成稳压器输出固定负电压的稳压电路，其工作原理及电路的组成与 W78×× 系列基本相同。

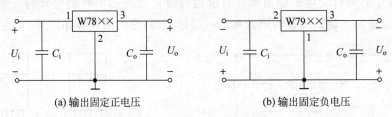

(a) 输出固定正电压　　　　　(b) 输出固定负电压

图 6-37　三端集成稳压器稳压电路

图 6-38 所示为应用于小屏幕黑白电视机的 12V 直流电源电路，采用 W7812 稳压器。220V 交流电压经电源变压器降压并经整流滤波后，输出 19V 的直流电压，作为稳压器的输入电压，经 W7812 稳压后输出 12V 的稳定电压。

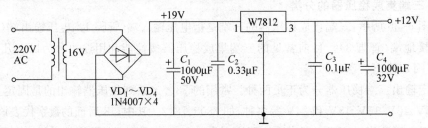

图 6-38　W7812 稳压器的应用电路

2）输出正负电压的稳压电路

在电子电路中，常需要同时输出正负电压的双路直流电源。由集成稳压器组成的正负双路输出的稳压电路形式很多,图 6-39 是由 W78×× 系列和 W79×× 系列集成稳压器组成的同时输出正负电压的稳压电路。

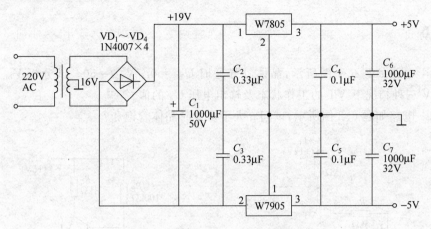

图 6-39　输出正负电压的稳压电路

3) 输出电压可调的稳压电路

由 W117(W317)三端可调集成稳压器组成的稳压电源电路如图 6-40 所示。图中,R_1 两端的电压即 3、1 之间的基准电压为 1.25V,输出电压 $U_\circ$ 可表示为

$$U_\circ = 1.25\left(1 + \frac{R_P}{R_1}\right) \tag{6-41}$$

可见,调节电位器 R_P 可改变输出电压 $U_\circ$ 的大小,其变化范围为 1.25~37V 连续可调。

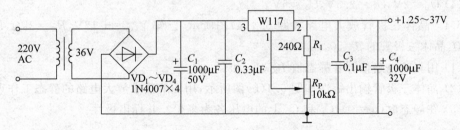

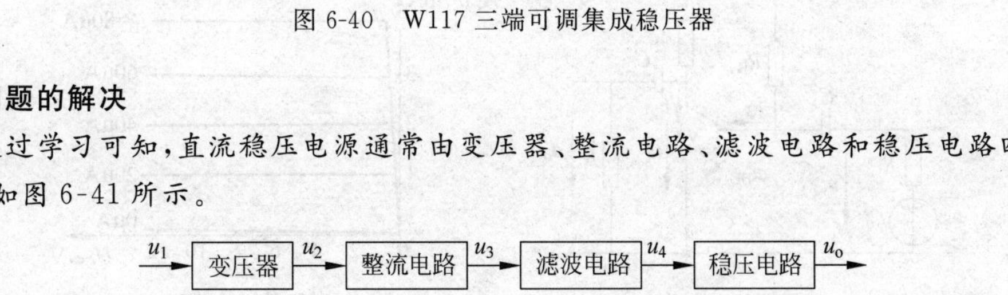

图 6-40　W117 三端可调集成稳压器

问题的解决

通过学习可知,直流稳压电源通常由变压器、整流电路、滤波电路和稳压电路四部分组成,如图 6-41 所示。

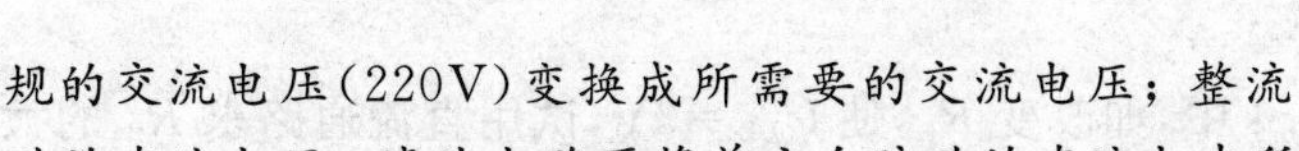

$$u_1 \rightarrow \boxed{变压器} \xrightarrow{u_2} \boxed{整流电路} \xrightarrow{u_3} \boxed{滤波电路} \xrightarrow{u_4} \boxed{稳压电路} \xrightarrow{u_\circ}$$

图 6-41　直流稳压电源电路的组成框图

变压器将常规的交流电压(220V)变换成所需要的交流电压;整流电路将交流电压变换成单方向脉动的直流电压;滤波电路再将单方向脉动的直流电中所含的大部分交流

成分滤掉,得到一个较平滑的直流电压;稳压电路用来消除由于电网电压波动、负载改变对其产生的影响,从而使输出电压稳定。

习题 6

6.1　电路如题 6.1 图所示,晶体管导通时 $U_{BE}=0.7V$,$\beta=50$。试分析 V_{BB} 为 0V、1V、1.5V 三种情况下 VT 的工作状态及输出电压 U_o 的值。

6.2　电路如题 6.2 图所示,试问 β 大于多少时晶体管饱和?

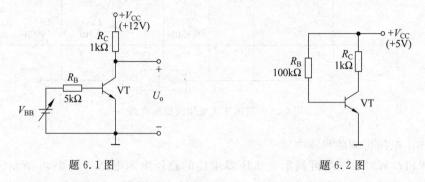

题 6.1 图　　　　　　　　　　　　题 6.2 图

6.3　测得放大电路中四个 NPN 管各极电压如下,试判断每个管的工作状态。

(1) $U_B=-3V$,$U_C=5V$,$U_E=-3.7V$。

(2) $U_B=6V$,$U_C=5.5V$,$U_E=5.1V$。

(3) $U_B=-1V$,$U_C=8V$,$U_E=-0.3V$。

(4) $U_B=2V$,$U_C=2.3V$,$U_E=6V$。

6.4　晶体三极管放大电路如题 6.4(a)图所示,已知 $V_{CC}=+12V$,$R_C=3k\Omega$,$R_B=300k\Omega$,晶体三极管的 $\beta=50$。

(1) 用直流电路估算各静态值 I_{BQ}、I_{CQ} 和 U_{CEQ}。

(2) 晶体三极管输出特性如题 6.4(b)图所示,用图解法求放大电路的静态工作点。

(3) 在静态时 $(u_i=0)$,C_1 和 C_2 上的电压各为多少?并标出极性。

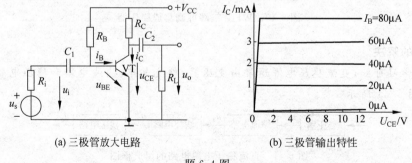

(a) 三极管放大电路　　　　　(b) 三极管输出特性

题 6.4 图

6.5　在题 6.4 中,如改变 R_B,使 $U_{CE}=3V$,试用直流通路求 R_B 的大小;如改变 R_B,使 $I_C=1.5mA$,R_B 又等于多少?并分别用图解法作出静态工作点。

6.6 题 6-4(a)图电路中,若晶体三极管是 PNP 型锗管。

(1) V_{CC}、C_1 和 C_2 的极性如何考虑?请在图上标出。

(2) 设 $V_{CC}=12V$,$R_C=3k\Omega$,$\beta=50$,如果要将静态值 I_C 调到 1.5mA,问 R_B 应调到多大?

(3) 在调静态工作点时,如不慎将 R_B 调到零,对晶体三极管有无影响?为什么?通常采取何种措施来防止这种情况?

6.7 试判断题 6.7 图中各电路能否放大交流信号?为什么?

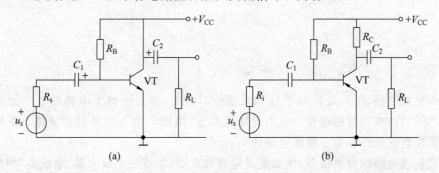

题 6.7 图

6.8 题 6.2 图所示的电路中,设 $r_{be}=3k\Omega$,$\beta=50$。利用微变等效电路求输出端开路和输出端接上 $R_L=63k\Omega$ 时的电压放大倍数 A_u、输入电阻 r_i 和输出电阻 r_o。

6.9 单管放大电路如题 6.9 图所示,已知 $\beta=50$,$r_{be}=1.6k\Omega$,$U_i=-10mV$。

(1) 画出放大电路的直流通路,计算静态值。

(2) 画出放大电路不接负载电阻时的微变等效电路,计算电压放大倍数 A_u、输出电压 U_o、输入电阻 r_i 和输出电阻 r_o。

(3) 画出接入负载电阻 $R_L=5.1k\Omega$ 时的微变等效电路,计算电压放大倍数 A_u。

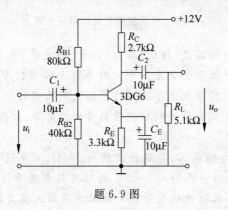

题 6.9 图

6.10 串联型稳压电源主要由哪几个环节组成?调整管如何使输出电压稳定?

6.11 画出串联型稳压电源的电路图,说明各主要元器件的作用,分析 U_o 上升时的稳压过程。

第 7 章

集成运算放大器

所谓集成电路(IC),是相对于分立元器件而言的,就是把整个电路的各个元器件以及相互之间的连接同时制造在一块半导体芯片上,组成一个不可分割的整体。集成电路可分为模拟集成电路和数字集成电路两类。

模拟集成电路的种类很多,例如集成运算放大器、集成功率放大器、集成高/中频放大器、集成稳压器等的电路。其中集成运算放大器在检测、自动控制、信号产生与信号处理等许多方面得到广泛应用。

问题的提出

集成运算放大器是一种集成化的半导体器件,是具有很高放大倍数的、直接耦合的多级放大电路的集成,在测量仪器和自动控制系统中应用非常广泛。图 7-1 所示为自动控制系统的测量方案。

图 7-1 自动控制系统的测量方案

首先把被控的非电量(如温度、转速、压力、流量、照度等)用传感器转换为电信号,再与给定量比较后,得到一个微弱的偏差信号。因为这个偏差信号的幅度和功率均不足以推动显示或执行机构,所以需要把这个偏差信号放大到需要的程度,再去推动执行机构或送到仪表中去显示,从而达到自动控制和测量的目的。其中,放大电路的主要应用元件就是集成运算放大器。

例如,某一电容式压力传感器,其输出阻抗为 $1M\Omega$,测量范围是 $0\sim10MPa$,灵敏度是 $1mV/0.1MPa$。现在要用一个输入 $0\sim5V$ 的标准表来显示这个传感器测量的压力变化,需要一个放大器把传感器输出的信号放大到标准表输入需要的状态,如何设计这个放大器?

任务目标

(1) 熟悉集成运放及其组成部分。

(2) 熟悉集成运放的主要参数及其含义。

(3) 掌握常用的几种集成运放电路。

7.1　集成运算放大器基础

集成运算放大器是一种放大倍数很高且可以放大直流信号的多级直接耦合放大器，简称集成运放。它是将放大电路中的晶体二极管、晶体三极管、电阻、电容和导线集中制作在一小块硅片上，封装成的集成电路可用于实现加、减、乘、除、比例、微分、积分等运算功能。

1. 集成运算放大器的基本组成

集成运算放大器的内部电路通常由输入级、中间级和输出级三部分组成，如图 7-2 所示。

输入级是运算放大器的关键部分，一般采用具有恒流源作用的双输入端差分放大电路，具有输入电阻高、能有效地放大有用（差模）信号、抑制干扰（共模）信号等优点。

中间放大级一般采用射级输出器构成的电路，提供足够高的电压放大倍数。

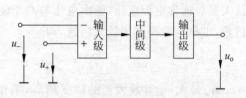

图 7-2　集成运算放大器的内部电路框图

输出级一般由互补对称式电路构成，其目的是实现与负载的匹配，使电路具有较大的输出功率和较强的带负载能力。

图 7-3 所示为 LM741 集成运算放大器的外形、图形符号和管脚图。

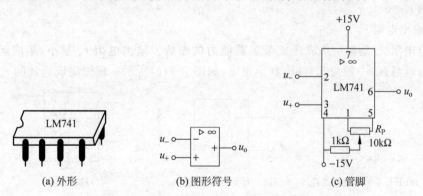

(a) 外形　　　　　　　(b) 图形符号　　　　　　　(c) 管脚

图 7-3　LM741 集成运算放大器的外形、图形符号和管脚图

1）输入端和输出端

集成运算放大器 LM741 有两个输入端 u_-（管脚 2）、u_+（管脚 3）和一个输出端 u_o（管脚 6）。一个输入端标有"一"，称为反相输入端，信号由此端加入时，输出信号 u_o 与输入信号 u_- 相位相反（或极性相反）；另一个输入端标有"＋"，称为同相输入端，信号由此端加入时，输出信号 u_o 与输入信号 u_+ 相位相同（或极性相同）。

2）电源端

管脚 7 与管脚 4 是外接电源端，为集成运算放大器提供直流电源。运算放大器通常采用双电源供电方式，如图 7-3(c)所示，管脚 4 接负电源组的负极，管脚 7 接正电源组的正极,使用时不能接错。

3) 调零端

管脚 1 和管脚 5 是外接调零补偿电位器端。集成运算放大器的输入级虽为差分电路,但电路参数和晶体管特性不可能完全对称,因此当输入信号为零时,输出一般不为零。调节电位器 R_P,可使输入信号为零时,输出信号也为零。

2. 集成运算放大器的主要参数

集成运算放大器性能的好坏常用一些参数来表征,这些参数是选用运算放大器的主要依据。

1) 开环差模电压增益 A_{uo}

开环差模电压增益 A_{uo} 是指集成运算放大器组件没有外接反馈电阻(开环)时,运算放大器加标称电源电压,输出电压与两个输入端信号电压之差的比值称为开环电压放大倍数,也称为差模电压放大倍数,即

$$A_{uo} = \frac{u_o}{u_i} = \frac{u_o}{u_+ - u_-} \tag{7-1}$$

A_{uo} 越大,运算放大器的精度越高,工作越稳定,一般可达几十万,如图 7-4(a)所示。理想集成运算放大器的 $A_{uo} \approx \infty$。

2) 开环差模输入电阻 r_{id}

开环差模输入电阻 r_{id} 是衡量运算放大器从信号源取用电流大小的参数。r_{id} 越大,从信号源取用的电流越小,运算精度越高,一般在几十千欧以上,如图 7-4(b)所示。理想集成运放的 $r_{id} \approx \infty$。

3) 输出电阻 r_o

输出电阻 r_o 是衡量集成运放带负载能力的参数。输出电阻 r_o 越小,集成运放带负载的能力就越强,一般为几百欧,甚至更小,如图 7-4(c)所示。理想集成运放的 $r_o \approx 0$。

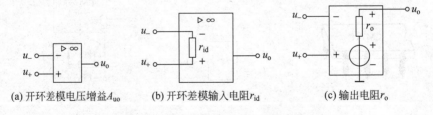

(a) 开环差模电压增益A_{uo}　　(b) 开环差模输入电阻r_{id}　　(c) 输出电阻r_o

图 7-4　集成运算放大器的主要参数

4) 共模抑制比 K_{CMR}

共模抑制比 K_{CMR} 是衡量集成运放抑制干扰信号能力大小的参数。K_{CMR} 数值越大,抑制干扰的能力越强。一般运放的 K_{CMR} 达几十万以上,理想集成运放的 $K_{CMR} \approx \infty$。

除上述主要参数外,还有输入失调电压、输入失调电流、输入失调温漂电压、输入失调温漂电流等参数。

3. 理想运算放大器的特点

在直流信号放大电路中使用的运算放大器是工作在线性区域的,把集成运算放大器

作为一个线性放大元件应用。此时的理想集成运算放大器有以下两个重要特点。

1）集成运算放大器同相输入端和反相输入端的电位相等（虚短）

因为理想集成运算放大器 $A_{uo} \approx \infty$，所以 $u_i = u_+ - u_- = u_o / A_{uo} \approx 0$，则可认为

$$u_+ = u_- \tag{7-2}$$

注意：虽然 $u_+ = u_-$，但不是真正的短路，不能用同一根导线把同相输入端和反相输入端短接起来，故这种现象称为"虚短"。

如果信号自反相输入端输入，同相输入端接地时，$u_+ = 0$，由式（7-2）可知，u_- 也等于零。即反相输入端是一个不接"地"的"地"电位，通常称之为"虚地"。

2）集成运算放大器同相输入端和反相输入端的输入电流等于零（虚断）

因为理想集成运算放大器的 $r_{id} \approx \infty$，所以

$$i_+ = i_- \approx 0 \tag{7-3}$$

注意：虽然 $i_+ = i_- \approx 0$，两个输入端之间好像断开一样，但不能真正地断开，故这种现象称为"虚断"。

应用上述两个结论可以使集成运算放大器应用电路的分析大大简化，是分析具体运算放大器电路的依据。

此外，集成运算放大器还可以工作在非线性区。此时，$u_o \neq A_{uo}(u_+ - u_-)$。

为了使集成运算放大器工作在线性区，通常把外部电阻、电容、半导体器件等跨接在集成运算放大器的输出端与输入端之间，构成闭环负反馈工作状态，限制其电压放大倍数。

想一想：集成运算放大器工作在线性区和非线性区的特点有哪些？理想集成运算放大器的 A_{uo}、r_{id}、r_o、K_{CMR} 各是多少？什么是"虚短"和"虚断"？什么是"虚地"？

7.2 放大器基本线性运算电路

1. 反相运算电路（反相比例运算电路）

反相比例运算电路如图 7-5 所示，输入信号 u_i 经过输入电阻 R_1 加到集成运放的反相输入端，同相输入端通过平衡电阻 R_P 接地，故称为反相输入运算电路。同时，反馈电阻 R_f 跨接在输出端与反相输入端之间，形成电压并联负反馈。为保证电路工作在线性状态，通常取 $R_P = R_1 /\!/ R_f$。根据理想运算放大器的特点，有

$$u_+ = u_- = 0$$

$$i_1 = \frac{u_i - u_-}{R_1} = \frac{u_i - 0}{R_1} = \frac{u_i}{R_1}$$

$$i_f = \frac{u_- - u_o}{R_f} = \frac{0 - u_o}{R_f} = -\frac{u_o}{R_f}$$

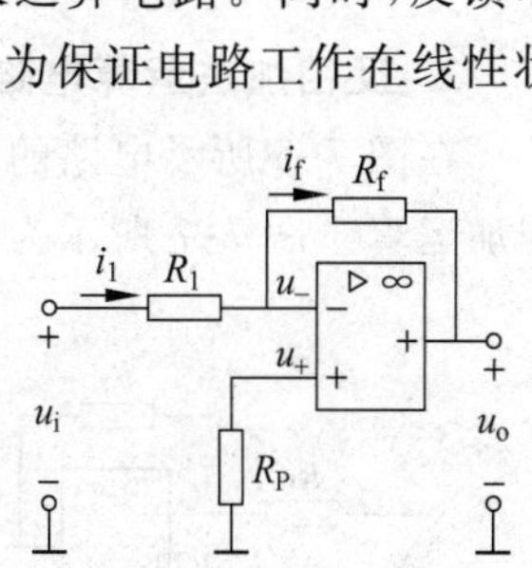

因为

$$i_1 = i_f$$

所以

图 7-5 反相比例运算电路

$$u_o = -\frac{R_f}{R_1} u_i \tag{7-4}$$

放大电路的闭环电压放大倍数 A_{uf}

$$A_{uf} = \frac{u_o}{u_i} = -\frac{R_f}{R_1} \tag{7-5}$$

式(7-5)表明，u_i 和 u_o 之间是相位相反的比例关系，其放大关系仅与 R_f 和 R_1 有关，而与放大器本身无关。

当 $R_f = R_1$ 时，则有 $A_{uf} = -1$，即输出电压 u_o 与输入电压 u_i 数值相等，相位相反。这时的运算放大器仅作一次变号运算，或称为反相器。

想一想：如图 7-5 所示反相比例运算电路中，既然 $u_- \approx 0$，那么将该反相输入端真正接地能够正常工作吗？$i_- \approx 0$，那么将该反相输入端引线断开能正常工作吗？为什么？

【例 7-1】　有一电阻式压力传感器，其输出阻抗为 500Ω，测量范围是 $0\sim10\text{MPa}$，其灵敏度为 $+1\text{mV}/0.1\text{MPa}$。现用一个输入 $0\sim5\text{V}$ 的标准表来显示这个传感器测量的压力变化，需要用一个放大器把传感器输出的信号放大到标准表输入需要的状态，设计一个放大器并确定各元件参数。

解：因为传感器的输出阻抗较低，所以可采用由输入阻抗较小的反相比例运算电路构成放大器；因为标准表的最高输入电压对应着传感器 10MPa 时的输出电压值，而传感器这时的输出电压为 $1\times100\text{mV}=0.1\text{V}$，也就是放大器的最高输入电压，这时放大器的输出电压应是 5V，所以放大器的电压放大倍数是 $5/0.1=50$ 倍。由于相位与需要相反，所以在第一级放大器后再接一级反相器，使相位符合要求。根据这些条件来确定电路的参数。

(1) 取放大器的输入阻抗是信号源内阻的 20 倍，即 $R_1 = 10\text{k}\Omega$。

(2) $R_f = 50R_1 = 500(\text{k}\Omega)$。

(3) $R_P = R_1 // R_f = 10 // 500 = 9.8(\text{k}\Omega)$。

(4) 运算放大器均采用 LM741。

(5) 采用对称电源供电，电压可采用 10V（因为放大器最大输出电压是 5V）。

(6) $R_{f2} = R_{12} = 50\text{k}\Omega$。

(7) $R_{P2} = R_{12} // R_{f2} = 50 // 50 = 25(\text{k}\Omega)$。

电路图如图 7-6 所示。

2. 反相加法运算电路

在图 7-5 所示电路的基础上增加若干个输入回路，就可以对多个输入信号实现代数相加运算。图 7-7 所示为具有三个输入信号的反相加法运算电路。

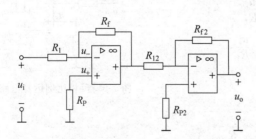

图 7-6　例 7-1 图

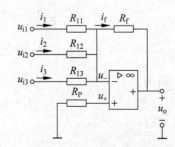

图 7-7　反相加法运算电路

由图 7-7 分析可知

$$i_1 = \frac{u_{i1}}{R_1}, \quad i_2 = \frac{u_{i2}}{R_2}, \quad i_3 = \frac{u_{i3}}{R_3}$$

$$i_f = i_1 + i_2 + i_3, \quad \text{而 } i_f = \frac{0 - u_o}{R_f} = -\frac{u_o}{R_f}$$

由上列各式可得

$$u_o = -\left(\frac{R_f u_{i1}}{R_1} + \frac{R_f u_{i2}}{R_2} + \frac{R_f u_{i3}}{R_3} \right) \tag{7-6}$$

由式(7-6)可以看出,u_o 与 u_i 之间的关系仅与外部电阻有关,所以反相加法运算电路也能做到很高的运算精度和稳定性。

若使 $R_f = R_1 = R_2 = R_3$,则

$$u_o = -(u_{i1} + u_{i2} + u_{i3}) \tag{7-7}$$

式(7-7)表明,输出电压等于输入电压的代数和。

图 7-7 中的平衡电阻

$$R_P = R_1 \mathbin{/\mkern-5mu/} R_2 \mathbin{/\mkern-5mu/} R_3 \mathbin{/\mkern-5mu/} R_f$$

3. 反相积分电路

把反相比例运算电路中的反馈电阻 R_f 换成电容 C_f,就构成了反相积分电路,如图 7-8 所示。

根据虚地的特点可知

$$i_1 = \frac{u_i - 0}{R_1} = \frac{u_i}{R_1}$$

$$i_C = i_f = i_1$$

$$u_o = -u_C = -\frac{1}{C_f} \int i_C \, \mathrm{d}t$$

则

$$u_o = -\frac{1}{C_f} \int \frac{u_i}{R_1} \mathrm{d}t = -\frac{1}{C_f R_1} \int u_i \, \mathrm{d}t \tag{7-8}$$

式(7-8)表明,u_o 与 u_i 是积分运算关系,式中负号反映 u_o 与 u_i 的相位关系。$R_1 C_f$ 称为积分时间常数,它的数值越大,达到某一 u_o 值所需的时间越长。当 $u_i = U$(直流)时,有

$$u_o = -\frac{U}{C_f R_1} t \tag{7-9}$$

若 u_i 是一个正阶跃电压信号,如图 7-9(a)所示,则 u_o 随时间近似线性关系下降,输出电压最大数值为集成运放的饱和电压值,输出电压波形如图 7-9(b)所示。

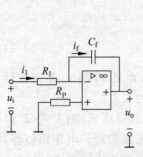

图 7-8 反相积分电路

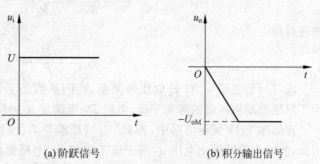

(a)阶跃信号   (b)积分输出信号

图 7-9 反相积分电路输入、输出电压波形

4. 反相微分电路

如果把反相比例运算电路中的电阻 R_1 换成电容 C_1，则称为微分运算电路，如图 7-10 所示。

根据电路可得

$$i_1 = i_C = i_f, \quad u_i = u_C$$

$$u_o = -i_f R_f, \quad i_C = C_1 \frac{\mathrm{d}u_C}{\mathrm{d}t}$$

$$u_o = -R_f C_1 \frac{\mathrm{d}u_C}{\mathrm{d}t} = -R_f C_1 \frac{\mathrm{d}u_i}{\mathrm{d}t} \tag{7-10}$$

式中：$R_f C_1$——微分时间常数。

5. 同相比例运算电路

如图 7-11 所示电路，输入信号 u_i 通过 R_2 加到集成运算放大器的同相输入端，电阻 R_f 跨接在输出端与反相输入端之间，使电路工作在闭环状态。由图分析可知，该电路的反馈形式为电压串联负反馈。图 7-11 所示电路称为同相比例运算电路。

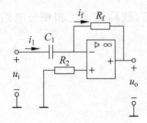

图 7-10　反相微分电路

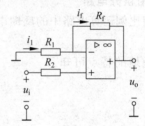

图 7-11　同相比例运算电路

分析图 7-11 所示电路可知

$$u_+ = u_-, \quad i_1 = -\frac{u_-}{R_1}$$

$$i_f = \frac{u_- - u_o}{R_f}, \quad i_f = i_1$$

$$u_i = u_+ = u_-$$

由上述关系式得

$$-\frac{u_i}{R_1} = \frac{u_i - u_o}{R_f}$$

整理后得

$$u_o = \left(1 + \frac{R_f}{R_1}\right) u_i \tag{7-11}$$

式(7-11)表明 u_o 和 u_i 成比例关系，比例系数是 $1 + R_f/R_1$，而且 u_o 与 u_i 是同相位。为了保证差动输入级的静态平衡，电阻 R_2 应满足 $R_2 = R_1 /\!/ R_f$ 的关系。

在如图 7-11 所示电路中，若 $R_1 = \infty$（即断开 R_1），如图 7-12(a)所示，则由式(7-11)可知，此时电路的输出电压 u_o 等于输入电压 u_i，电路被称为电压跟随器。电压跟随器具有极高的输入电阻和极低的输出电阻，它在电路中能起到良好的隔离作用。假如再令 $R_2 =$

$R_f = 0$，则电路称为另一种形式的电压跟随器，如图 7-12(b) 所示。

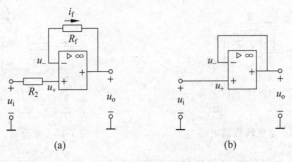

图 7-12　电压跟随器

同相比例运算电路的特点如下：

(1) 输出信号 u_o 是输入信号 u_i 的 $(1 + R_f/R_1)$ 倍，输出信号可能大于或等于输入信号，并且与输入信号相位相同。

(2) 输入阻抗较大，约等于 r_{id}，而输出阻抗较小。

(3) 同相输入端与反相输入端之间为虚短，不存在虚地现象。

(4) 存在共模输入信号。

由前面的分析可知，反相输入运算电路和同相输入运算电路都存在"虚短"现象。但反相输入运算电路还存在"虚地"情况，而同相输入运算电路不存在"虚地"情况。

由于有 $u_+ = u_- = u_i$，说明两输入端的信号是共模信号，因此同相输入比例运算放大电路要求能够承受共模干扰信号，而反相输入比例运算放大电路就不存在这个问题。

【例 7-2】　在如图 7-13 所示电路中，试计算 U_o 的大小。

解：图 7-13 是一电压跟随器，电源电压 +15V 经两个 15kΩ 的电阻分压后，在同相输入端得到 +7.5V 的输入电压，即 $U_i = 7.5V$。

因为是一电压跟随器，故 $U_o = U_i$，所以 $U_o = 7.5V$。

由此例可见，U_o 只与电源电压和分压电阻有关，其精度和稳定性较高，可用作基准电压。

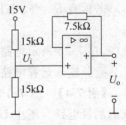

图 7-13　例 7-2 图

【例 7-3】　在如图 7-14 所示电路中，试写出通过负载电阻 R_L 的电流 i_L 与输入信号 u_i 之间的关系式。

解：分析图 7-14 所示电路可知，其反馈类型为电流串联负反馈，各电流、电压之间的关系如下：

$$i_L = i_1, \quad u_i = u_+ = u_-, \quad i_1 = \frac{u_-}{R_1}$$

所以

$$i_L = \frac{u_i}{R_1}$$

这一关系式说明，通过负载电阻的电流 i_L 的大小与负载电阻 R_L 无关，只要 u_i 和 R_1 恒定，负载中的电流 i_L 就恒定。图 7-14 所示为将电压转换为电流的电压-电流转换器电路。

6. 差分输入运算电路

当集成运算放大电路的同相输入端和反相输入端都接有输入信号时，称为差分输入运算电路,如图 7-15 所示。

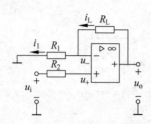

图 7-14　电压-电流转换器电路

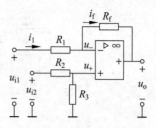

图 7-15　差分输入运算电路

对图 7-15 所示电路分析可得到如下关系式。

$$u_+ = u_- = \frac{R_3 u_{i2}}{R_2 + R_3}, \quad i_1 = \frac{u_{i1} - u_-}{R_1}$$

$$i_f = \frac{u_- - u_o}{R_f}, \quad i_1 = i_f$$

综合上面的几个关系式可以得到

$$u_o = \frac{R_3 u_{i2}}{R_2 + R_3}\left(1 + \frac{R_f}{R_1}\right) - \frac{R_f u_{i1}}{R_1}$$

当 $R_3 = R_f, R_2 = R_1$ 时

$$u_o = \frac{R_f}{R_1}(u_{i2} - u_{i1}) \tag{7-12}$$

式(7-12)表明,输出电压 u_o 与两个输入电压的差值成正比,比例系数也只与外接元件有关。

若再有 $R_1 = R_f$ 条件成立,则式(7-12)又可写成

$$u_o = u_{i2} - u_{i1} \tag{7-13}$$

此时,图 7-15 所示电路就构成一个减法运算电路。

差分输入运算电路在测量与控制系统中得到了广泛的应用。

【例 7-4】　图 7-16 所示电路是用运算放大器构成的测量电路。图中 U_S 为恒压源,若 ΔR_f 是某个非电量(如应变、压力或温度)的变化所引起的传感元件的阻值变化量,试写出 u_o 与 ΔR_f 之间的关系式。

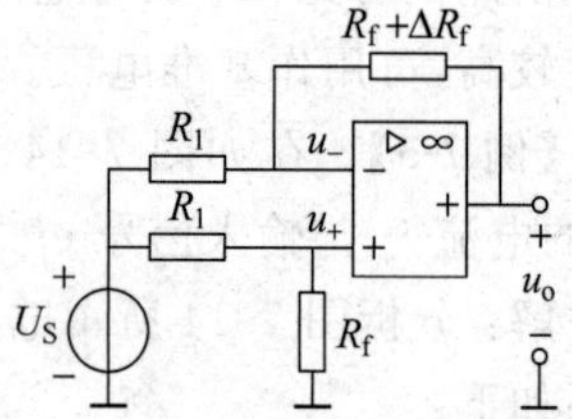

解:由差分放大电路输出与输入之间的关系式可得出

图 7-16　运算放大器构成的测量电路

$$u_o = \left(1 + \frac{R_f + \Delta R_f}{R_1}\right)\frac{R_f U_S}{R_1 + R_f} - \frac{R_f + \Delta R_f}{R_1}U_S$$

整理上式得

$$u_o = \frac{\Delta R_f}{R_1 + R_f}U_S$$

计算结果表明,输出信号电压与传感元件电阻值的变化量成正比。

7.3 放大器的非线性应用电路

当运算放大器工作在开环状态或引入正反馈时,由于其放大倍数非常大,所以输出只能存在正负饱和两个状态。当运算放大器工作在此种状态时,称为运算放大器的非线性应用。

前面学习的反比例运算、同相比例运算及反相加法运算等电路,放大器都是工作在线性条件下。在非线性工作条件下,放大器可实现电压比较、信号的产生等功能。

电压比较器是用来对输入信号进行幅度鉴别和比较的电路,常用于模拟电路和数字电路的连接,称为接口电路。

1. 基本电压比较器

图 7-17 所示为一个基本电压比较器及其电压传输特性。

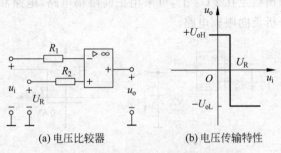

(a) 电压比较器   (b) 电压传输特性

图 7-17 电压比较器及其电压传输特性

参考电压 U_R 加在同相输入端,输入信号 u_i 加在反相端,则输入信号将与参考电压相比较。根据理想运算放大器的特点,由图 7-17(a)可知,当 $u_i < U_R$ 时,输出为正饱和电压 $+U_{oH}$;当 $u_i > U_R$ 时,输出为负饱和电压 $-U_{oL}$;图 7-17(b)所示为运算放大器输出电压与输入电压的关系,即传输特性。

通常把参考电压 U_R 称为门限电压(或阈值电压),它是将输出电压由某一种状态转换到另一种状态时的输入电压。

假如门限电压 $U_R = 0V$,即同相端接地,电路如图 7-18 所示,称为过零电压比较器。

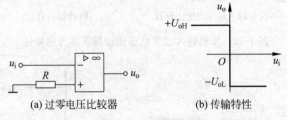

(a) 过零电压比较器   (b) 传输特性

图 7-18 过零电压比较器及其传输特性

2. 有限幅电路的电压比较器

在比较器的输出端接上限幅电路,就可以得到某一特定电压值。限幅电路是利用稳压管的稳压功能,将稳压管稳压电路接在比较器的输出端,如图 7-19(a)所示。图中的稳压管是双向稳压管,其稳定电压为$\pm U_Z$,电路的传输特性如图 7-19(b)所示。电压比较器的输出被限制在$+U_Z$和$-U_Z$之间,这种输出由双向稳压管限幅的电路称为双向限幅电路。

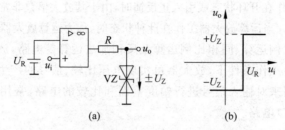

图 7-19　有限幅电路的电压比较器及其传输特性

如果只需要将输出稳定在$+U_Z$上,可采用正向限幅电路,电路和传输特性如图 7-20 所示。请读者自行分析负向限幅电路。

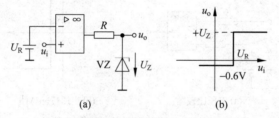

图 7-20　正向限幅电路

图 7-21 所示为反相端输入的过零电压比较器,图 7-22 所示为同相端输入的过零电压比较器,这两种电压比较器都带有限幅电路。

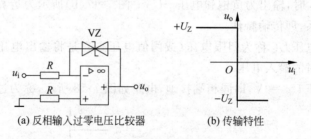

(a) 反相输入过零电压比较器   (b) 传输特性

图 7-21　反相输入过零电压比较器及其传输特性

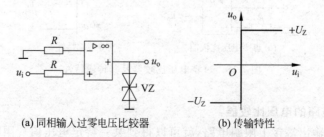

(a)同相输入过零电压比较器   (b) 传输特性

图 7-22　同相输入过零电压比较器及其传输特性

3. 滞回电压比较器

输入电压 u_i 加到运算放大器的反相输入端，通过 R_2 引入串联电压正反馈，就构成了滞回电压比较器，电路如图 7-23(a) 所示。其中，U_R 是比较器的基准电压，该基准电压与输出有关。当输出电压为正饱和值($u_o = +U_{oM}$)时，则

$$U'_R = U_{oM} \cdot \frac{R_1}{R_1 + R_2} = U_{RH} \tag{7-14}$$

当输出电压为负饱和值($u_o = -U_{oM}$)时，则

$$U''_R = -U_{oM} \cdot \frac{R_1}{R_1 + R_2} = U_{RL} \tag{7-15}$$

设某一瞬间 $u_o = +U_{oM}$，基准电压为 U_{RH}，输入电压只有增大到 $u_i \geqslant U_{RH}$ 时，输出电压才能由 $+U_{oM}$ 跃变到 $-U_{oM}$；此时，基准电压为 U_{RH}，若 u_i 持续减小，只有减小到 $u_i \leqslant U_{RL}$ 时，输出电压才会又跃变至 $+U_{oM}$。由此得出滞回比较器的传输特性如图 7-23(b) 所示，$U_{RH} - U_{RL}$ 称为回差电压。改变 R_1 或 R_2 的数值，就可以方便地改变 U_{RH}、U_{RL} 和回差电压。

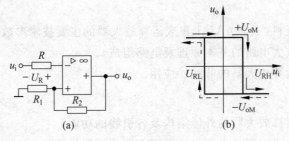

图 7-23　滞回电压比较器

滞回电压比较器由于引入了正反馈，所以可以加速输出电压的转换过程，改善输出波形；由于回差电压的存在，因此提高了电路的抗干扰能力。

当输入电压是正弦波时，输出矩形波如图 7-24 所示。

【例 7-5】　试画出图 7-25 所示过零比较器的传输特性。当输入为正弦电压时，画出输出电压的波形。

解：过零比较器的传输特性如图 7-26(a) 所示，输出电压波形图如图 7-26(b) 所示。由图可见，通过过零比较器可以将输入的正弦波转换成矩形波。

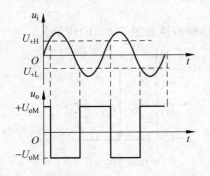

图 7-24　滞回电压比较器的输出电压波形

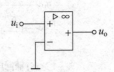

图 7-25　过零比较器

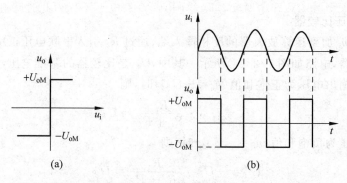

图 7-26　过零比较器的传输特性和输出电压波形图

7.4　动手做　用运算放大器实现电压比较的电路

预习要求

(1) 通过阅读资料,了解 μA741 集成运算放大器的主要技术参数及应用特性。

(2) 复习运算放大电路的基本原理及电路组成。

(3) 重点复习运算放大器的非线性应用。

1．实训目的

(1) 熟悉集成运算放大器的外形结构及各引线的功能。

(2) 学习应用集成运算放大器组成滞回电压比较器的接线和测量方法。

(3) 掌握常用电子测量仪器的使用。

2．实训仪器与器件

(1) 直流稳压电源(双路输出)1 台。

(2) 双踪示波器 1 台。

(3) 晶体管毫伏表 1 台。

(4) 低频信号发生器 1 台。

(5) 模拟电子电路训练板 1 块(包括集成运算放大器 μA741、晶体二极管若干)。

3．实训原理

滞回电压比较器电路如图 7-27(a)所示,传输特性如图 7-27(b)所示。

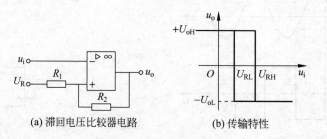

(a) 滞回电压比较器电路　　　　(b) 传输特性

图 7-27　滞回电压比较器

当输入电压 u_i 由 $0V$ 开始增加,输出电压 u_o 为高电平 $+U_{oH}$,此时反相输入端电压为 U_{RH},即上限电压,其电压为

$$U_{RH} = \frac{+U_{oH} - U_R}{R_1 + R_2} R_1 + U_R \tag{7-16}$$

在 $u_i < U_{RH}$ 时,输出电压为高电平 $+U_{oH}$,故 U_{RH} 不变,输出保持高电平。当输入电压逐渐上升到 $u_i > U_{RH}$ 时,输出电压 u_o 由高电平 $+U_{oH}$ 跳变为低电平 $-U_{oL}$,此时反相输入端电压为由 U_{RH} 变为 U_{RL},即下限电压,其电压为

$$U_{RL} = \frac{-U_{oL} - U_R}{R_1 + R_2} R_1 + U_R \tag{7-17}$$

当 u_i 继续增加时,由于 u_i 更大于 U_{RL},输出低电平保持不变。

可见,在滞回电压比较器中,当 u_i 上升到 $u_i > U_{RH}$ 时,输出低电平 $-U_{OL}$,其基准电压为 U_{RL}。当 u_i 下降到 $u_i < U_{RL}$ 时,输出电压 u_o 从低电平 $-U_{oL}$ 跳变到高电平 $+U_{oH}$,则基准电压又从 U_{RL} 跳变到 U_{RH}。

在实际应用中有专用的电压比较器集成电路,如 BG371、J631 等。

4. 实训内容

(1) 按图 7-28 所示电路连接各元件,并连接信号发生器和示波器。

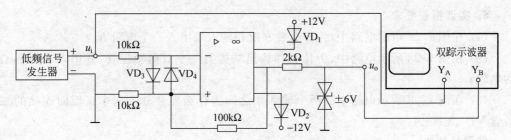

图 7-28　滞回电压比较器测试电路

(2) 将低频信号发生器的输出频率调整为 $1kHz$,电压为 $2V$,波形为三角波。

(3) 检查电路无误后,接上直流稳压电源、低频信号发生器和双踪示波器的电源。在输入端和输出端观察双踪示波器的波形,并画在表 7-1 中。

表 7-1　交流电压测量数据记录表

信号	波　形
输入	u_i ↑　O　→ t
输出	u_o ↑　O　→ t

（4）将低频信号发生器的输出电压逐渐降低,注意观察输出电压波形的变化。判断输入电压的上限电压值和下限电压值。

5. 注意事项

（1）拆接元件时必须切断电源,不可带电操作。

（2）在训练过程中,要正确使用各种仪器,并对 μA741 进行测试。μA741 的管脚分布与 LM741 相同,见图 7-3(c)。

① 检查输入级差动放大器的对管。测量③脚(同相端,接黑表笔)与⑦脚(正电源端,接红表笔)之间的正向电阻与反向电阻(将表笔接法相反);②脚(反相端)与⑦脚之间的正向电阻与反向电阻,如果正向电阻小反向电阻大,说明输入级差动放大器的对管是好的。

② 检查输出级的互补对称推挽管。测量⑥脚(输出端)与⑦脚之间的正向电阻与反向电阻;④脚(负电源端)与⑥脚之间的正向电阻与反向电阻,如果正向电阻小反向电阻大,说明输出级的互补对称推挽管是好的。测试时应注意:不要用小电阻挡(如"×1"),以免测试电流过大;也不要用大电阻挡(如"×10k"),以免电压过高使集成运放损坏。

（3）调零时必须细心,切忌不要使电位器 R_P 的滑动端与地线或正电源线相碰,否则会损坏集成运放。

6. 实训报告要求

（1）在图 7-28 所示电路中,为什么要在反相输入端串入一个电阻 R_1？

（2）在图 7-28 所示电路中,为什么在输出端接上一个双向稳压管,并串入一个 $2k\Omega$ 的电阻？

（3）在图 7-28 所示电路中的两个输入端之间为什么要并联上两个正反向连接的二极管 VD_3、VD_4？

问题的解决

在"问题的提出"中,要设计一个放大器。通过学习可知,可采用高输入阻抗的同相比例放大器实现(因为传感器的输出阻抗很高,为 $1M\Omega$,所以不能采用输入阻抗较小的反相比例电路构成放大器)。

因为标准表的最高输入电压对应着传感器 10MPa 时的输出电压值,即此时传感器的输出电压为 $1\times100=100(mV)$,作为放大器的最高输入电压。根据要求可知,此时放大器的输出电压是 5V,所以放大器的电压倍数是 $5/0.1=50$。根据这些条件来确定电路的参数。

（1）$R_1=10k\Omega$。

（2）$R_f=(50-1)R_1=49\times10=490(k\Omega)$。

（3）$R_2=R_1//R_f=\dfrac{10\times490}{10+490}=9.8(k\Omega)$。

（4）运算放大器可采用高输入阻抗的 CA3140。

（5）采用对称电源供电,电压可采用 10V(因为放大器最大输出电压是 5V),电容式压力传感器的放大电路如图 7-29 所示。

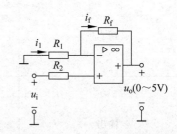

图 7-29 电容式压力传感器的放大电路

习题 7

7.1　各电路如题 7.1 图所示，集成运放的开环增益 $A_{uo}=105$，正负电源分别为 $+15\text{V}$ 和 -15V，输入电压如各电路图所标，试写出各电路的输出电压。

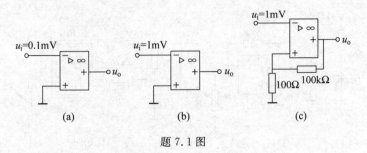

题 7.1 图

7.2　求题 7.2 图所示电路的输出电压与输入电压的关系式。

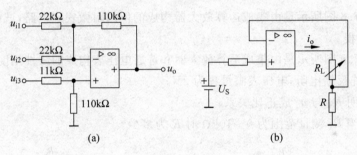

题 7.2 图

7.3　题 7.3 图所示电路是一比例系数可调的反相比例运算电路，设 $R_f \gg R_4$，试证：

$$u_o = -\frac{R_f}{R_1}\left(1+\frac{R_3}{R_4}\right)u_i$$

7.4　题 7.4 图中，已知 $R_f=2R_1$，$u_i=-2\text{V}$，求输出电压。

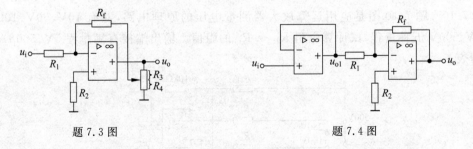

题 7.3 图　　　　　　　　　　　　　　　　题 7.4 图

7.5　有一个用铜和康铜的热电偶温度传感器，它有两个端钮，可将温度变为电压。当在铜和康铜热电偶的两个端钮之间有 1℃ 的温度差时，便可产生 $50\mu\text{V}$ 左右的电位差（即电压）。试画出一个温度差为 10℃ 时输出电压为 50mV 的反相比例运算电路，并求当 $R_1=10\text{k}\Omega$ 时 R_f 的电阻值。

7.6　有一硅光电池,当光照射到硅光电池时,它产生 0.5V 的电压;当无光照射时,电压为 0V. 试画出一个用同相比例运算电路组成一输出电压为 5V 的测量电路,并求当 $R_f=91k\Omega$ 时 R_1 的电阻值。

7.7　在题 7.7 图所示电路中,稳压管稳定电压 $U_Z=6V$,电阻 $R_1=10k\Omega$,电位器 $R_f=10k\Omega$,求调节 R_f 时输出电压 u_o 的变化范围,并说明改变电阻 R_L 对 u_o 有无影响。

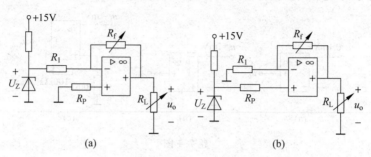

(a)　　　　　　　(b)

题 7.7 图

7.8　题 7.8 图所示是由集成运算放大器构成的低内阻微安表电路,试说明其工作原理并确定其量程。

7.9　题 7.9 图所示是由集成运算放大器和普通电压表构成的线性刻度欧姆表电路,被测电阻 R_x 作反馈电阻,电压表满量程为 2V.

(1) 试证明 R_x 与 u_o 成正比关系。

(2) 计算当 R_x 测量范围为 $0\sim10k\Omega$ 时 R 为多少?

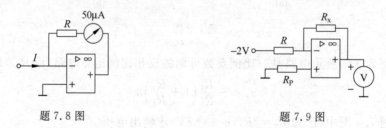

题 7.8 图　　　　　　　题 7.9 图

7.10　题 7.10 图是应用运算放大器测量电压的原理电路,共有 10V、50V、100V、250V、500V 五种量程,试计算电阻 $R_{11}\sim R_{15}$ 的阻值。输出端接有满量程 5V、500μA 的电压表。

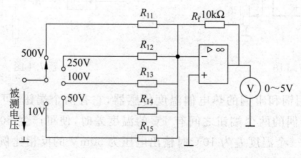

题 7.10 图

7.11　题 7.11 图是应用运算放大器测量电流的原理电路,共有 5mA、500μA、100μA、50μA、10μA 五种量程,试计算电阻 $R_{f1}\sim R_{f5}$ 的阻值。输出端接有满量程 5V、500μA 的电压表。

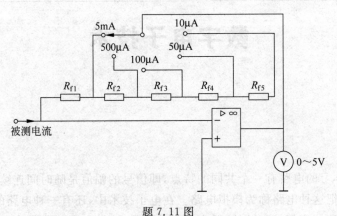

题 7.11 图

7.12　题 7.12 图是应用运算放大器测量电阻的原理电路,输出端接有满量程 5V、500μA 的电压表。当电压表指示为 4V 时,试计算被测电阻 R_f 的电阻值。

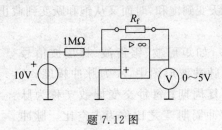

题 7.12 图

7.13　按照下列各运算关系式画出电路图并计算各电阻值。反馈电阻 R_f 已在各题中标明。

（1）$u_o = -4u_i$　（$R_f = 100\text{k}\Omega$）

（2）$u_o = 5u_i$　（$R_f = 50\text{k}\Omega$）

（3）$u_o = -(u_{i1} + 0.5u_{i2})$　（$R_f = 50\text{k}\Omega$）

（4）$u_o = 3(u_{i2} - u_{i1})$　（$R_f = 30\text{k}\Omega$）

第 8 章

数字电子技术

前面几章学习的电路有一个共同的特点,即信号的幅值是随时间连续变化的,如正弦交流信号,我们把这种电路称为模拟电路。在电子技术中,还有一种电路的信号不是连续变化的,其时间和幅值都是离散的、跃变的脉冲信号,这种电路称为数字电路。

数字电路和模拟电路都是电子技术的基础,但二者的工作状态不同。数字电路是利用电子元器件工作在非线性区的特性,例如晶体三极管工作在截止和饱和两种状态,晶体三极管的工作时而从截止跃变到饱和,时而又从饱和跃变到截止,所以数字电路有时也称为开关电路。

数字信号的种类很多,如矩形波、锯齿波、梯形波信号等。如图 8-1 所示的矩形脉冲波形图中,A 为脉冲幅度;t_p 为脉冲宽度;T 为脉冲重复周期;每秒交变周数 f 称为脉冲频率;脉冲宽度 t_p 与脉冲周期 T 之比称为占空比。脉冲开始跃变的一边称为脉冲前沿,脉冲结束时跃变的一边称为脉冲后沿。

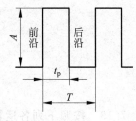

图 8-1　矩形脉冲波形图

在数字电路中的信号通常用最简单的数字"1"与"0"表示,这两个数字可以用脉冲的"有"与"无"、高电平"H"与低电平"L"来代表。正逻辑规定:以"1"表示高电平"H",以"0"表示低电平"L"。反之,若以"0"表示高电平"H",以"1"表示低电平"L",则称为负逻辑。本书均采用正逻辑。

数字电路研究的重点是单元电路之间信号的逻辑关系,而不是脉冲的波形,因此可滤掉很多噪声和干扰,故数字电路具有精度高、速度快、抗干扰能力强等优点,在自动控制、计算技术、雷达、电视、遥测遥控等许多方面获得日益广泛的应用。

8.1　门电路和组合逻辑电路

问题的提出

图 8-2 所示电路是一个应用非门构成的简易火警报警器。R 是可变电阻,R' 是热敏电阻,L 是蜂鸣器,G 是什么元件? 有什么作用? 蜂鸣器 L 为什么会发声?

任务目标

（1）掌握基本门电路（"与"门、"或"门及"非"门电路）的表达式、真值表、逻辑符号、逻辑功能及电路的工作原理。

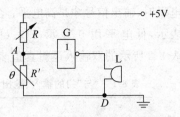

图 8-2　简易火警报警器电路

（2）认识和掌握组合逻辑电路的分析和设计方法；掌握若干组合逻辑电路的组成、工作原理及应用。

8.1.1　基本门电路

门电路是一种具有一定逻辑关系的开关电路。当它的输入信号满足某种条件时，才有信号输出；否则就没有信号输出。如果把输入信号看作条件，把输出信号看作结果，那么当条件具备时，结果就会发生。也就是说在门电路的输入信号与输出信号之间存在着一定的因果关系，即逻辑关系。基本逻辑关系有三种，分别为"与"逻辑、"或"逻辑和"非"逻辑。实现这些逻辑关系的电路分别称为"与"门、"或"门和"非"门。由这三种基本门电路还可以组成其他多种复合门电路。门电路是数字电路的基本逻辑单元，可以用二极管、三极管等分立元件组成，目前广泛使用的是集成门电路。

1. "与"逻辑及"与"门电路

当决定某事件的全部条件同时具备时，事件才会发生，这种因果关系称为"与"逻辑，实现"与"逻辑关系的电路称为"与"门。由二极管构成的双输入"与"门电路及其逻辑符号如图 8-3 所示。

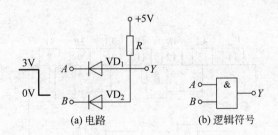

（a）电路　　　　　（b）逻辑符号

图 8-3　二极管构成的双输入"与"门电路及其逻辑符号

图中，A、B 为输入信号，Y 为输出信号。设输入信号高电平为 3V，低电平为 0V，并忽略二极管的正向压降，则有：

（1）$U_A = U_B = 0V$ 时，二极管 VD_1、VD_2 都处于正向导通状态，所以 $U_Y = 0V$。

（2）$U_A = 0V$、$U_B = 3V$ 时，VD_1 优先导通。VD_1 导通后，$U_Y = 0V$，将 Y 点电位钳制在 0V，使 VD_2 受反向电压而截止。

（3）$U_A = 3V$、$U_B = 0V$ 时，VD_2 优先导通，使 Y 点电位钳制在 0V，此时 VD_1 受反向电压而截止，$U_Y = 0V$。

（4）$U_A = U_B = 3V$ 时，VD_1、VD_2 都导通，$U_Y = 3V$。

把上述分析结果归纳列于表 8-1 中可知，图 8-3 所示电路只有所有输入信号都是高电平时,输出信号才是高电平;否则输出信号为低电平,是一种"与"门。如果把高电平用 1 表示,低电平用 0 表示,U_A、U_B 用 A、B 表示,U_Y 用 Y 表示,代入表 8-1 中,则得到表 8-2 所示的双输入逻辑真值表。

表 8-1 "与"门的输入、输出电压关系		
输 入		输出
U_A	U_B	U_Y
0	0	0
0	3	0
3	0	0
3	3	3

表 8-2 "与"门的逻辑真值表		
输 入		输出
A	B	Y
0	0	0
0	1	0
1	0	0
1	1	1

由表 8-2 可知,Y 与 A、B 之间的关系是:只有当 A、B 都为 1 时,Y 才为 1;否则 Y 为 0,满足"与"逻辑关系,可用逻辑表达式表示,即

$$Y = A \cdot B \tag{8-1}$$

式(8-1)中小圆点"·"表示 A、B 的"与"运算,又叫逻辑"乘",通常"与运算"的"·"可以省略。

由式(8-1)得出如表 8-2 所示真值表。"与"运算规则为

$$0 \cdot 0 = 0 \qquad 0 \cdot 1 = 0 \qquad 1 \cdot 0 = 0 \qquad 1 \cdot 1 = 1$$

目前,常采用集成电路来组成门电路,常用的"与"门集成电路有 74LS08,其外管脚如图 8-4 所示。

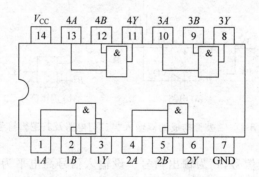

图 8-4 四个双输入"与"门 74LS08

2. "或"逻辑及"或"门电路

在决定某事件的条件中,只要任一条件具备,事件就会发生,这种因果关系叫作"或"逻辑。实现"或"逻辑关系的电路称为"或"门。由二极管构成的双输入"或"门电路及其逻辑符号如图 8-5 所示。

图中,A、B 为输入信号,Y 为输出信号。设输入信号高电平为 3V,低电平为 0V,并忽略二极管的正向压降,则有:

(1) $U_A = U_B = 0V$ 时,二极管 VD_1、VD_2 都处于正向截止状态,所以 $U_Y = 0V$。

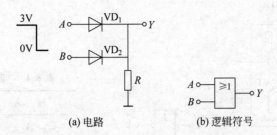

(a) 电路　　　　　　　　(b) 逻辑符号

图 8-5　二极管构成的"或"门电路及其逻辑符号

(2) $U_A = 0V$、$U_B = 3V$ 时，VD_2 导通。VD_2 导通后，$U_Y = U_B = 3V$，使 Y 点的电位处于高电位，VD_1 受反向电压而截止。

(3) $U_A = 3V$、$U_B = 0V$ 时，VD_1 导通，VD_2 受反向电压而截止，$U_Y = 3V$。

(4) $U_A = U_B = 3V$ 时，VD_1、VD_2 都导通，$U_Y = 3V$。

由表 8-3 可知，Y 与 A、B 之间的关系是：A、B 中只要有一个或一个以上为 1 时，Y 就为 1；只有当 A、B 全为 0 时，Y 才为 0，满足"或"逻辑关系，可用逻辑表达式表示，即

$$Y = A + B \tag{8-2}$$

式中：符号"＋"表示 A、B 的"或"运算，"或"运算又叫逻辑"加"。

由式(8-2)得出真值表如表 8-3 所示。"或"运算的规则如下：

$$0 + 0 = 0 \qquad 0 + 1 = 1 \qquad 1 + 0 = 1 \qquad 1 + 1 = 1$$

目前常用的"或"门集成电路有 74LS32，其外管脚如图 8-6 所示。

表 8-3　"或"门的逻辑真值表

输	入	输出
A	B	Y
0	0	0
0	1	1
1	0	1
1	1	1

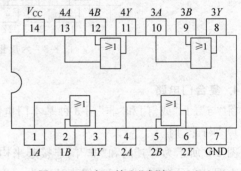

图 8-6　四个双输入"或"门 74LS32

3．"非"逻辑及"非"门电路

决定某事件的条件只有一个，当条件出现时事件不发生，而条件不出现时事件发生，这种因果关系叫作"非"逻辑。实现"非"逻辑关系的电路称为"非"门，也称反相器。图 8-7 所示是双极型三极管非门的原理电路及其逻辑符号。

设输入信号高电平为 3V，低电平为 0V，并忽略三极管的饱和压降 U_{CES}，则 $U_A = 0V$ 时，三极管截止，输出电压 $U_Y = V_{CC} = 3V$；$U_A = 3V$ 时，三极管饱和导通，输出电压 $U_Y = U_{CES} = 0V$。"非"门的逻辑真值表如表 8-4 所示。

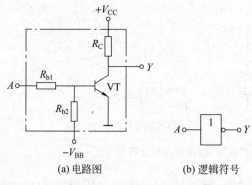

(a) 电路图　　　　　(b) 逻辑符号

图 8-7　双极型三极管非门的原理电路及其逻辑符号

表 8-4　"非"门的逻辑真值表

输　入	输　出
A	Y
0	1
1	0

由表 8-4 可知，Y 与 A 之间的关系是：$A=0$ 时，$Y=1$；$A=1$ 时，$Y=0$，满足"非"逻辑关系。逻辑表达式为

$$Y = \overline{A} \tag{8-3}$$

目前常用的"非"门集成电路有 74LS04，其外管脚如图 8-8 所示。

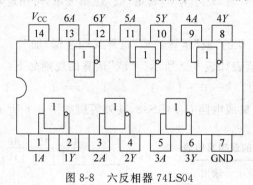

图 8-8　六反相器 74LS04

4. 复合门电路

将"与"门、"或"门和"非"门 3 种基本门电路组合起来，可以构成多种复合门电路。

1）"与非"门

图 8-9 所示为"与"门和"非"门连接起来构成的"与非"门的逻辑符号。

由图 8-9 可知"与非"门逻辑表达式为

$$Y = \overline{AB} \tag{8-4}$$

"与非"门的真值表如表 8-5 所示。由表 8-5 可知"与非"门逻辑功能是：输入有 0 时输出为 1，输入全 1 时输出为 0。

表 8-5　"与非"门的真值表

输　　入		输出
A	B	Y
0	0	1
0	1	1
1	0	1
1	1	0

图 8-9　"与非"门的逻辑符号

目前常用的"与非"门集成电路有 74LS00，其外管脚如图 8-10 所示。

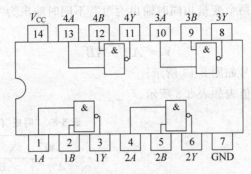

图 8-10   四个二输入"与非"门 74LS00

2)"或非"门

图 8-11 所示为"或"门和"非"门连接起来构成的"或非"门的逻辑符号。

由图 8-11 可知"或非"门的逻辑表达式为

$$Y = \overline{A + B} \tag{8-5}$$

"或非"门的真值表如表 8-6 所示。由表 8-6 可知"或非"门逻辑功能是：输入有 1 时输出为 0，输入全 0 时输出为 1。

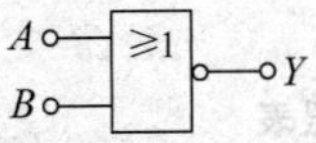

表 8-6   "或非"门的真值表

输	入	输出
A	B	Y
0	0	1
0	1	0
1	0	0
1	1	0

图 8-11   "或非"门的逻辑符号

3)"异或"门

"异或"门是指输入的两个变量不相同时输出为"1"，相同时输出为"0"的逻辑关系。它的逻辑表达式为

$$Y = A\overline{B} + \overline{A}B = A \oplus B \tag{8-6}$$

"异或"门的逻辑符号如图 8-12 所示。

"异或"门的逻辑真值表如表 8-7 所示。

表 8-7   "异或"门的逻辑真值表

输	入	输出
A	B	Y
0	0	0
0	1	1
1	0	1
1	1	0

图 8-12   "异或"门的逻辑符号

4)"同或"门

"同或"门是指输入两个变量相同时输出为"1",不同时输出为"0"的逻辑关系。它的逻辑表达式为

$$Y = AB + \overline{A}\,\overline{B} \tag{8-7}$$

"同或"门的逻辑符号如图 8-13 所示。

"同或"门的逻辑真值表如表 8-8 所示。

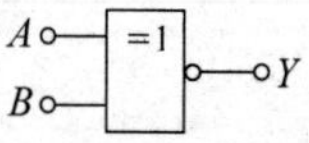

表 8-8　"同或"门的逻辑真值表

输	入	输出
A	B	Y
0	0	1
0	1	0
1	0	0
1	1	1

图 8-13　"同或"门的逻辑符号

8.1.2　数制和逻辑代数运算

1. 数制和数码

1) 数制及其转换

在数字电路中,除了十进制数以外,还使用二进制、十六进制数。二进制数只有"1""0"两个数字,对应着数字电路中的开、关或高、低电平;十六进制数表示的数值大,与二进制数的转换方便。在此用列表方式表示十进制数、二进制数、十六进制数以及它们之间的转换关系,如表 8-9 所示。

表 8-9　十进制、二进制、十六进制数码对照表

十进制数	二进制数	十六进制数	十进制数	二进制数	十六进制数
0	0000	0	8	1000	8
1	0001	1	9	1001	9
2	0010	2	10	1010	A
3	0011	3	11	1011	B
4	0100	4	12	1100	C
5	0101	5	13	1101	D
6	0110	6	14	1110	E
7	0111	7	15	1111	F

2) 码制

常用二进制编码的十进制数有 8421BCD 码(简称 BCD 码)、5211 码和余 3 码等。它们都是用 4 位二进制数来表示 1 位十进制数。前两种码都是有权码,余 3 码为无权码,BCD 码和余 3 码唯一表示一个十进制数,5211 码表示的十进制数不唯一。这三种编码的关系如表 8-10 所示。

表 8-10　三种编码的关系

8421BCD 码	5211 码	余 3 码	8421BCD 码	5211 码	余 3 码
0000	0000	0011	0101	1000	1000
0001	0001(或 0010)	0100	0110	1010(或 1001)	1001
0010	0011(或 0100)	0101	0111	1100(或 1011)	1010
0011	0101(或 0110)	0110	1000	1110(或 1101)	1011
0100	0111	0111	1001	1111	1100

2. 逻辑代数运算

将门电路按照一定规律连接起来,可以组成简单或复杂的具有各种逻辑功能的组合逻辑电路。分析和设计组合逻辑电路的数学工具是逻辑代数(又称布尔代数或开关代数)。逻辑代数有"与"运算(逻辑"乘")、"或"运算(逻辑"加")和"非"运算(逻辑"非")三种基本运算。根据逻辑变量的取值只有"0"和"1",以及逻辑变量的"与""或""非"运算法则,可推导出逻辑运算的基本公式和基本定理。

1) 基本公式

与运算: $A \cdot 0 = 0$, $A \cdot 1 = A$, $A \cdot A = A$, $A \cdot \overline{A} = 0$

或运算: $A + 0 = A$, $A + 1 = 1$, $A + A = A$, $A + \overline{A} = 1$

非运算: $\overline{\overline{A}} = A$

2) 基本定理

交换律: $AB = BA$, $A + B = B + A$

结合律: $(AB)C = A(BC)$, $(A+B)+C = A+(B+C)$

分配律: $A(B+C) = AB+AC$, $A+BC = (A+B)(A+C)$

吸收律: $AB + A\overline{B} = A$, $(A+B)(A+\overline{B}) = A$

$A + AB = A$, $A(A+B) = A$

$A(\overline{A}+B) = AB$, $A+\overline{A}B = A+B$

反演律(摩根定律): $\overline{AB} = \overline{A}+\overline{B}$, $\overline{A+B} = \overline{A} \cdot \overline{B}$

3. 逻辑表达式的化简

根据逻辑表达式可以画出相应的逻辑图。但是,直接根据逻辑要求而归纳起来的逻辑表达式及其对应的逻辑电路往往不是简单的形式,这就需要对逻辑表达式进行化简。用化简后的逻辑表达式构成逻辑电路,使所需门电路的数目最少,且每个门电路的输入端数目最少。

逻辑表达式的化简一般用公式法和卡诺图法两种方法。公式法化简是利用逻辑运算的基本公式、定律、常用公式来化简表达式,消去表达式中的乘积项和每个乘积项中的多余因子,使之成为最简"与或"表达式。下面介绍常用的公式法化简方法。

1) 吸收法

【例 8-1】 化简表达式 $Y = AB + ABCD$

$$Y = AB + ABCD$$
$$= AB(1 + CD)$$
$$= AB$$

利用公式 $A+AB=A$ 消去多余的乘积项 AB。

2) 并项法

【例 8-2】 化简表达式 $Y=ABC+A\bar{B}C+\overline{AC}$

$$Y = ABC + A\bar{B}C + \overline{AC}$$
$$= AC(B+\bar{B}) + \overline{AC}$$
$$= AC + \overline{AC}$$
$$= 1$$

利用公式 $A+\bar{A}=1$ 将两项合并为一项,消去一个变量。

3) 消去冗余项法

【例 8-3】 化简表达式 $Y=A\bar{B}+\overline{A}C+\overline{B}CD$

$$Y = A\bar{B} + \overline{A}C + \overline{B}CD$$
$$= A\bar{B} + \overline{A}C + \overline{B}C + \overline{B}CD$$
$$= A\bar{B} + \overline{A}C + \overline{B}C(1+D)$$
$$= A\bar{B} + \overline{A}C$$

利用公式 $A+1=1$,消除余项。

4) 配项法

【例 8-4】 化简表达式 $Y=A\bar{B}+B\bar{C}+\overline{B}C+\overline{A}B$

$$Y = A\bar{B} + B\bar{C} + \overline{B}C + \overline{A}B$$
$$= A\bar{B} + B\bar{C} + \overline{B}C(A+\overline{A}) + \overline{A}B(C+\overline{C})$$
$$= A\bar{B} + B\bar{C} + A\overline{B}C + \overline{A}\,\overline{B}C + \overline{A}BC + \overline{A}B\overline{C}$$
$$= A\bar{B}(1+C) + B\bar{C}(1+\overline{A}) + \overline{A}C(B+\overline{B})$$
$$= A\bar{B} + B\bar{C} + \overline{A}C$$

利用公式 $A+\bar{A}=1$ 配上所缺的因子,便于化简;利用公式 $A+1=1$ 合并某项。

化简表达式时,应将上述的公式灵活应用,以得到较好的结果,这不仅要熟悉公式、定理,还要有一定的运算技巧。由于难以判断所得的结果是否为最简,因而在化简复杂的表达式时,更多地采用卡诺图法化简,关于卡诺图法请参考其他资料。

8.1.3 组合逻辑电路

由门电路组合而成的电路称为组合电路,如编码器、译码器等电路。

1. 编码器

用数字、文字或符号来表示某一对象或信号的过程称为编码。打电话需要电话号码,寄信需要邮政编码,计算机中的各种字符也需要用数字编码。能实现编码功能的电路称为编码器。

在数字电路中,一般采用二进制编码。1 位二进制代码有"0"和"1"两种状态,可以表示两个信号;2 位二进制代码有 00、01、10、11 四种状态,可以表示四个信号。进行编码时,要表示的信息越多,二进制代码的位数越多。n 位二进制代码有 2^n 个状态,可以表示 2^n 个信息,这种二进制编码在电路上比较容易实现。

常用的编码有 BCD 码(用 4 位二进制数表示 1 位十进制数)、ASCII 码(用 7 位二进制数表示数字、大小写字母和运算符号)等。

常用的编码器有二进制编码器、二-十进制编码器、优先编码器等。下面介绍 3 位二进制(8 线-3 线)优先级编码器。

集成 8 线-3 线编码器 74LS148 是一种优先级编码器,其外管脚图如图 8-14 所示。它有 8 个不同的输入信号 $\overline{I}_0 \sim \overline{I}_7$,为低电平有效。根据 $2^n = 8, n = 3$,其输出信号为 3 位二进制代码 $\overline{Y}_2$、$\overline{Y}_1$、$\overline{Y}_0$,为反码。

图 8-14　74LS148 优先编码器

74LS148 的功能如表 8-11 所示。

表 8-11　74LS148 功能表

输入使能端	输入								输出			扩展输出	使能输出
$\overline{S}$	$\overline{I}_7$	$\overline{I}_6$	$\overline{I}_5$	$\overline{I}_4$	$\overline{I}_3$	$\overline{I}_2$	$\overline{I}_1$	$\overline{I}_0$	$\overline{Y}_2$	$\overline{Y}_1$	$\overline{Y}_0$	$\overline{Y}_{EX}$	Y_S
1	×	×	×	×	×	×	×	×	1	1	1	1	1
0	1	1	1	1	1	1	1	1	1	1	1	1	0
0	0	×	×	×	×	×	×	×	0	0	0	0	1
0	1	0	×	×	×	×	×	×	0	0	1	0	1
0	1	1	0	×	×	×	×	×	0	1	0	0	1
0	1	1	1	0	×	×	×	×	0	1	1	0	1
0	1	1	1	1	0	×	×	×	1	0	0	0	1
0	1	1	1	1	1	0	×	×	1	0	1	0	1
0	1	1	1	1	1	1	0	×	1	1	0	0	1
0	1	1	1	1	1	1	1	0	1	1	1	0	1

从表 8-11 中可以看出,该编码器的功能和使用特点如下:

(1) $\overline{S}$ 使能输入端,低电平有效。$\overline{S} = 1$ 时芯片不工作,输出全 1。

(2) Y_S 使能输出端,主要用来与其他芯片级联。$Y_S = 1$ 时允许输出;$Y_S = 0$ 时不允许输出。

(3) $\overline{Y}_{EX}$ 为扩展输出端。$\overline{Y}_{EX} = 0$,表示输出的是有效编码;$\overline{Y}_{EX} = 1$,表示输出的是无

效编码。在表 8-11 中,输出 $\overline{Y}_2\overline{Y}_1\overline{Y}_0$ 有三种情况均为 111,但由 $\overline{Y}_{EX}$ 指明最后一行表示输出有效,其他两行则输出无效。

(4) $\overline{Y}_2$、$\overline{Y}_1$、$\overline{Y}_0$ 为输出端,低电平有效。

(5) $\overline{I}_0 \sim \overline{I}_7$ 为输入端,低电平有效。优先级为 $\overline{I}_7$ 最高,$\overline{I}_0$ 最低。当 $\overline{I}_7 = 0$ 时,因 $\overline{I}_7$ 级别最高,此时不论其他输入为何种状态,输出代码对应 $\overline{I}_7$ 的编码为 000。其他情况类推。

当输入超过 8 线而小于 16 线时,可用 2 片 74LS148 扩展成为一个 16 线-4 线优先编码器,如图 8-15 所示。

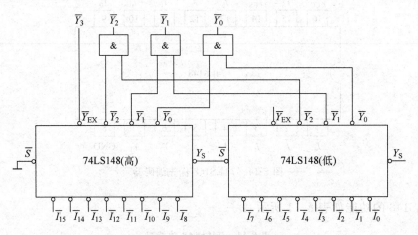

图 8-15　16 线-4 线优先编码器

分析图 8-15 可知,高位片 $\overline{S}_1 = 0$,允许对输入 $\overline{I}_8 \sim \overline{I}_{15}$ 编码,$Y_{S1} = 1$,$\overline{S}_2 = 1$,则高位片编码,低位片禁止编码。但若 $\overline{I}_8 \sim \overline{I}_{15}$ 都是高电平,即均无编码请求,则 $Y_{S1} = 0$ 允许低位片对输入 $\overline{I}_0 \sim \overline{I}_7$ 编码。显然,高位片的编码级别优先于低位片。

74LS148 编码器的应用是非常广泛的。例如,用 74LS148 编码器监控炉罐的温度,若其中任何一个炉温超过标准温度或低于标准温度,则检测传感器输出一个"0"电平到 74LS148 编码器的输入端,编码器编码后输出 3 位二进制代码到微处理器进行控制。

2. 译码器

译码是将每一组输入的二进制代码"翻译"成为一个特定的输出信号或十进制数码,是编码的逆过程,实现译码功能的数字电路称为译码器。若译码器输入的是 n 位二进制代码,则其输出端子数 $N \leqslant 2^n$。$N = 2^n$ 称为完全译码,$N < 2^n$ 称为部分译码。译码器分为变量译码器和显示译码器。变量译码器有二进制译码器和非二进制译码器。显示译码器按显示材料分为荧光译码器、发光二极管译码器、液晶显示译码器;按显示内容分为文字译码器、数字译码器、符号译码器。

1) 二进制译码器

二进制译码器是变量译码器,种类很多。图 8-16 所示为 3 位二进制译码器 74LS138 的管脚图,其逻辑功能表如表 8-12 所示。

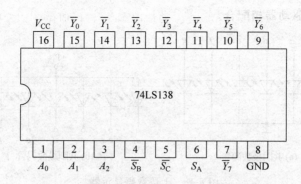

图 8-16　3 位二进制译码器 74LS138 的管脚图

表 8-12　74LS138 译码器的逻辑功能表

输　入					输　出							
S_A	$\bar{S}_B+\bar{S}_C$	A_2	A_1	A_0	$\bar{Y}_7$	$\bar{Y}_6$	$\bar{Y}_5$	$\bar{Y}_4$	$\bar{Y}_3$	$\bar{Y}_2$	$\bar{Y}_1$	$\bar{Y}_0$
×	1	×	×	×	1	1	1	1	1	1	1	1
0	×	×	×	×	1	1	1	1	1	1	1	1
1	0	0	0	0	1	1	1	1	1	1	1	0
1	0	0	0	1	1	1	1	1	1	1	0	1
1	0	0	1	0	1	1	1	1	1	0	1	1
1	0	0	1	1	1	1	1	1	0	1	1	1
1	0	1	0	0	1	1	1	0	1	1	1	1
1	0	1	0	1	1	1	0	1	1	1	1	1
1	0	1	1	0	1	0	1	1	1	1	1	1
1	0	1	1	1	0	1	1	1	1	1	1	1

由功能表 8-12 可知，74LS138 译码器能译出三个输入变量的全部状态。该译码器设置了 S_A、$\bar{S}_B$、$\bar{S}_C$ 三个使能输入端。当 S_A、$\bar{S}_B$、$\bar{S}_C$ 均为 1 时，译码器处于工作状态；否则译码器不工作。

2）显示译码器

在数字仪表等数字系统中，常常需要把测试的数据或运算的结果用人们易于认识的十进制数来显示。这就需要显示器件和显示译码器。

数字电路中最常用的显示器是发光二极管显示器 LED（或称数码管）和液晶显示屏 LCD。数码管是由多个发光二极管封装而成的，如图 8-17 所示。它将十进制数分成七段，选择不同的段发光，就可以显示不同的字形。如当 a、b、c、d、e、f、g 七段全发光时，数码管显示"8"；而 b、c 两段发光时，数码管显示"1"。

数码管中七个发光二极管有共阴极和共阳极两种接法，如图 8-18 所示。在图 8-18（a）所示的共阴极数码管中，当某一段接高电平时，该段发光；在图 8-18（b）所示的共阳极数码管中，当某一段接低电平时，该段发光。因此，使用哪种数码管一定要

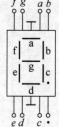

图 8-17　七段数码显示器

与使用的七段译码驱动器相配合。

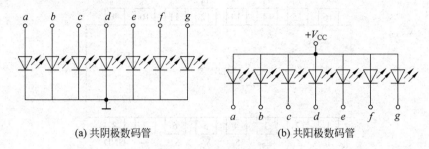

(a) 共阴极数码管   (b) 共阳极数码管

图 8-18　七段数码显示器

　　显示译码器可以把二-十进制代码转换成能显示阅读的十进制数,常用的有 74LS47、74LS48、74LS249 等。图 8-19 所示为显示译码器 74LS48 的管脚排列图,表 8-13 所示为显示译码器 74LS48 的功能表。它有三个辅助控制端$\overline{LT}$、$\overline{RBI}$、$\overline{BI}/\overline{RBO}$。

图 8-19　显示译码器 74LS48 的管脚排列图

表 8-13　显示译码器 74LS48 的功能表

数字	输 入							输 出						
十进制	$\overline{LT}$	$\overline{RBI}$	A_3	A_2	A_1	A_0	$\overline{BI}/\overline{RBO}$	a	b	c	d	e	f	g
0	1	1	0	0	0	0	1	1	1	1	1	1	1	0
1	1	×	0	0	0	1	1	0	1	1	0	0	0	0
2	1	×	0	0	1	0	1	1	1	0	1	1	0	1
3	1	×	0	0	1	1	1	1	1	1	1	0	0	1
4	1	×	0	1	0	0	1	0	1	1	0	0	1	1
5	1	×	0	1	0	1	1	1	0	1	1	0	1	1
6	1	×	0	1	1	0	1	0	0	1	1	1	1	1
7	1	×	0	1	1	1	1	1	1	1	0	0	0	0
8	1	×	1	0	0	0	1	1	1	1	1	1	1	1
9	1	×	1	0	0	1	1	1	1	1	0	0	1	1
	1	×	1	0	1	0	1	0	0	0	1	1	0	1
	1	×	1	0	1	1	1	0	0	1	1	0	0	1
	1	×	1	1	0	0	1	0	1	0	0	0	1	1

续表

数字	输					入		输			出			
十进制	$\overline{LT}$	$\overline{RBI}$	A_3	A_2	A_1	A_0	$\overline{BI/RBO}$	a	b	c	d	e	f	g
	1	×	1	1	0	1	1	1	0	0	0	0	1	1
	1	×	1	1	1	0	1	0	0	0	1	1	1	1
	1	×	1	1	1	1	1	0	0	0	0	0	0	0
灭灯	×	×	×	×	×	×	0	0	0	0	0	0	0	0
灭零	1	0	0	0	0	0	0	0	0	0	0	0	0	0
试灯	0	×	×	×	×	×	1	1	1	1	1	1	1	1

(1) $\overline{LT}$ 为试灯输入端，低电平有效。当 $\overline{LT}=0$，$\overline{BI/RBO}=1$ 时，若七段均完好，显示字形是"8"，该输入端常用于检查显示器的好坏。

(2) $\overline{RBI}$ 为灭零输入端，低电平有效。当 $\overline{LT}=1$，$\overline{RBI}=0$ 时，如果输入全为 0，此时输出不显示，即灭零；当输入不全为 0 时，数码管正常显示。$\overline{RBI}$ 的作用是消隐不必要的 0。

(3) $\overline{BI/RBO}$ 为灭零输入/动态灭零输出端，低电平有效。此管脚有输入、输出两种使用方法。当 $\overline{BI/RBO}$ 作为输入时，若 $\overline{BI/RBO}=0$，则数码管全灭，与输入无关。当 $\overline{BI/RBO}$ 作为输出时，受控于 $\overline{LT}$ 和 $\overline{RBI}$。若 $\overline{LT}=1$，$\overline{RBI}=0$ 时，则 $\overline{BI/RBO}=0$；其他情况 $\overline{BI/RBO}=1$。该管脚用于多位数码管级联的场合。

8.1.4 组合逻辑电路设计

根据实际的逻辑问题设计出能实现该逻辑要求的电路，这是组合逻辑电路设计的任务。其一般方法为：设定事物不同状态的逻辑值→根据逻辑要求列出真值表→由真值表写出逻辑表达式→化简或变换逻辑表达式→根据逻辑表达式画出逻辑电路图。

【例 8-5】 某系统中有 A、B、C 三盏指示灯。当 A 与 B 全亮或 B 与 C 全亮时，应发出报警。请设计一报警电路，并用"与非"门组成逻辑电路。

解： 在解决一个实际的逻辑问题时，首先必须设定各种事物不同状态的逻辑值，以便于填写真值表。

对于本例，设灯亮为"1"、灯灭为"0"；报警为"1"、不报警为"0"。根据题意列出的真值表如表 8-14 所示。

由表 8-14 可知，有三种情况（$Y=1$ 的情况）需要报警。对这三种情况写出报警的逻辑表达式并进行化简

$$Y = \overline{A}BC + AB\overline{C} + ABC = BC(\overline{A} + A) + AB\overline{C}$$
$$= B(C + A\overline{C}) = B(C + \overline{C}A)$$
$$= B(C + A)$$
$$= BC + AB$$
$$= \overline{\overline{BC}\ \overline{AB}}$$

由于题目要求用"与非"门组成逻辑电路，所以化简结果应为"与非"-"与非"形式。根据化简的逻辑表达式画出逻辑电路图，如图 8-20 所示。

表 8-14　报警的真值表

A	B	C	报警 Y
0	0	0	0
0	0	1	0
0	1	0	0
0	1	1	1
1	0	0	0
1	0	1	0
1	1	0	1
1	1	1	1

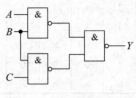

图 8-20　报警的逻辑电路

【例 8-6】　设计一个能实现两个 1 位二进制数加法运算的逻辑电路。

解：(1) 半加器。

两个 1 位的二进制数进行相加运算，若不考虑低位进位则称为半加运算，例如两个二进制数的最低位相加。实现半加运算的逻辑电路叫半加器。

半加运算的真值表如表 8-15 所示。由表 8-15 可知，当两个加数不相同时，本位和为"1"；否则本位和为"0"。可见本位和的运算是将两个加数进行逻辑"异或"。用 S 表示本位和，则本位和可表示为

$$S = \overline{A}B + A\overline{B} \tag{8-8}$$

因此，可以用一个"异或"门电路来实现本位求和的运算。

由表 8-15 可以看出本位进位的规律，当两个加数均为"1"时，本位进位为"1"；否则本位进位为"0"。可见，本位进位是将两个加数进行逻辑与。用 C 表示本位进位，则本位进位可表示为

$$C = AB \tag{8-9}$$

因此，可以用一个"与"门电路来实现本位进位的运算。

由上述分析可知，完成半加运算的半加器可以由一个"异或"门和一个"与"门电路组成，如图 8-21 所示。

表 8-15　半加运算的真值表

加数	被加数	和数	进位
A	B	S	C
0	0	0	0
0	1	1	0
1	0	1	0
1	1	0	1

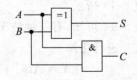

图 8-21　半加器的逻辑电路图

(2) 全加器。

两个二进制数相加运算，若考虑低位进位，则称为全加运算，例如两个二进制数相加，除了最低位之外，其他各位也相加的运算。实现全加运算的逻辑电路叫全加器；表 8-16 是全加运算的真值表。

表 8-16　全加运算的真值表

加数 A_i	被加数 B_i	低位进位 C_{i-1}	本位和 S_i	本位进位 C_i
0	0	0	0	0
0	0	1	1	0
0	1	0	1	0
0	1	1	0	1
1	0	0	1	0
1	0	1	0	1
1	1	0	0	1
1	1	1	1	1

由表 8-16 可以写出本位和 S_i 与本位进位 C_i 的逻辑表达式

$$S_i = \overline{A_i}\,\overline{B_i}C_{i-1} + \overline{A_i}B_i\overline{C_{i-1}} + A_iB_iC_{i-1} + A_i\overline{B_i}\,\overline{C_{i-1}}$$

$$= (A_i \oplus B_i)\,\overline{C_{i-1}} + \overline{A_i \oplus B_i}\,C_{i-1}$$

$$= A_i \oplus B_i \oplus C_{i-1} \tag{8-10}$$

$$C_i = \overline{A_i}B_iC_{i-1} + A_i\overline{B_i}C_{i-1} + A_iB_i\overline{C_{i-1}} + A_iB_iC_{i-1} + A_iB_iC_{i-1} + A_iB_iC_i$$

$$= A_iB_i + B_iC_{i-1} + A_iC_{i-1} = A_iB_i + (A_i \oplus B_i)C_{i-1} \tag{8-11}$$

由化简的表达式可见,求本位和 S_i 需经过两次半加运算。第一次是两个加数进行半加,第二次是两个加数半加的和再与低位进位进行半加,而不论哪一次半加有进位时,都会形成本位进位。因此,实现全加运算需要两个半加器和一个"或"门电路。图 8-22 所示是全加器的逻辑电路图及其逻辑符号。

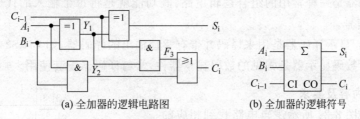

(a) 全加器的逻辑电路图　　　　(b) 全加器的逻辑符号

图 8-22　全加器的逻辑电路图及其逻辑符号

一个全加器只能完成两个 1 位的二进制数的加法运算,用多个全加器可以实现两个多位的二进制数的加法运算,即组成加法器。图 8-23 所示是 4 个全加器组成的加法器,可以实现 2 个 4 位二进制数 $A_3 A_2 A_1 A_0$ 与 $B_3 B_2 B_1 B_0$ 相加的运算。其中,S_0、S_1、S_2、S_3 是各位的本位和,C_3 是最高位的进位。由于最低位没有低位进位,所以将最低位进位处接地。

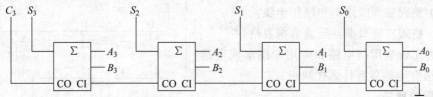

图 8-23　4 个全加器组成的加法器

全加器可以做成集成芯片。将多个全加器集成在一个芯片上可以做成集成加法器，例如，一个芯片中可以封装 2 个、4 个或更多的全加器以组成二位或四位加法器等。

想一想：

(1) 什么是编码器？什么是译码器？两者的关系怎样？

(2) 你能写出十进制数 5、7、8、15、16 的二进制和十六进制表达形式吗？

8.1.5　动手做　用译码器驱动数码显示器

预习要求

(1) 复习组合逻辑电路的相关知识，重点是译码器的使用特点。

(2) 通过查阅说明书或有关资料，了解译码器 74LS248 的管脚排列以及七段数码显示器的管脚排列，掌握各管脚的作用。

1. 实训目的

(1) 掌握译码器的工作原理。

(2) 熟悉常用译码器的逻辑功能和典型应用。

2. 实训仪器与器件

(1) 数字电路实训台 1 台。

(2) 数字万用表 1 个。

(3) 译码器 74LS248、七段数码显示器、拨动开关各 1 套。

3. 实训原理

(1) 译码器是一种常用的组合逻辑电路，其功能就是将每个输入的代码"翻译"成原对应电路的信号。

(2) 驱动/显示译码器是用来译码并带有驱动输出的译码器，如 74LS248 等。

(3) 七段数码显示器是常见的数码显示器件，常与译码器配套使用。

4. 实训内容及要求

(1) 根据图 8-24 所示逻辑电路找到相应的逻辑器件。

(2) 把输入端接逻辑开关，输出端接发光二极管，连接好有关器件的连线，接通电源。

(3) 测试七段译码/驱动器 74LS248 的逻辑功能。

5. 实训报告要求

(1) 整理实训线路图和操作步骤。

(2) 整理实训数据并绘成数据表格。

(3) 比较应用门电路和应用专用集成电路搭成的组合电路各有什么优缺点。

问题的解决

通过学习可知，图 8-2 中的 G 是"非"门。

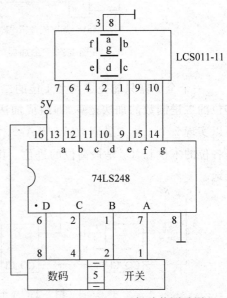

图 8-24　74LS248 逻辑功能测试图

简易火警报警器的工作原理是：当温度较低时，热敏电阻 R' 的电阻值非常大，即 $R' \gg R$，此时 A 点的电动势接近 5V，"非"门 G 的输入端为高电位，因此"非"门的输出端为低电势，蜂鸣器两端没有电压，蜂鸣器不报警；当火警发生时，温度升高导致 R' 的阻值变小，使输入端 A 点的电动势接近于 0，"非"门输出端为高电位，这样蜂鸣器两端获得一个能发声的工作电压，蜂鸣器就会发出声音报警。

8.2 触发器和时序逻辑电路的认识及应用

问题的提出

前面所学的组合逻辑电路不具有记忆功能，也就是说其输出变量的状态完全由当时的输入变量的组合状态来决定，而与电路原来的状态无关。但在数字电路中，为了能实现按一定程序进行的计算，需要记忆功能，这种具有记忆功能的电路称为时序逻辑电路。

数字电路包括组合逻辑电路和时序逻辑电路两大类。门电路是组合逻辑电路的基本单元；触发器是构成寄存器、计数器、脉冲发生器、存储器等时序逻辑电路的基本单元。

在数字系统中，二进制信息的记忆大都是通过触发器电路实现的。例如，常用的"去抖动开关"。

机械开关在接通时由于触点接触时会产生机械抖动，造成短时间内开关多次接通和断开。尽管抖动时间很短，但是在电路中会产生与之对应的多个脉冲，如图 8-25 所示。这就会造成电路的错误，产生误动作。如何利用触发器消除机械开关的抖动现象？

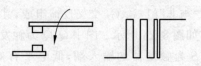

图 8-25 机械开关的抖动现象

任务目标

(1) 掌握基本触发器、钟控 RS 触发器、D 触发器、T 触发器、JK 触发器的工作原理和逻辑功能。

(2) 掌握触发器构成的计数器和寄存器的分析方法，熟悉一般时序逻辑电路的分析方法。

(3) 了解 555 定时器的内部结构及工作原理，认识和掌握由 555 定时器组成的单稳态触发器和施密特触发器。

8.2.1 常用触发器

能够记忆 1 位二进制信息的基本逻辑单元电路称为触发器。触发器的内部电路是由门电路加上适当的反馈线耦合而成，通常有双稳态型、单稳态型和无稳态型（也称多谐振荡器）之分。这里主要介绍双稳态触发器，有时直接称触发器。

双稳态触发器是一个双稳态记忆器件，有两个互补输出端 Q 和 $\bar{Q}$。当 $Q=0$ 时，$\bar{Q}=1$，称为"0"状态；当 $Q=1$ 时，$\bar{Q}=0$，称为"1"状态。当输入信号不变时，触发器输出处于稳定状态，且能长期保持（记忆）；当输入信号变化时，触发器输出才可能发生改变，形成新的稳定状态。

双稳态触发器的种类较多，按电路结构形式的不同，可分为基本 RS 型、钟控型、主从型、维持阻塞型、CMOS 边沿触发型等；按逻辑功能的不同，可分为基本 RS 型、RS 型、D 型、JK 型、T 型和 T′型等；按存储信号的原理不同，可分为静态型和动态型。目前使用的触发器主要是集成触发器。

双稳态触发器的基本特点如下:

(1) 具有两个能自行保持的互补稳定状态,用来表示逻辑状态"0"和"1"。

(2) 根据不同的输入信号,可以使输出变成新的"1"或"0"稳定状态。

触发器在接收信号之前的状态称为现态,用 Q^n 表示;触发器在接收信号之后所建立的新的稳定状态称为次态,用 Q^{n+1} 表示。触发器的次态 Q^{n+1} 是由输入信号的取值和触发器的现态 Q^n 共同决定的。

若用 X 表示输入信号的集合,则触发器的次态是现态和输入信号的函数,即

$$Q^{n+1} = f(Q^n, X) \tag{8-12}$$

式(8-12)称为触发器的次态方程,又称状态方程。由于每种触发器都有自己特定的状态方程,所以也称特征方程,它是描述时序逻辑电路的最基本表达式。

对使用者来说,应着重了解各种触发器的基本工作原理及其逻辑功能,以便正确地使用,对其内部结构和电路不必深究。

1. 基本 RS 触发器

1) 电路组成及逻辑符号

基本 RS 触发器是最基本的触发器,它由两个"与非"门 G_1、G_2 交叉反馈组成,其电路和逻辑符号如图 8-26 所示。图中 Q、$\overline{Q}$ 为触发器的输出端;$\overline{R}$、$\overline{S}$ 为触发器的输入端,低电平有效。当 $\overline{S}=0$ 时,$Q=1$,所以 $\overline{S}$ 称为直接置"1"端(或置位端);当 $\overline{R}=0$ 时,$Q=0$,所以 $\overline{R}$ 称为直接置"0"端(或复位端)。也就是说,仅当低电平有效作用于适当的输入端,触发器才会翻转。

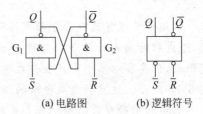

(a) 电路图　　(b) 逻辑符号

图 8-26　基本 RS 触发器的电路图及其逻辑符号

2) 逻辑功能分析

根据"与非"门的逻辑功能特点列出基本 RS 触发器的真值表,如表 8-17 所示。

表 8-17　基本 RS 触发器的真值表

$\overline{R}$	$\overline{S}$	Q^n	Q^{n+1}	说　明
0	0	0	*	状态不定
0	0	1	*	
0	1	0	0	置0,
0	1	1	0	$Q^{n+1}=0$
1	0	0	1	置1,
1	0	1	1	$Q^{n+1}=1$
1	1	0	0	保持,
1	1	1	1	$Q^{n+1}=Q^n$

从表 8-17 中可以看出,当 $\overline{R}\,\overline{S}=01$ 时,触发器置"0";当 $\overline{R}\,\overline{S}=10$ 时,触发器置"1";当 $\overline{R}\,\overline{S}=11$ 时,触发器状态保持;而当 $\overline{R}\,\overline{S}=00$ 时,状态是不定的。因为,如果 $\overline{R}\,\overline{S}=00$,则

$Q^{n+1} = \overline{Q^{n+1}} = 1$，在此后 $\overline{R}\,\overline{S} = 11$，则 Q^{n+1} 可能是"0"，也可能是"1"，不确定，这不符合互补输出的特征。

根据上述分析，得到触发器的输出逻辑表达式

$$Q^{n+1} = \overline{\overline{S} \cdot \overline{Q^n}} \tag{8-13}$$

$$\overline{Q^{n+1}} = \overline{\overline{R} \cdot Q^n} \tag{8-14}$$

而基本 RS 触发器的状态方程是

$$\begin{cases} Q^{n+1} = S + \overline{R}Q^n \\ \overline{R} + \overline{S} = 1 \end{cases} \tag{8-15}$$

式(8-15)中，$\overline{R} + \overline{S} = 1$（即 $\overline{R}\,\overline{S} \neq 00$）为基本 RS 触发器的约束条件。

正如所有的逻辑电路一样，基本 RS 触发器的输出对输入也有一定的门延迟时间。图 8-27 所示为基本 RS 触发器的时序波形图。当 $\overline{S}$ 变为低电平时，先引起 Q 的变化（延迟 1 个 t_{pd}），再经过 1 个 t_{pd} 后才引起 $\overline{Q}$ 的变化。显然，为了保证输出的稳定变化，基本 RS 触发器输入信号的持续时间应大于 $2t_{pd}$。

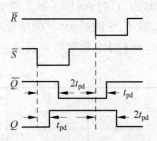

图 8-27　基本 RS 触发器的
时序波形图

2. 钟控 RS 触发器（同步 RS 触发器）

在实际应用中，通常要求触发器按照一定的时间节拍来动作，即让输入信号的作用受到时钟脉冲的控制；而触发器翻转到何种状态由输入信号决定，从而出现各种时钟控制的触发器。

1）电路组成及逻辑符号

钟控 RS 触发器也称同步 RS 触发器，其电路及逻辑符号如图 8-28 所示，它是在基本 RS 触发器电路基础上增加了由 G_3、G_4 "与非"门构成的控制门。当 CP 为 0 时，控制门被封锁；当 CP 为 1 时，控制门被打开。

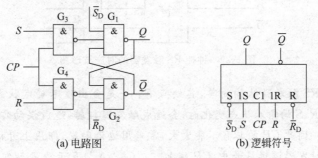

(a) 电路图　　　　　　　　(b) 逻辑符号

图 8-28　钟控 RS 触发器的电路图及其逻辑符号

2）逻辑功能分析

（1）异步输入端 $\overline{S}_D$ 和 $\overline{R}_D$。输入信号 $\overline{S}_D$、$\overline{R}_D$ 直接送入基本 RS 触发器，不受 CP 控制。故 $\overline{S}_D$ 称为直接置位端（置 1），$\overline{R}_D$ 称为直接复位端（置 0），多用于建立电路的初始状

态,正常工作时,应使这两个输入端处于高电平。

(2) 同步输入端 S 和 R。S 为置位输入端(置1),R 为复位输入端(置0),CP 为时钟控制脉冲输入端。在脉冲数字电路中,所使用的触发器往往用一种正脉冲来控制触发器的翻转时刻。S、R 分别送入 G_3、G_4 门,受到 CP 脉冲信号的控制。

当 $CP=0$ 时,G_3、G_4 门被封锁,无论 R、S 端信号如何变化,其输出均为"1",基本 RS 触发器保持状态不变,即触发器保持原态。

当 $CP=1$ 时,G_3、G_4 门解除封锁,触发器接收输入信号 R、S,并按 R、S 电平变化决定触发器的输出。不难看出,钟控 RS 触发器是将 R、S 信号经门 G_3、G_4 倒相后控制 RS 触发器的工作,故可控 RS 触发器是高电平触发翻转,其逻辑符号中不加小圆圈。当 R、S 同时为"1"时,破坏了触发器的互补关系,且该输入信号消失后,触发器的状态不能预先确定,故 R、S 同时为"1"的情况不允许出现。

钟控 RS 触发器的真值表如表 8-18 所示。

表 8-18　钟控 RS 触发器的真值表

CP	R	S	Q^{n+1}	说　明
0	$\times$	$\times$	Q^n	保持,$Q^{n+1}=Q^n$
1	0	0	Q^n	保持,$Q^{n+1}=Q^n$
1	0	1	0	置0,$Q^{n+1}=0$
1	1	0	1	置1,$Q^{n+1}=1$
1	1	1	*	状态不定

根据表 8-18 可以画出钟控 RS 触发器的时序波形图,如图 8-29 所示。

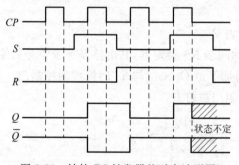

图 8-29　钟控 RS 触发器的时序波形图

注意:钟控 RS 触发器结构简单,其缺点有:一是会出现不确定状态;二是触发器在 CP 持续期间,当 R、S 的输入状态变化时,会造成触发器翻转,造成误动作,导致触发器的最后状态无法确定。因此 CP 的脉宽不能太大,常采用边沿触发,即用上升沿或下降沿的瞬间使触发器工作。触发器逻辑符号中,CP 端加">"(或"∧")表示边沿触发,不加">"表示电平触发;CP 端加">"且带有小圆圈"○"表示下降沿触发;不加小圆圈"○"表示上升沿触发。

3. JK 触发器

1) 电路组成及逻辑符号

图 8-30(a)所示是主从触发器的电路图,由两个 RS 触发器组成。与输入相连的称为

主触发器,与输出相连的称为从触发器,两条反馈线由从触发器的输出接到主触发器的输入,触发器由 J、K 两个输入端接收输入信号。

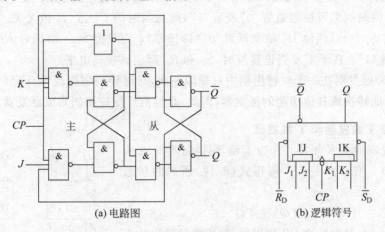

(a) 电路图　　　　　(b) 逻辑符号

图 8-30　主从 JK 触发器的电路图及其逻辑符号

2) 逻辑功能分析

JK 触发器的工作分两步完成。

(1) 在 $CP=1$ 时,主触发器接收输入 J、K 端的一次变化信号,而从触发器状态不变。

(2) 在时钟 CP 的下降沿,将主触发器的状态送给从触发器,使得

$$Q^{n+1} = J\bar{Q}^n + \bar{K}Q^n \tag{8-16}$$

并在 $CP=0$ 期间保持不变。此时,主触发器不接收数据。式(8-16)称为 JK 触发器的状态方程。

JK 触发器可保证,在整个时钟周期内主从 JK 触发器只能在 CP 由 1→0 这一瞬间发生一次状态变化。因为在 $CP=1$ 期间,主触发器的状态只能翻转一次,而不可能随 J、K 信号的变化而变化。而在 $CP=0$ 期间,触发器状态是保持不变的。

根据状态方程可得出主从 JK 触发器的真值表,如表 8-19 所示。

图 8-31 所示是主从 JK 触发器的时序波形图。

表 8-19　主从 JK 触发器的真值表

J	K	Q^{n+1}
0	0	Q^n
0	1	0
1	0	1
1	1	$\overline{Q^n}$

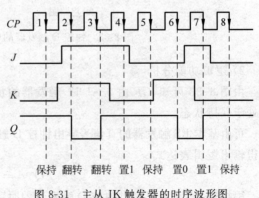

保持　翻转　翻转　置1　保持　置0　置1　保持

图 8-31　主从 JK 触发器的时序波形图

实际的集成 JK 触发器除了有 J、K 和 CP 输入端外,还有直接置"0"和置"1"输入端 $\overline{S}_D$ 和 $\overline{R}_D$(也称异步置位输入端),如图 8-30(b)所示,都是低电平有效。它们的作用是使触发器在任何时刻都可被强迫"0"或置"1",而与当时的 CP、J、K 值无关。因此,只要 $\overline{R}_D=0$(同时 $\overline{S}_D=1$),就使 JK 触发器置"0"(即清零);而只要 $\overline{S}_D=0$(同时 $\overline{R}_D=1$),就使 JK 触发器置"1"。在不需要强迫置位时,$\overline{S}_D$ 和 $\overline{R}_D$ 都应该接高电平。

主从 JK 触发器在一个时钟周期中只翻转一次,对时钟的宽度也没有苛刻的要求,并且可以方便地转换成其他功能的触发器,因此,是目前广泛应用的集成触发器之一。

4. 钟控 T 触发器和 T′触发器

JK 触发器的 J、K 短接并作为 T 端,则得到图 8-32 所示 T 触发器。有 $T=J=K$,可得式(8-17)所列的状态方程。

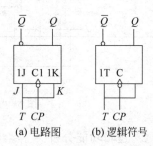

$$Q^{n+1} = T\overline{Q}^n + \overline{T}Q^n \qquad (8\text{-}17)$$

当 $T=0$ 时,触发脉冲 CP 作用后,触发器的输出状态不变;当 $T=1$ 时,有 $Q^{n+1}=\overline{Q}^n$,即每来一个触发脉冲 CP,触发器的输出 Q 就翻转一次。因此,当 $T=1$ 时,就成了具有逻辑计数功能的触发器,也称为 T′触发器。

图 8-32　T 触发器的电路图
及其逻辑符号

5. 钟控 D 触发器(同步 D 触发器)

1) 电路组成及逻辑符号

把同步 RS 触发器的 R、S 输入端用反向器连接起来,如图 8-33(a)所示,就构成了钟控(同步)D 触发器,这样使 $R=\overline{D}$、$S=D$,避免了 RS 触发器输出的不确定状态。

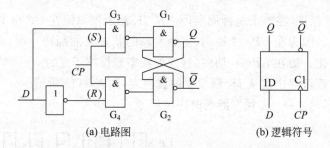

图 8-33　钟控 D 触发器的电路图及其逻辑符号

2) 逻辑功能分析

由图 8-33 可知,CP 由 0→1 时,触发器的状态 Q^{n+1} 由 D 决定;CP 为 0 或 1 时,触发器处于保持状态。

可由基本 RS 触发器的真值表导出钟控 D 触发器的真值表,如表 8-20 所示,由表 8-20 可得输出逻辑表达式

$$Q^{n+1} = D \qquad (8\text{-}18)$$

根据表 8-20 可以画出钟控 D 触发器的时序波形图,如图 8-34 所示。

表 8-20　钟控 D 触发器的真值表

CP	D	Q^n	Q^{n+1}	说　　明
0 或 1	$\times$	0	0	保持，
0 或 1	$\times$	1	1	$Q^{n+1}=Q^n$
0→1	0	0	0	置 0，
0→1	0	1	0	$Q^{n+1}=0$
0→1	1	0	1	置 1，
0→1	1	1	1	$Q^{n+1}=1$

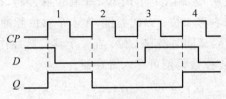

图 8-34　钟控 D 触发器的时序波形图

8.2.2　寄存器和锁存器

寄存器是数字系统中常见的主要部件,寄存器是用来存入二进制数码或信息的电路,它由两个部分组成。一部分为具有记忆功能的触发器;另一部分是由门电路组成的控制电路。按照功能的不同,可将寄存器分为数码寄存器和移位寄存器两类。数码寄存器只能并行送入数据,需要时也只能并行输出;移位寄存器中的数据可以在移位脉冲作用下依次逐位右移或左移,数据既可以并行输入并行输出,也可以串行输入串行输出,还可以并行输入串行输出,以及串行输入并行输出,十分灵活,用途也很广。

寄存器是利用触发器置"0"、置"1"和不变的功能把"0"和"1"数码存入触发器中,以 Q 端的状态代表存入的数码。例如,存入"1",则 $Q=1$;存入"0",则 $Q=0$。每个触发器能存放 1 位二进制码,存放 N 位数码,就应具有 N 个触发器。控制电路的作用是保证寄存器能正常存放数码。

1. 数码寄存器

图 8-35 所示电路是由 4 个上升沿触发的 D 触发器构成的 4 位数码寄存器,4 个触发器的时钟脉冲输入端 CP 接在一起作为送数脉冲控制端。无论寄存器中原来的内容是什么,只要送数控制时钟脉冲 CP 上升沿到来,加在数据输入端的 4 个数据 $D_0\sim D_3$ 就立即被送入寄存器中。此后只要不出现 CP 上升沿,寄存器内容将保持不变,即各个触发器输出端 Q、$\overline{Q}$ 的状态与 D 无关,都将保持不变。

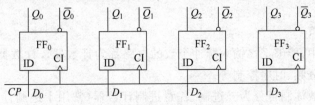

图 8-35　4 位数码寄存器

2. 移位寄存器

移位寄存器除了具有存储数据的功能外,还可将所存储的数据逐位(由低位向高位或由高位向低位)移动。按照在移位控制时钟脉冲 CP 作用下移位情况的不同,移位寄存器又分为单向移位寄存器和双向移位寄存器两大类。

图 8-36 所示电路是用 4 个 D 触发器构成的 4 位右移移位寄存器。4 位待存的数码(设为 1011)需要用 4 个移位脉冲作用才能全部存入。当出现第 1 个移位脉冲时,待存数码的最高位 1 和 4 个触发器的数码同时右移 1 位,即待存数码的最高位存入 Q_0,而寄存器原来所存数码的最高位从 Q_3 输出;出现第 2 个移位脉冲时,待存数码的次高位 0 和寄存器中的 4 位数码又同时右移 1 位;以此类推,在 4 个移位脉冲作用下,待存数码的次高位 0 和寄存器中的 4 位数码又同时右移 1 位;在 4 个移位脉冲作用下,寄存器中的 4 位数码同时右移 4 次,待存的 4 位数码便可存入寄存器。

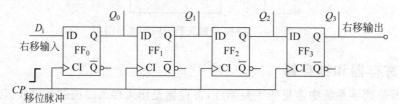

图 8-36　4 位右移移位寄存器

表 8-21 所示状态表描述了右移位过程。当连续输入 4 个"1"时,D_i 经 FF_0 在 CP 上升沿操作下,依次被移入寄存器中,经过 4 个 CP 脉冲,寄存器就变成全"1"状态,即 4 个"1"右移输入完毕。再连续输入 4 个"0",4 个 CP 脉冲之后,寄存器变成全"0"状态。集成移位寄存器产品较多,如 4 位双向移位寄存器 74LS194、74HC194 等。

表 8-21　4 位右移移位寄存器真值表

输	入	现		态		次		态		说　明
D_i	CP	Q_0^n	Q_1^n	Q_2^n	Q_3^n	Q_0^{n+1}	Q_1^{n+1}	Q_2^{n+1}	Q_3^{n+1}	
1	↑	0	0	0	0	1	0	0	0	
1	↑	1	0	0	0	1	1	0	0	连续输入 4 个
1	↑	1	1	0	0	1	1	1	0	"1"
1	↑	1	1	1	0	1	1	1	1	
0	↑	1	1	1	1	0	1	1	1	
0	↑	0	1	1	1	0	0	1	1	连续输入 4 个
0	↑	0	0	1	1	0	0	0	1	"0"
0	↑	0	0	0	1	0	0	0	0	

8.2.3　计数器

在数字电路中,能够记忆输入脉冲个数的电路称为计数器。计数器主要由触发器构成,可用于定时、分频、时序控制等。

计数器按计数体制可分为二进制、任意进制计数器(常用十进制计数器);按计数器中的数字增减可分为加计数器、减计数器、加/减(可逆)计数器;按计数器中的触发器是否同时翻转可分为异步计数器和同步计数器。

二进制计数器按二进制的规律累计脉冲个数,是构成其他进制计数器的基础。要构成 n 位二进制计数器,需用 n 个具有计数功能的触发器。

异步计数器的计数脉冲 CP 不是同时加到各位触发器的。最低位触发器由计数脉冲触发翻转,其他各位触发器由相邻低位触发器输出的进位脉冲来触发,各位触发器状态变换的时间先后不一,只有在前级触发器翻转后,后级触发器才能翻转。这种引入计数脉冲的方式称为异步工作方式。

1. 3 位异步二进制加法计数器

1)电路组成

3 位异步二进制加法计数器如图 8-37 所示。该电路由 3 个下降沿触发的 JK 触发器构成,每个触发器的 J、K 输入端悬空,相当于接成 T′ 触发器,具有触发翻转的功能。

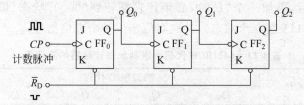

图 8-37　3 位异步二进制加法计数器

计数脉冲 CP 接至最低位触发器 FF_0 的控制端 C,即最低位触发器 FF_0 在每 1 个时钟脉冲的下降沿翻转 1 次。每个低位触发器的输出端 Q 接至相邻高位触发器的控制端 C,即高位触发器在低位触发器的状态由"1"变为"0"时翻转(FF_1 在 Q_0 由"1"变为"0"时翻转,FF_2 在 Q_1 由"1"变为"0"时翻转)。

2)逻辑功能分析

计数前先清零,即 $Q_2Q_1Q_0 = 000$。在计数脉冲的作用下,计数器状态从 000 变到 111,再回到 000。按照 3 位二进制加法计数规律循环计数,最多计 8 个状态。三个触发器输出 $Q_2Q_1Q_0$ 即为 3 位二进制数,故该电路称为 3 位异步二进制加法计数器。若以 Q_2 为输出端,三个触发器构成的整体电路也称为八进制加法计数器。

3 位异步二进制加法计数器的状态表如表 8-22 所示,其波形时序图如图 8-38 所示。

表 8-22　3 位异步二进制加法计数器的状态表

计数脉冲 C	Q_2	Q_1	Q_0
0	0	0	0
1	0	0	1
2	0	1	0
3	0	1	1
4	1	0	0
5	1	0	1
6	1	1	0
7	1	1	1
8	0	0	0

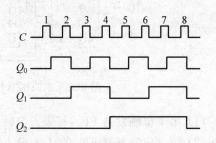

图 8-38　3 位异步二进制加法计数器的波形时序图

由图 8-38 可知, C、Q_0、Q_1、Q_2 各信号的频率依次降低一半,故计数器又称为分频器。Q_0、Q_1、Q_2 的波形频率依次为 C 脉冲的二分频、四分频、八分频。

2. 二-十进制加法计数器

除二进制计数器外,数字系统中还要用到其他进制的计数器。每来 N 个计数脉冲,计数器状态重复一次的计数器称为 N 进制计数器,如五进制计数器、八进制计数器、十进制计数器等。下面介绍常用二-十进制的计数器电路。

用二进制代码表示十进制数的方法称为二-十进制代码,也称 BCD 代码。BCD 代码中最常用的一种是 8421BCD 代码,简称 8421 码,它可由 4 位二进制代码来实现。

4 位二进制计数器可计 16 个脉冲数,即有 16 个稳定的电路状态,但十进制只需要 10 个电路状态。因此,在 4 位二进制计数器的基础上需要设法去掉 6 个电路状态才可满足要求。实现 8421BCD 代码十进制加法计数器的真值表如表 8-23 所示。它在 0000～1001 计数满 9 个后,再加一个"1"时,必须让它翻转到"0000"状态(即跳过 1010、1011、1100、1101、1110、1111 这 6 个状态),并向高位产生一个进位信号。

表 8-23　8421BCD 代码十进制加法计数器的真值表

二进制数	CP	8421BCD 代码				十进制数
		Q_3	Q_2	Q_1	Q_0	
0000	0	0	0	0	0	0
0001	1	0	0	0	1	1
0010	2	0	0	1	0	2
0011	3	0	0	1	1	3
0100	4	0	1	0	0	4
0101	5	0	1	0	1	5
0110	6	0	1	1	0	6
0111	7	0	1	1	1	7
1000	8	1	0	0	0	8
1001	9	1	0	0	1	9
1010	10	0	0	0	0	

图 8-39 所示是用 4 个下降沿触发的 JK 触发器构成的 8421BCD 代码十进制加法计数器。它由 4 个主从 JK 触发器 FF_0、FF_1、FF_2、FF_3 组成,每个触发器的特点如下:

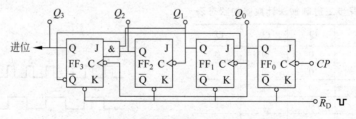

图 8-39　8421BCD 代码十进制加法计数器电路图

(1) 第 1 位触发器 FF_0,每来一个计数脉冲 CP 翻转一次,故 $J_0 = K_0 = 1$。

(2) 第 2 位触发器 FF_1 的 $J_1 = \overline{Q_3}$,当 $\overline{Q_3} = 1$ 时,在 Q_0 由"1"变"0"时,FF_1 翻转;当

$\overline{Q}_3 = 0$ 时,FF_1 置 0。

(3) 第 3 位触发器 FF_3,每来一个 Q_1 脉冲下降沿翻转一次。

(4) 第 4 位触发器 FF_3 的 $J_3 = Q_1 Q_2$,$CP_3 = Q_0$。当 $Q_1 = Q_2 = 1$,且 Q_0 由"1"变"0"时,FF_3 才能翻转;当 $Q_1 = Q_2 = 0$ 时,FF_3 置 0。

具体工作如下:

(1) 计数前在 $\overline{R}_D$ 端加一个负脉冲,使各触发器为 0000 状态。在 FF_3 翻转之前(即计数到 8 以前),FF_2、FF_1、FF_0 三级触发器都处于计数触发状态,其工作原理与二进制计数器相同。

(2) 当第 8 个 CP 脉冲到来后,FF_0 由"1"变"0",Q_0 输出的下降沿使 FF_1 由"1"变"0";Q_1 的下降沿又使 Q_2 也由"1"变"0",Q_2 的下降沿又使 Q_3 也由"1"变"0";在 Q_0 输出的下降沿时,因 $J_3 = Q_1 Q_2 = 1$,故使 Q_3 由"0"变"1",这时计数器变成 1000 状态。

(3) 第 9 个 CP 脉冲使 FF_0 翻转,计数器为 1001 状态。第 10 个 CP 脉冲输入后,Q_0 由"1"翻转到"0",并送给 FF_1、FF_3 的 CP 端一个下降沿信号。FF_1 因 $J_1 = \overline{Q}_3 = 0$,故 FF_1 置"0"而状态不变;FF_3 因 $K_3 = 1$,$J_3 = Q_1 Q_2 = 0$,Q_3 由"1"翻转到"0"。于是,计数器由 1001 回到 0000 状态,实现了二-十进制的计数。此时,Q_3 输出一个由"1"变"0"的下降沿进位时钟脉冲。

根据上述电路特点可得出时序波形图,如图 8-40 所示。

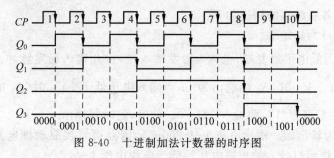

图 8-40　十进制加法计数器的时序图

想一想:

(1) 什么是触发器? 触发器如何分类? 触发器的触发方式有哪几类? 触发器中的 $\overline{R}_D$ 和 $\overline{S}_D$ 端各起什么作用?

(2) 8 位二进制数需几个触发器来存放?

(3) 常用的计数器有哪几种分类方式? 在各类计数器的最低位通常是用 T 触发器还是用 T' 触发器?

(4) 时序逻辑电路有哪些特点?

8.2.4　集成 555 定时器

555 定时器是一种将模拟功能与逻辑功能巧妙结合在一起的中规模集成电路,电路功能灵活,应用范围广,只要外接少量元件,就可以构成多谐振荡器、单稳态触发器或施密特触发器等电路,因而在定时、检测、控制、报警等方面都有广泛的应用。

1. 555 定时器的结构和工作原理

555 定时器的内部结构和管脚排列如图 8-41 所示。555 定时器内部含有一个基本 RS 触发器、两个电压比较器 A_1 和 A_2、一个放电晶体管 VT 和一个由 3 个 5kΩ 的电阻组成的分压器。比较器 A_1 的参考电压为 $\frac{2}{3}V_{CC}$,加在同相输入端;A_2 的参考电压为 $\frac{1}{3}V_{CC}$,加在反相输入端,两者均由分压器上取得。

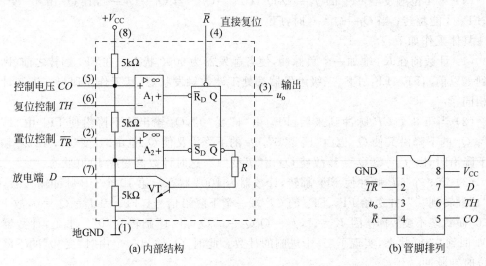

图 8-41　555 定时器的结构和管脚排列

555 定时器各引线端的用途如下:

- 1 端 GND 为接地端。
- 2 端 $\overline{TR}$ 为低电平触发端,也称为触发输入端,由此输入触发脉冲。当 2 端的输入电压高于 $\frac{1}{3}V_{CC}$ 时,A_2 的输出为 1;当输入电压低于 $\frac{1}{3}V_{CC}$ 时,A_2 的输出为 0,使基本 RS 触发器置"1",即 $Q=1$、$\overline{Q}=0$。此时,定时器输出 $u_o=1$。
- 3 端 u_o 为输出端。输出电流可达 200mA,因此可直接驱动继电器、发光二极管、扬声器、指示灯等。输出高电压约低于电源电压 1～3V。
- 4 端 $\overline{R}$ 是复位端。当 $\overline{R}=0$ 时,基本 RS 触发器直接置"0",使 $Q=0$、$\overline{Q}=1$。
- 5 端 CO 为电压控制端。如果在 CO 端另加控制电压,则可改变 A_1、A_2 的参考电压。工作中不使用 CO 端时,一般都通过一个 $0.01\mu F$ 的电容接地,以旁路高频干扰。
- 6 端 TH 为高电平触发端,又叫作阈值输入端,由此输入触发脉冲。当输入电压低于 $\frac{2}{3}V_{CC}$ 时,A_1 的输出为"1";当输入电压高于 $\frac{2}{3}V_{CC}$ 时,A_1 的输出为"0",使基本 RS 触发器置"0",即 $Q=0$、$\overline{Q}=1$。此时,定时器输出 $u_o=0V$。
- 7 端 D 为放电端。当基本 RS 触发器的 $\overline{Q}=1$ 时,放电晶体管 VT 导通,外接电容元件通过 VT 放电。555 定时器在使用中大多与电容器的充放电有关,为了使充放电能够反复进行,电路特别设计了一个放电端 D。
- 8 端 V_{CC} 为电源端,可在 4.5～16V 范围内使用,若为 CMOS 电路,则 $V_{CC}=3～18V$。

2. 单稳态触发器及其应用

1) 单稳态触发器

单稳态触发器在数字电路中一般用于定时(产生一定宽度的矩形波)、整形(把不规则的波形转换成宽度、幅度都相等的波形)以及延时(把输入信号延迟一定时间后输出)等。

单稳态触发器具有以下特点。

(1) 电路有一个稳态和一个暂稳态。

(2) 在外来触发脉冲作用下,电路由稳态翻转到暂稳态。

暂稳态是一个不能长久保持的状态,经过一段时间后,电路会自动返回到稳态。暂稳态的持续时间与触发脉冲无关,仅决定于电路本身的参数。

图 8-42 所示是用 555 定时器构成的单稳态触发器电路及其工作波形。

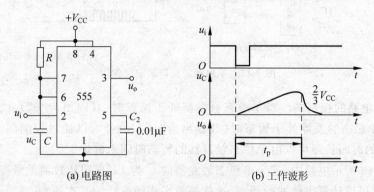

图 8-42　555 定时器构成的单稳态触发器电路及其工作波形

R、C 是外接定时元件;u_i 是输入触发信号,下降沿有效。接通电源 V_{CC} 后瞬间,电路有一个稳定的过程,即电源 V_{CC} 通过电阻 R 对电容 C 充电,当 $u_C \geq \frac{2}{3} V_{CC}$ 时,比较器 A_1 的输出为"0",将基本 RS 触发器置"0",电路输出 $u_o = 0$。这时,基本 RS 触发器的 $\bar{Q} = 1$,使放电管 VT 导通,电容 C 通过 VT 放电,电路进入稳定状态。当触发信号 u_i 到来时,因为 u_i 的幅度低于 $\frac{1}{3} V_{CC}$,比较器 A_2 的输出为"0",将基本 RS 触发器置"1",u_o 又由"0"变为"1",电路进入暂稳态。由于此时基本 RS 触发器的 $\bar{Q} = 0$,放电管 VT 截止,电源 V_{CC} 经电阻 R 对电容 C 充电。虽然此时触发脉冲已经消失,比较器 A_2 的输出变为"1",但充电继续进行,直到 $u_C \geq \frac{2}{3} V_{CC}$ 时,比较器 A_2 的输出为"0",将基本 RS 触发器置"0",电路输出 $u_o = 0$,VT 导通,电容 C 放电,电路恢复到稳定状态。

忽略放电管 VT 的饱和压降,则 u_C 从 0 充电上升到 $\frac{2}{3} V_{CC}$ 所需的时间即为 u_o 的输出脉冲宽度 t_p。

$$t_p \approx 1.1 RC \tag{8-19}$$

2) 用单稳态触发器构成的定时器

单稳态触发器的暂态脉冲宽度可以从几微秒到数分钟,精确度可达 0.1%,因此常用单稳态触发器作定时器使用。

图 8-43(a) 所示是用单稳态触发器作定时器的电路,图 8-43(b) 所示是其工作波形。

图 8-43(a) 中的与门是控制门,u_K 是待传送的高频脉冲信号。单稳态触发器的输出

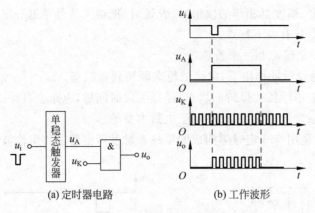

图 8-43　单稳态触发器的定时作用

u_A 接到与门电路的控制端。当单稳态触发器处于稳态时(其输出为"0"),信号不能通过控制门;当单稳态触发器处于暂态时(其输出为"1"),信号可以通过控制门。可见,控制门输出信号的时间长短可以由单稳态触发器的暂态时间来确定。

在图 8-43 所示电路中,若令单稳态触发器的 t_p 为 1s,再用计数器记录控制门输出的脉冲个数,就可以计算出脉冲的频率,这就是数字式频率计的基本原理。

3. 施密特触发器及其应用

1) 施密特触发器

施密特触发器一个最重要的特点,就是能够把变化非常缓慢的输入脉冲波形整形成为适合于数字电路需要的矩形脉冲,而且由于具有滞回特性,所以抗干扰能力也很强。施密特触发器在脉冲的产生和整形电路中应用很广。

将 555 定时器的 TH 端和 $\overline{TR}$ 端连接起来作为信号 u_i 的输入端,便构成了施密特触发器,如图 8-44 所示。

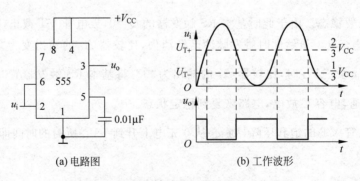

图 8-44　施密特触发器电路图及其工作波形

(1) 当 $u_i = 0$ 时,由于比较器 A_1 输出为"1",A_2 输出为"0",基本 RS 触发器置"1",即 $Q=1$、$\overline{Q}=0$、$u_o=1$,u_i 升高时,在未到达 $\frac{2}{3} V_{CC}$ 以前,$u_o=1$ 的状态不会改变。

(2) $u_i = \frac{2}{3} V_{CC}$ 时,比较器 A_1 输出跳变为"0",A_2 输出为"1",基本 RS 触发器置"0",

即跳变到 $Q=0$、$\bar{Q}=1$，u_o 也随之跳变到"0"。此后，u_i 继续上升到最大值，然后再降低，但在未降低到 $\dfrac{1}{3}V_\text{CC}$ 以前，$u_\text{o}=0$ 的状态不会改变。

（3）$u_\text{i}=\dfrac{1}{3}V_\text{CC}$ 时，比较器 A_1 输出为"1"，A_2 输出跳变为"0"，基本 RS 触发器置"1"，即跳变到 $Q=1$、$\bar{Q}=0$，u_o 也随之跳变到"1"。此后，u_i 继续下降到"0"，但 $u_\text{o}=1$ 的状态不会改变。

施密特触发器的用途很广，如接口与整形、幅度鉴别和多谐振荡器。

2）施密特触发器的应用

用集成 555 定时器构成的 TTL 电平测试电路如图 8-45 所示，是施密特触发器的应用电路。

当输入端加低电平时，输出为高电平，红色发光二极管 VD_2 亮；当输入端加高电平时，输出为低电平，绿色发光二极管 VD_1 亮。

若把输入端做成探针形状，把整个电路封装在一个微型筒内，就构成一支 TTL 逻辑电平测试笔。

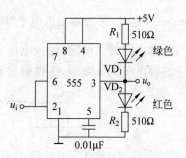

图 8-45 TTL 电平测试电路

想一想：

（1）单稳态触发器的稳态和暂态各是什么状态？由稳态怎样进入暂态？为什么暂态会自动返回稳态？暂态的时间长短取决于什么因素？单稳态触发器的主要作用是什么？

（2）用 555 定时器组成无稳态触发器，怎样计算其输出波形的周期？无稳态触发器的主要作用是什么？

（3）什么是施密特触发器的回差电压？

（4）施密特触发器的主要作用是什么？

8.2.5 动手做   555 定时器的应用

预习要求

（1）通过查阅资料，掌握 555 定时器的管脚及使用注意事项。

（2）复习施密特触发器的原理及特点。

（3）了解多谐振荡器电路的原理及特点。

1. 实训目的

（1）熟悉 555 定时器外管脚的功能。

（2）掌握由 LM555CN 构成的施密特触发器、多谐振荡器。

（3）能用示波器来观察施密特触发器的输入与输出电压波形，说明电路的功能。

2. 实训仪器与器件

（1）直流稳压电源 1 台。

（2）555 定时器集成电路（LM555CN）1 片。

（3）低频信号发生器 1 台。

（4）双踪示波器 1 台。

（5）晶体管毫伏表 1 只。

（6）数字电子实训箱 1 只。

3. 实训原理

1）施密特触发器

图 8-46(a)所示是用 555 定时器组成的施密特触发器电路。当⑤脚悬空，输入电压 $u_i > \frac{2}{3} V_{CC}$ 时，③脚输出低电平"0"；输入电压 $u_i < \frac{2}{3} V_{CC}$ 时，③脚输出高电平"1"。当⑤脚与①脚之间接入电阻，输入电压 u_i 高于⑤脚电压时，③脚输出低电平"0"；输入电压 u_i 低于⑤脚电压的 $1/2$ 时，③脚输出高电平"1"。

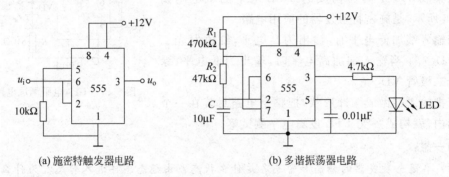

(a) 施密特触发器电路　　　　　　(b) 多谐振荡器电路

图 8-46　555 定时器电路

2）多谐振荡器

图 8-46(b)所示是用 555 定时器组成的多谐振荡器电路。接通电源瞬间 $u_C = 0$，电源经电阻 R_1、R_2 对电容 C 充电，u_C 由 0V 开始上升，当 $u_C > \frac{2}{3} V_{CC}$ 时，③脚由高电平"1"翻转为低电平"0"。这时，电容 C 通过电阻 R_2 和内部放电管 VT 放电，电容 C 的电压下降，下降到 $u_C < \frac{1}{3} V_{CC}$ 时，③脚由低电平"0"翻转为高电平"1"，因放电管 VT 截止，电容 C 又通过电源和电阻 R_1、R_2 充电，重复上述过程，在输出端产生一个连续的方波脉冲信号。

电容 C 的充电时间为

$$T_1 = 0.7(R_1 + R_2)C \tag{8-20}$$

放电时间为

$$T_2 = 0.7R_2C \tag{8-21}$$

$$T = T_1 + T_2 \tag{8-22}$$

LED 亮的时间表示③脚高电平"1"的时间，LED 灭的时间表示③脚低电平"0"的时间，发光二极管从开始点亮到再次点亮的时间表示方波脉冲的重复周期。

4. 实训内容

1）555 定时器组成的施密特触发器

（1）按图 8-47 所示接好实训电路，⑤脚断开（即 10kΩ 电阻暂不接入）。

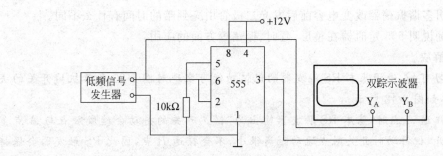

图 8-47　施密特触发器测试电路

（2）连接测量仪器和设备。

（3）把低频信号发生器的频率调到 1kHz，波形为正弦波，电压输出为 10V，用晶体管毫伏表进行检测。

（4）检查无误后，接入直流电源电压 12V。

（5）观察双踪示波器的输入、输出波形，并记录于表 8-24 中。

（6）在⑤脚与①脚之间接入 10kΩ 电阻，再观察双踪示波器的输入、输出波形，并记录于表 8-24 中。

表 8-24　施密特触发器的波形

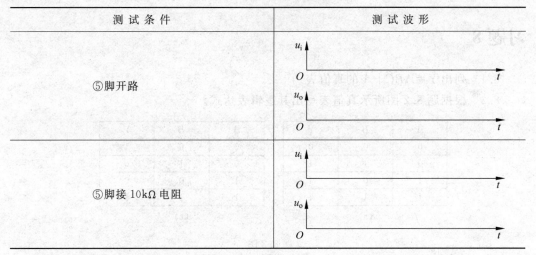

测 试 条 件	测 试 波 形
⑤脚开路	u_i
	u_o
⑤脚接 10kΩ 电阻	u_i
	u_o

2）555 定时器组成的多谐振荡器

（1）按图 8-46（b）所示接好实训电路。

（2）检查无误后接入直流电源电压 12V。

（3）观察 LED 由亮到灭的时间及由灭到亮的时间。

（4）将电容器的电容量改变为 4.7μF，观察 LED 由亮到灭的时间及由灭到亮的时间有何变化。

5．实训报告要求

（1）画出施密特触发器的输入、输出波形。

（2）说明多谐振荡器改变电容前后发光二极管由亮到暗的时间有什么不同。

（3）举例说明 555 定时器在整形、延时、振荡等方面的应用。

问题的解决

通过学习可知,使用基本 RS 触发器的记忆功能可实现对图 8-25 所示机械开关的去抖动作,电路如图 8-48 所示。

当开关接通 A 点时,基本 RS 触发器输出为"1"。开关的抖动会造成触点与 A 点多次接通和断开,但抖动时开关触点运动距离很小,不会接通 B 点,因此 RS 触发器会保持在"1"态不变,触发器的输出 Q 端消除了抖动现象。

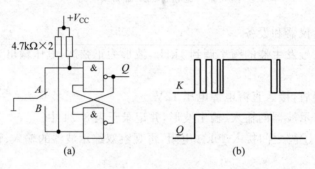

图 8-48　去抖动电路

习题 8

8.1　列出 $Y=ABC+A$ 的真值表。

8.2　根据题 8.2 图所示真值表写出其逻辑表达式。

A	B	Y
0	0	0
0	1	1
1	0	1
1	1	1

(a)

A	B	Y
0	0	1
0	1	0
1	0	0
1	1	1

(b)

题 8.2 图

8.3　已知 A、B、C 的波形如题 8.3 图所示,试分析并画出 Y_1、Y_2、Y_3、Y_4 的输出波形。

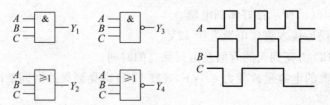

题 8.3 图

8.4　试分别写出题 8.4 图所示电路的 Y_1、Y_2、Y_3、Y_4、Y_5、Y_6、Y_7、Y_8 的逻辑表达式。

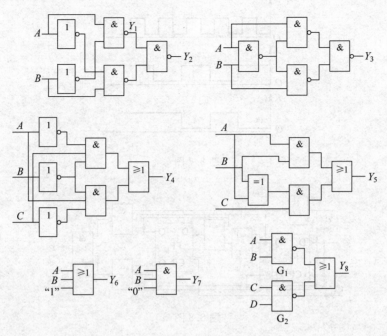

题 8.4 图

8.5　用代数法化简下列各式。

(1) $Y_1 = \overline{A}B\overline{C} + A\overline{C} + B\overline{C}$　　　　(2) $Y_2 = \overline{A}(B+C) + AB\overline{C}$

8.6　题 8.6 图所示为 JK 触发器(下降沿触发的边沿触发器)的 CP、$\overline{S}_D$、$\overline{R}_D$、J、K 的波形,试画出触发器 Q 端的波形。设触发器的初始状态为"0"。

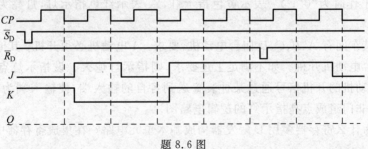

题 8.6 图

8.7　JK 触发器的 J、K、CP 端的电压波形如题 8.7 图所示,试画出 Q 端所对应的电压波形。假定触发器的初始状态为"0"($Q=0$)。

8.8　试分析题 8.8 图所示电路的逻辑功能。

8.9　将下列 8421BCD 代码化成十进制数和二进制数。

(1) $(0011\ 0010\ 1001)_{BCD}$　　　　　(2) $(0101\ 0111\ 1000)_{BCD}$

8.10　保险箱的两层门上各装有一个开关,当任何一层门打开时,报警灯亮,试用逻辑电路来实现。

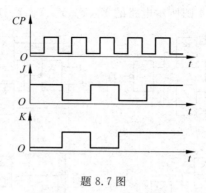

题 8.7 图

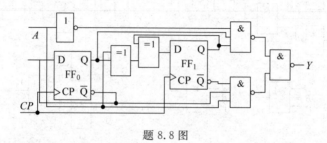

题 8.8 图

8.11　某实训室有红、黄两个故障指示灯,用来表示三台设备的工作情况。

(1) 当只有一台设备有故障时,黄色指示灯亮。

(2) 当有两台设备有故障时,红色指示灯亮。

(3) 当三台设备都出现故障时,红色和黄色指示灯都亮。

试设计一个故障指示灯亮的逻辑电路(设 A、B、C 为三台设备的故障信号,有故障时为"1",正常工作时为"0";Y_1 表示黄色指示灯,Y_2 表示红色指示灯,灯亮为"1",灯灭为"0")。

8.12　某车间有 A、B、C、D 四台电动机,要求:A 电动机必须开机;其他三台电动机中至少有两台电动机开机。如不满足上述要求,则指示灯熄灭。设指示灯点亮为"1",熄灭为"0"。电动机的开机信号通过某种装置送到各自的输入端,使输入端为"1";否则为"0"。试用与非门组成点亮指示灯的逻辑电路图。

8.13　为什么寄存器多用 D 触发器构成基本单元电路? 在集成寄存器中,$\overline{CR}$端起什么作用?

8.14　设题 8.14 图中各触发器的初始状态为"0",试画出在 CP 作用下各触发器 Q 端的波形。

8.15　设题 8.15 图中各触发器的初始状态为"0",试画出在 D 和 CP 作用下各触发器 Q 端的波形。

8.16　题 8.16 图所示电路是由 JK 触发器组成的移位寄存器,设待存数码是 1101。

(1) 试画出在 CP 作用下各触发器 Q 端的波形。

(2) 该寄存器是左移还是右移? 其数码输入和输出属于什么方式?

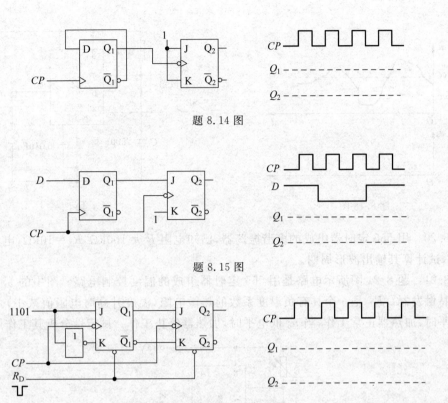

题 8.14 图

题 8.15 图

题 8.16 图

8.17　题 8.17 图中 A 和 B 是左移位寄存器,存入 A 的数据为 1010,存入 B 的数据为 1011。试写出对应 8 个时钟脉冲的 Y 和 Q 的状态。设触发器及两个移位寄存器初始状态均为"0"。

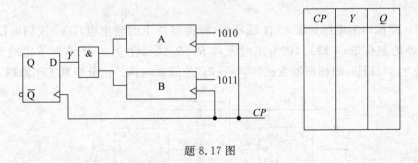

CP	Y	Q

题 8.17 图

8.18　用 555 定时器组成的单稳态触发器,当输入信号 u_i 如题 8.18 图所示信号时,试定性画出其输出电压 u_o 的波形。

8.19　题 8.19 图所示电路是用 555 定时器组成的触摸式控制开关的电路,当用手触摸按钮 SB 时,相当于向触发器输入一个负脉冲。试计算自触摸了按钮开始,灯能亮多长时间。

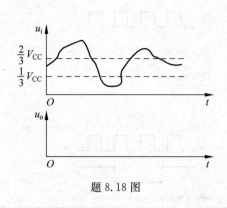

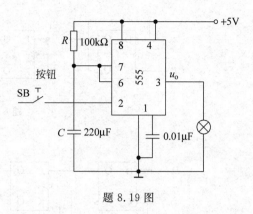

题 8.18 图	题 8.19 图

8.20 用 555 定时器组成的多谐振荡器,已知电阻 $R_1=100\text{k}\Omega$,$R_2=10\text{k}\Omega$,电容 $C=10\mu\text{F}$,试计算其输出波形周期。

8.21 题 8.21 图所示电路是用 555 定时器组成的温度控制电路。图中的 555 接成施密特触发器。R_T 是一个具有负温度系数的热敏电阻(温度升高时电阻值减小)。当 u_o 高电平时,加热器正常工作,当 u_o 低电平时,加热器停止工作。试定性分析其工作原理。

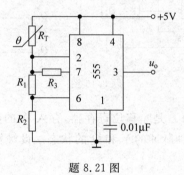

题 8.21 图

8.22 模拟声响电路如题 8.22 图所示,将振荡器 I 的输出电压 $u_{\text{o}1}$ 接到振荡器 II 中 555 定时器的复位端(4 脚)。调节定时元件 R_1、R_2、C_1,使 $f_1=1\text{Hz}$,调节定时元件 R_3、R_4、C_2,使 $f_2=1\text{kHz}$,则扬声器发出"呜……呜"的间歇响声。试分析其工作原理。

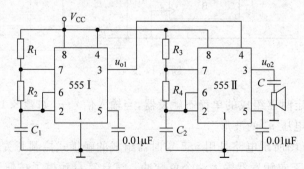

题 8.22 图

参 考 文 献

[1] 申辉阳.电工电子技术[M].北京：人民邮电出版社,2007.

[2] 周元兴.电工与电子技术基础[M].北京：机械工业出版社,2002.

[3] 汪临伟.电工与电子技术[M].北京：清华大学出版社,2005.

[4] 顾永杰.电工电子技术基础[M].北京：高等教育出版社,2005.

[5] 荣西林.电工与电子技术[M].北京：冶金工业出版社,2001.

[6] 戴士弘.模拟电子技术[M].北京：电子工业出版社,1998.

[7] 叶淬.电工电子技术[M].2版.北京：化学工业出版社,2004.

[8] 杨忠国.数字电子技术技能实训[M].北京：人民邮电出版社,2007.

[9] 施振金.电机与电气控制[M].北京：人民邮电出版社,2007.

[10] 邓星钟.机电传动控制[M].3版.武汉：华中科技大学出版社,2001.

[11] 张运波.工厂电气控制技术[M].北京：高等教育出版社,2001.

[12] 劳动部培训司组织.电机原理与维修[M].北京：中国劳动出版社,1992.

[13]《电气工程师手册》编辑委员会.电气工程师手册[M].2版.北京：机械工业出版社,2000.

[14] 朱晓萍.电路分析基础[M].北京：电子工业出版社,2003.

[15] 席时达.电工技术[M].北京：高等教育出版社,2000.